行銷

Hands-On
Data Science for Marketing

資料科學實務

使用Python與R

關於作者

Yoon Hyup Hwang 是一位資深資料科學家，專研預測模型、機器學習、統計分析與資料工程，在行銷與財金領域具備多年實務經驗。他專注於使用 Python 與 R，在八年間建立過無數個機器學習模型與資料產品。畢業自美國芝加哥大學經濟系，並於美國賓州大學取得電腦與資訊科技碩士學位。

在閒暇時，Yoon Hyup Hwang 喜歡練習武術、滑雪板，以及烘培咖啡。出生且成長於南韓釜山，目前在紐約工作，與藝術家妻子 Sunyoung 及愛犬 Dali（取名自藝術家薩爾瓦多・達利）居住於紐澤西。

> 我想感謝妻子 *Sunyoung*，她讓我在寫作這本書的過程中時刻保持理智。過去一年中妻子的犧牲與付出，我至今感激不盡。我也想感謝我的家人，當我需要心靈陪伴時，他們一直都在。沒有他們，我不可能完成這本書。最後，感謝所有激勵我創作優質內容的編輯與編審們。

關於編審

Rohan Dhupar 於印度 Rustamji Institute of Technology 攻讀電腦科學與工程學位，時值最後一個學期。自 2017 年 11 月，他在多間美國與印度公司實習，工作內容主要涉及自然語言處理，並專注於機器學習與深度學習。在實習期間承接了許多專案任務，並在學術研究上取得優異成就。他躋身 Kaggle 專家的前 1%，自 2017 年以來一直是 Microsoft 學生合作夥伴，並收到眾多知名企業資料科學軟體工程團隊的募才邀約。目前，他在 Innovations Labs，一間於印度駐點的美國公司擔任資料科學家的職位，工作內容專注於影像處理。

> 我要感謝 *Ali Mehndi Hasan Abidi* 與 *Hardik Bhinde*，盡心協助我撰寫格式完善且紀錄適切的編審註記。

目錄

Section 3　產品可見度與行銷

chapter 10 以資料驅動的顧客區隔 331

Section 5　更好的決策

前言

無論是小型公司或大型企業組織，在行銷實務中採用資料科學與機器學習的趨勢大幅增加，日益成為顯學。資料科學可以幫助組織更好地釐清過往成功或失敗的行銷策略背後的驅動因素，更加瞭解消費者行為與產品之間的互動。您還可以預測消費者行為，建立更準確且個人化的行銷策略，改善「每取得成本（Cost Per Acquisition）」、提高轉換率以及增加銷售額。這本書能夠幫助您應用各式各樣的資料科學技法來建立以資料驅動的行銷策略。

這是一本可以幫助您完成入門與進階行銷任務的實用指南。您將使用資料科學來瞭解驅動銷售量與消費者參與的原因。您將使用機器學習來預測哪些特定消費者更有可能與產品進行互動、哪些消費者具有最高的預期生命週期價值。您同時還會使用機器學習，透過資料分布來瞭解不同消費者族群，並推薦合適產品給最有可能購買的消費者。閱讀完本書後，您將熟悉各種資料科學與機器學習技法，掌握如何將它們運用於不同的行銷目的。

以筆者個人而言，我也因這本書而深深獲益。當我展開資料科學與行銷的職涯之時，各種資料科學和機器學習技法的理論文獻與細節研討不勝枚舉，但是關於如何在行銷領域中應用這些技術與技法的論述或整理則相當少見。學習理論知識與將這些技法實踐到行銷領域的商業應用之間，存在天差地別的差異。在這本書中，我將會分享在多年職涯中不斷試錯迭代而獲得的經驗與知識，如何將資料科學與機器學習應用到不同的行銷目的。您將會瞭解哪一類的技術與技法應用於哪些特定行銷案例、在何處可以找到補充資源，以及完成閱讀本書後的下一個學習目標。

本書使用 Python 與 R 來實踐資料科學與機器學習。Python 與 R 是資料科學家、資料分析師以及機器學習工程師最常使用的兩種程式語言，具有容易上手、使用者社群廣泛、在資料科學與機器學習領域擁有豐富資源等優勢。在每一個章節中，我們將會引導您瀏覽與安裝不同的函式庫，讓您在閱讀此書時無須擔心不知該在電腦上安裝哪些元件。

本書為誰而寫

本書專為行銷人士、資料科學家與資料分析師、機器學習工程師，以及具備基本 Pyhton 與 R 技能、對機器學習與資料科學具備基本掌握的軟體工程師而寫。即使您不曾接觸過資料科學和機器學習演算法背後的深層理論知識，儘管放心！本書是為了在實務工作中應用機器學習的實踐者而寫，因此您可以快速上手並將本書內容應用到眼下的行銷策略中。如果您先前曾學習過資料科學與機器學習，這本書也對您有所助益。本書將引導您瞭解如何所習得的知識與經驗應用到行銷工作和實際案例中。如果您是一位對資料科學懷抱熱忱的行銷專業人士，太好了！這本書是您的不二選擇。您將瞭解資料科學如何幫助您改善行銷策略，以及機器學習的預測模型如何精準調校行銷受眾。本書將一步一步引導您將資料科學與機器學習應用到實務工作，確實達成行銷目標。

本書也適合所有有興趣瞭解如何將資料科學與機器學營應用到行銷領域的人們，如果您想打造以資料驅動的行銷策略、從資料釐清消費者行為、預測消費者的反應，並且預測消費者的行動，那麼本書必能讓您豁然開朗。

本書涵蓋內容

第 1 章「資料科學與行銷」敘述如何將資料科學應用到行銷領域的基本知識。本章將簡要介紹資料科學與機器學習的常用技法，並討論如何應用這些技法來建立更好的行銷策略。本章也涵蓋如何設定 Python 與 R 環境以供後續專案使用。

第 2 章「關鍵績效指標與視覺化」討論在行銷業務中的常用關鍵績效指標（KPI）。本章將探討如用以 Python 與 R 來運算以及如何視覺化 KPI。

第 3 章「行銷參與度背後的驅動因素」展示如何使用迴歸分析來瞭解驅動消費者參與的因素。本章涵蓋如何以 Python 與 R 產生線性迴歸模型，以及如何從模型中提取截距與係數。掌握從迴歸分析得來的洞察，我們將研究改善行銷策略的潛在可能，以期提高參與度。

第 4 章「從參與度到轉換率」討論如何使用不同的機器學習模型，釐清驅動轉換率的因素。本章將為您介紹如何以 Python 與 R 建立決策樹，以及如何詮釋結果、提取轉換率的驅動因素。

第 5 章「產品分析」引導您領略何為探索式產品分析。本章將介紹 Python 和 R 的各式資料匯總與分析方法，從分析洞見中獲得產品趨勢與模式。

第 6 章「推薦對的產品」探討如何提升產品能見度，向最有可能發生購買行為的消費者推薦對的產品。本章將討論如何使用 Python 與 R 的協同過濾（collaborative filtering）演算法來建立推薦模型，並且思考如何將這些推薦內容活用到行銷活動。

第 7 章「針對消費者行為的探索式分析」更深入研究資料，本章探討可用來分析消費者行為、與產品進行何種互動的多種指標。透過 Python 與 R 語言，本章將拓展您的知識範疇，帶您認識資料視覺化與不同的圖表技法。

第 8 章「預測行銷參與度的可能性」討論如何打造一個機器學習模型來預測消費者參與度的可能性。本章涵蓋如何以 Python 與 R 訓練機器學習演算法。並討論如何評估模型效能、如何應用模型找出目標受眾，達成精準行銷。

第 9 章「顧客終身價值」探討如何取得每一位消費者的生命週期價值。本章討論如何以 Python 與 R 建立迴歸模型，以及如何評估這些模型。本章也會介紹如何運用經過計算的消費者終身價值，打造更好的行銷策略。

第 10 章「以資料驅動的消費者區隔」深入探討如何使用以資料驅動的研究方法來區隔消費者。本章介紹以 Python 與 R 運行叢集演算法，從資料中區隔出不同的消費者群體。

第 11 章「留住顧客」討論如何預測流失客戶的可能性，本章側重於以 Python 與 R 建立分類模型，並討論如何評估模型效能，本章內容涵蓋如何使用 keras 函式庫，以 Python 與 R 語言建立**人工神經網路**（artificial neural network，ANN）模型，ANN 模型正是深度學習的核心。

第 12 章「以 A/B 測試建立更好的行銷策略」介紹如何採用以資料驅動的方法以利行銷決策，本章探討 A/B 測試的概念，以及如何以 Python 與 R 實作與評估結果。此外，本章也會介紹 A/B 測試的實際應用與諸多優勢，打造更好的行銷策略。

第 13 章「下一步？」總結全書內容，並討論將資料科學實際應用到行銷領域時可能出現的挑戰。本章也會介紹其他程式庫與函式庫，以及可供您運用到日後資料科學專案的其他機器學習演算法。

充分學習本書

如果您想要充分學習本書內容，我強烈推薦您仔細完成每章的程式設計演練。每一道演練題都是為了更進階的演練題打下堅實基礎，因此循序漸進地完成程式設計演練的每一個步驟至關重要。我鼓勵您大膽嘗試、勇於冒險。每一章節所談及的技術與技法可以與其他章節出現的技法組合使用，並非僅適用特定章節內容。您可以將從某一章節學到的技術與技法應用到其他章節中，因此，當您閱讀完本書後，再一次從頭瀏覽範例並嘗試混合使用從其他章節學到的不同技術，這樣的練習過程對您很有幫助。

下載範例程式碼檔案

本書所使用的程式碼存放於 GitHub：

`https://github.com/PacktPublishing/Hands-On-Data-Science-for-Marketing`

程式碼若有更新，也會同步於此。

下載彩圖檔案

本書亦提供原文書彩圖版的 PDF 檔案，內容包括出現於本書的所有截圖與圖表，您可以前往以下網址下載：

`https://www.packtpub.com/sites/default/files/downloads/9781789346343_ColorImages.pdf`

本書編排慣例

本書使用諸多編排慣例：

定寬字 / 程式碼：表示程式碼、資料表名稱、資料夾名稱、檔案名稱、副檔名、路徑名稱、URL、使用者參數，以及 Twitter handle 名稱。以下是一個例子：「請在系統中安裝 `WebStorm-10*.dmg` 映像檔，當作另一個磁碟來使用。」

程式碼編寫方式如下：

```
# total number of conversions
df.conversion.sum()
# total number of clients in the data (= number of rows in the data)
df.shape[0]
```

重點程式碼以粗體標記：

```
# total number of conversions
df.conversion.sum()
# total number of clients in the data (= number of rows in the data)
df.shape[0]
```

所有指令列的輸入與輸出方法如下：

```
$ mkdir css
$ cd css
```

粗體字：表示全新詞彙、重要字詞，或是在畫面上看到的詞語，比如選單或對話框中出現的文字。以下是一個範例：「在 **Administration [管理]** 面板中選擇 **System info [系統資訊]**。」

表示警示或重要事項。

表示秘訣或技巧。

導論與環境設定

同探究應用於行銷領域的資料科學，並瞭解如何設定 Python 與 R 環境，以供後續專案使用。

第 1 部包含以下章節：

- 第 *1* 章「資料科學與行銷」

資料科學與行銷

歡迎來到《行銷資料科學實務》的第 1 章！你可能早已知悉，在過去幾年以來，行銷產業在實務上應用資料科學的程度及重要性顯著提升，不過，「行銷＋資料科學」是一個相對新穎的領域，相關教育參考資源的數量不夠充足，有待迎頭趕上這股新興的發展勢能。幸好，每一年積累且可供使用的資料量呈現指數成長，提供了更多機會幫助人們從資料中學習、獲得洞察。

在行銷領域中，隨著資料量及資料科學應用不斷增加，我們可以很輕鬆地找到使用資料科學來促進行銷成果的案例。企業開始使用資料科學以便更加了解消費者行為，根據不同的行為模式來區分各個客戶群。許多組織也會使用機器學習來預測未來的消費者行為，比如消費者可能會購買哪些商品、哪一個網站能夠吸引消費者瀏覽，以及哪些消費者可能流失。本書提供各式各樣的使用案例，幫助中小企業到大型組織將資料科學和機器學習應用於行銷實務工作，獲得顯著效益。在這篇簡要導論之後，我們將開始學習如何將資料科學和機器學習應用於獨立行銷任務。

本章涵蓋下列主題：

- 行銷趨勢

- 資料科學於行銷領域的應用

- 設定 Python 環境

- 設定 R 環境

技術要求

你需要安裝 Python 與 R，才能好好運行本書所使用的程式碼。你可以透過以下連結下載安裝檔案：`https://github.com/PacktPublishing/Hands-On-Data-Science-for-Marketing/tree/master/Chapter01`。

行銷趨勢

隨著每年積累且可供使用的資料量呈現指數成長，以及瀏覽這些具有價值的資料集變得更加容易，資料科學和機器學習已然成為行銷領域中不可或缺的要素。資料科學在行銷領域中的應用範圍非常廣泛，從建立洞察報告和儀表板，到利用複雜的機器學習演算法來預測消費者行為，甚至是透過產品和內容來提高消費者參與度。近年來的行銷趨勢始終圍繞在更加「以資料驅動的目標行銷」，我們將會討論行銷產業中所見識的一些趨勢。

- **數位行銷的重要性與日俱增**：現代人在網路上所花費的時間比以往任何時候還要多，數位行銷的重要性和有效性不言而喻。今時今日，許多行銷活動都發生在數位渠道上，例如搜尋引擎、社群網路、電子郵件和網站。舉例來說，Google Ads 可以幫助你的品牌於透過 Google 旗下的搜尋引擎、Gmail 或 YouTube 進行曝光，觸及更多潛在消費者。你可以進行客製化設定，設定廣告投播的目標受眾群體。你也可以在 Facebook 和 Instagram 這兩個知名社群網路中，透過發佈廣告來吸引目標消費者。在網際網路時代，這些線上的行銷渠道比起電視廣告等傳統營銷渠道更具成本效益。以下是 Google 所提供的不同數位行銷渠道範例（`https://ads.google.com/start/how-it-works/?subid=us-en-ha-gaw-c-dr_df_1-b_ex_%20pl!o2~-1072012490-284305340539-kwd-94527731`）：

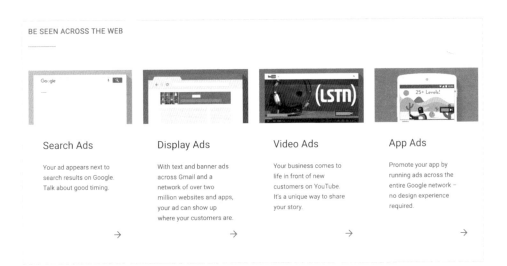

- **行銷分析**：行銷分析是一種監控和分析行銷工作績效的方式，可以幫助你瞭解透過行銷活動而獲得的銷售量或曝光率，更有助於深入瞭解更為細緻的模式與趨勢。在電子商務業務中，你可以區分不同的消費者群體並將其視覺化，利用行銷分析掌握哪一類的消費者群體為業務帶來最大收益。如果你服務於媒體產業，你可以利用行銷分析，找出最能吸引使用的內容，以及關鍵字的搜尋趨勢。行銷分析還可以幫助你了解行銷活動的成本效益。你可以檢視並評估**投資回報率（return on investment, ROI）**，進一步優化未來行銷活動。隨著行銷分析的接受度與使用率與日俱增，不難從坊間各式各樣的軟體產品服務找到一款符合你分析需求的產品。

- **個人化及目標行銷**：隨著資料科學和機器學習在行銷領域中的實務應用日益增加，另一個行銷趨勢是個人化目標行銷。大小規模的各種組織利用機器學習演算法，從使用者歷史記錄資料中學習並專門打造不同的行銷策略，將其應用於使用者群體中更小、更具獨特使用者特徵的子群體中。這樣的行銷策略有助於降低每個子群體的「每取得成本

（CPA）」，取得更高的投資回報率。許多零售業行業的商家導入了人工智慧和機器學習，預測更有可能做出購買行為的客戶，以及他們將從商店購買哪些商品。這些商家善用這些預測，為每位客戶客製化優惠促銷等行銷訊息。許多媒體組織為了擴大使用者群體，也會利用人工智慧和機器學習來提高個人使用者的參與度。這些客製化的目標行銷提高了投資回報率，因此催生了許多 SaaS 公司（如 Sailthru 和 Oracle）為個人化行銷提供平台系統。Sailthru 近期發佈的 *Retail Personalization Index* 報告分析了各零售商如何將個人化行銷落實在不同的行銷管道。透過這份報告中，我們可以發現像是 Sephora、JustFab 和 Walmart 的零售商，在其網站、電子郵件和其他行銷管道中大量使用個人化行銷。你可透過下列連結瀏覽這份報告：https://www.sailthru.com/personalization-index/sailthru100/。

整體而言，行銷趨勢日益轉向以資料驅動、可量化的方法。不論規模大小，眾多企業注入越來越多的投資到行銷分析和技術上。根據 2018 年二月的 CMO 調查，在過去五年中，對行銷分析的依賴度從 30％ 提高到 42％，而 B2C 企業對行銷分析的依賴程度更高，漲幅高達 55％。此外，在過去五年中，使用量化工具來展示行銷影響力的公司數量增加了 28％。最後，CMO 調查預測在未來三年內，採用人工智慧和機器學習的公司將增加到 39％。如欲瞭解這份 CMO 調查報告的詳細內容，請前往下列連結：https://www.forbes.com/sites/christinemoorman/2018/02/27/marketing-analytics-and-marketing-technology-trends-to-watch/#4ec8a8431b8a。

資料科學於行銷領域的應用

此前，我們討論了近年的行銷趨勢，以及這種趨勢正朝向「以資料驅動」和「量化」行銷的方向發展，透過資料科學和機器學習而形成。在行銷領域中應用資料科學和機器學習的方法多如繁星，我們將會討論資料科學和機器學習的典型任務和用途，從中獲得體悟與幫助。

本節將介紹機器學習的基礎知識、不同類型的機器學習演算法，以及資料科學的典型工作流及流程。

描述性分析、解釋性分析、預測分析

在本書後續各章節的課後練習和專案中，主要採用三類分析：描述性分析、解釋性分析和預測性分析：

- **描述性分析**：有助於更好地瞭解和描述給定資料集。此分析的目的是以量化與統計方式總結資料中所包含的資訊。舉例來說，如果想對使用者購買行為的歷史記錄資料進行描述性分析，你將會回答下列問題：最暢銷的商品是什麼？過去一年的每月銷售量是多少？所售商品的平均價格是多少？每當本書內容導入新的資料集時，我們都會進行描述性分析。特別在第 2 章「關鍵績效指標與視覺化」中，我們將更詳細討論如何透過描述性分析，對關鍵的總結性統計資料進行分析與運算，以及如何將分析結果視覺化。

- **解釋性分析**：描述性分析的目的是利用資料回答 *what* 和 *how*，而解釋性分析則是使用資料來回答 *why*，通常在你試圖回答某個特定問題時會執行這類分析。以電商業務為例，如果企業想分析驅使使用者進行購買的原因，則採行解釋性分析，而不是描述性分析。我們將在第 3 章「行銷參與度背後的驅動因素」中，利用範例演示來討論關於此類分析的更多內容；第 4 章「從參與度到轉換率」中，我們將使用解釋性分析來回答以下問題：驅動使用者更踴躍參與行銷活動的原因是什麼？以及，使用者從我們的實體商店購買商品的理由是什麼？

■ **預測性分析**：如果想要預測將來可能發生的特定事件時，則執行預測
性分析。此類分析的目的是建構機器學習模型，從過去的歷史資料中
學習，預測將來可能發生的事件。與前面所舉的電商與購買行為的歷
史資料例子雷同，預測性分析可以回答的其中一種問題可以是，哪位
使用者最有可能在未來七天內進行購買？通常，為了進行預測性分
析，首先你必須進行描述性分析與解釋性分析，在更加瞭解資料後，
發想出適用特定專案的學習演算法和分析手段。我們將在第 6 章「推
薦對的產品」、第 8 章「預測行銷參與度的可能性」及第 11 章「留住
顧客」中更詳細討論預測性分析及在行銷領域的應用。

學習演算法的種類

現在，我們來深入討論機器學習和機器學習演算法。廣義而言，機器學習
演算法分為三類：監督式學習、非監督式學習以及強化學習。首先，我們
先來瞭解這三類機器學習演算法之間的差異：

■ **監督式學習演算法**：在已知預測目標或結果時，可以使用這一類演算
法。舉例來說，如果我們想要使用機器學習來預測誰將在未來幾天內
進行購買，那麼我們會使用監督式學習演算法。此時的預測目標／結
果是此人是否在給定時間範圍內進行購買。以購買歷史資料為基礎，
我們需要建立「特徵」（features）來描述每個資料點，比如使用者
年齡、地址、上次購買日期等，接著，監督式學習演算法將從這份資
料中學習如何將這些特徵對映到預測目標／結果上。我們將在第 3 章
「行銷參與度背後的驅動因素」、第 4 章「從參與度到轉換率」、第 8
章「預測行銷參與度的可能性」及第 11 章「留住顧客」等章節，探
討如何在行銷領域中運用這些演算法。

- **非監督式學習演算法**：不同於監督式學習演算法，當我們沒有特定的預測目標或結果時，可改用非監督式學習演算法。這一類機器學習演算法常用於叢集和推薦系統，比如你可以使用非監督式學習演算法，根據不同的使用者行為，將使用者群體細分為不同的子群體或使用者區隔。在這種情境下，我們並沒有試圖預測的特定目標或結果，我們只是對使用者進行分組，將相似的使用者分到不同的區隔（segments）中。我們將在第 6 章「推薦對的產品」以及第 10 章「以資料驅動的顧客區隔」中瞭解如何在行銷領域中使用非監督式學習演算法。

- **強化學習演算法**：當我們希望模型在沒有先決知識或經驗的情況下持續學習和訓練資料時，會使用強化學習演算法。在使用這一類強化學習演算法的情境中，在經歷大量的試錯迭代後，模型會學習如何進行預測。強化學習在行銷領域中的其中一種應用是，當你發想了多種行銷策略時，想要進一步測試，從中選擇最有效的行銷策略。在這種情況下，你可以運行強化學習演算法，該演算法將在同一時間裡隨機採行一個行銷策略，並在出現正向結果時獲得回饋。經過無數次的反復試錯，強化學習模型將根據每個行銷策略所獲得的總回報進行學習，並從中選擇最佳行銷策略。

資料科學的工作流

我們介紹了機器學習演算法的基礎知識和不同類型的演算法，現在來討論一下資料科學的工作流，典型的工作流如下所示：

1. **問題定義**：通常，任何資料科學和機器學習專案都從定義問題開始。在第一步中，你需要對嘗試通過資料科學解決的問題、專案範圍以及解決此問題的方法進行定義。在考慮一些解決問題的方法時，你需要集思廣益，瞭解哪類型的分析（描述性分析、解釋性分析與預測分析）以及哪一類學習演算法（監督式、非監督式與強化學習）適合用來解決上述問題。

2. **資料收集**：有了明確的專案定義後的下一步是收集資料。在此階段，你可以收集進行資料科學專案所需的所有資料。你可能需要透過第三方供應商購買資料、從網路上爬取資料，或者使用公開的資料，這些情況並不少見。在某些情況下，你可能也需要從專案的內部系統收集資料。根據具體情況，資料收集步驟可能很瑣碎，也可能相當枯燥繁瑣。

3. **資料準備**：收集了所需的所有資料後，接下來是準備資料。此一步驟的目標是將資料進行轉換，為後續步驟做好準備。如果資料來源的格式不同，則必須轉換和統一資料。如果資料沒有特定的結構，你必須將資料結構化（通常是轉換為表格形式），以便輕鬆執行不同的分析並建構機器學習模型。

4. **資料分析**：完成準備資料的步驟後，你必須開始檢視資料。在資料分析的步驟中，我們通常會進行描述性分析，計算一些描述性的匯總統計資訊，並構建視覺化圖形，以利充分瞭解資料。你經常可以在此步驟中找出一些可辨識的模式，並從資料中得出一些洞見。你還可以從此步驟中查找資料中的任何異常，例如缺少值、損壞的資料或重複的記錄。

5. **特徵工程**：特徵工程是資料科學和機器學習領域中最重要的一環，因為它直接影響到預測模型的效能。特徵工程要求具備關於資料的專業知識和領域知識，因為它需要你將原始資料轉換為更具資訊豐富度的資料，以便演算法進行學習。將文本資料轉換為數值資料，就是特徵工程的實例之一。由於機器學習演算法只能從數值資料中學習，你需要想出一個點子和策略，以便將文本資料轉換為數值資料。在介紹本書內容和構建機器學習模型時，我們將會討論和試驗各種特徵工程的技法。

6. **模型構建**：在完成特徵工程後，即可開始訓練和測試機器學習模型。在此步驟中，你可以嘗試各種學習演算法，為你的用例找出最適合的演算法。其中，必須特別注意驗證指標。擁有良好的衡量標準來評估模型效能非常重要，因為機器學習演算法將會針對給定的效能標準進行最佳化。在講述構建機器學習模型的下列章節時，我們將根據各問題類型更詳細地討論必須使用的指標。

右圖顯示典型資料科學專案的工作流。

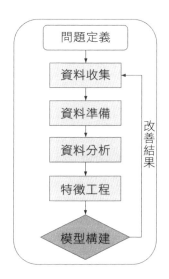

正如上圖所示，通常，資料科學的作業不會在一次迭代中就結束。當你發現到模型效能不佳，並且發現可以改善輸入資料的品質時，你可能需要重複進行資料收集的步驟。當你從原始資料集中提出構建特徵的更好想法和策略時，你可能需要重新回到特徵工程這一步驟。如果你認為可透過調整學習演算法的超參數來改善模型結果，你可能還必須重複多次模型構建的步驟。陸續瞭解後續章節內容，並透過專案和練習實際演練，我們將更詳細地討論工作流中的特定步驟以及可運用的各式技法。

設定 Python 環境

目前我們討論了資料科學及市場行銷中的應用等相關基礎知識，現在讓我們開始為後續章節和專案準備開發環境。如欲使用 R 語言進行練習的讀者，你可以跳過此部分並移動到「設置 R 環境」一節。如欲使用 Python 語言進行練習的讀者，儘管你可能已經熟悉 Python，請按照以下步驟安裝所有必需的 Python 套件並準備好 Python 環境。

安裝 Anaconda 發行版本

在本書中的資料科學和機器學習任務中,我們將使用許多不同的 Python 套件。舉例來說,我們將使用 pandas 套件來進行資料測量和資料分析。關於這個套件的詳細資訊,你可以查看此連結:https://pandas.pydata.org/。我們還將使用 scikit-learn 套件來構建機器學習模型。有關此套件的詳細資訊,請查看以下連結:http://scikit-learn.org/stable/。另一個會經常使用的 Python 套件是 numpy,這個套件可以在我們需要對多維資料進行數學和科學運算時派上用場。你可以透過下列連結查看關於此套件的詳細資訊:http://www.numpy.org/。除了上述三個套件之外,我們還將使用其他一些 Python 程式庫,屆時將另行討論。

由於我們需要各種 Python 程式庫來執行資料科學和機器學習任務,有時單獨安裝它們可能會很麻煩。我們可以利用 Anaconda 發行版本,一次性安裝所有必需的套件。如欲下載 Anaconda 發行版本,請前往 https://www.anaconda.com/download/ 下載並進行安裝。當你點選此連結時,應該可以看到以下的畫面:

本書將使用 Python 3，搭配 Anaconda 5.2。當你下載好 Anaconda 發行版後，可以利用安裝程式安裝所有套件。在 macOS 系統的安裝程式應如下圖所示：

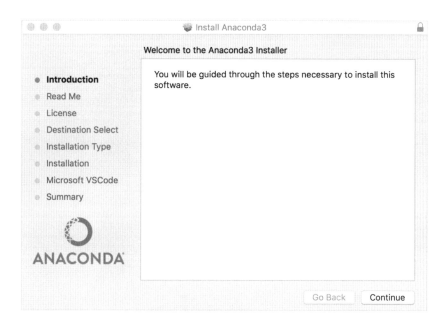

當你按照安裝程式的步驟完成安裝 Anaconda 發行版本，我們就可以著手進行資料科學與機器學習任務。在下一節內容中，我們會建立一個簡單的邏輯迴歸模型，熟悉如何使用 Python 程式庫，以利後續專案練習。

Python 中的簡單邏輯迴歸模型

安裝好所有套件後，讓我們來測試看看是否可以使用它們。我們將使用 Jupyter Notebook 來執行所有未來的資料分析、資料視覺化和機器學習任務。Jupyter Notebook 是一個開源的 Web 應用程式，你可以在其中輕鬆編寫程式碼、顯示圖表，以及與他人共用記事本。你可以透過此連結查看關於 Jupyter Notebook 的更多資訊：`http://jupyter.org/`。

Jupyter Notebook 是我們此前安裝的 Anaconda 發行版的一部分，因此你的電腦中應該已經安裝好 Jupyter Notebook 了。

如欲開始使用 Jupyter Notebook，你可以開啟終端機視窗並輸入下列指令：

```
jupyter notebook
```

完成輸入後，你應該可以看見如下列畫面所示的輸出結果：

```
[Yoons-MBP:python yoonhyuph$ jupyter notebook
[I 16:21:39.646 NotebookApp] JupyterLab beta preview extension loaded from /anaconda3/lib/python3.6/site-packages/jupyterlab
[I 16:21:39.646 NotebookApp] JupyterLab application directory is /anaconda3/share/jupyter/lab
[I 16:21:39.656 NotebookApp] Serving notebooks from local directory: /Users/yoonhyuph/Documents/data-science-for-marketing/ch.1/python
[I 16:21:39.656 NotebookApp] 0 active kernels
[I 16:21:39.656 NotebookApp] The Jupyter Notebook is running at:
[I 16:21:39.656 NotebookApp] http://localhost:8888/?token=c1ae6b23458efbfc677d199954be6124bb03ec8399775408
[C 16:21:39.657 NotebookApp] Use Control-C to stop this server and shut down all kernels (twice to skip confirmation).

    Copy/paste this URL into your browser when you connect for the first time,
    to login with a token:
        http://localhost:8888/?token=c1ae6b23458efbfc677d199954be6124bb03ec8399775408&token=c1ae6b23458efbfc677d199954be6124bb03ec8399775408
[I 16:21:39.808 NotebookApp] Accepting one-time-token-authenticated connection from ::1
```

最後，系統將會在你的瀏覽器中開啟一個 Web 應用程式，而 Web UI 應如下圖所示：

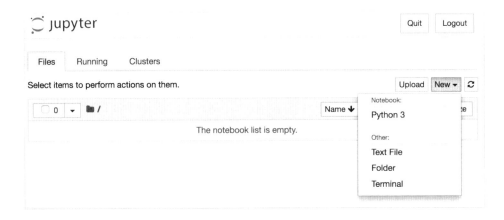

正如上圖所示，你可以點選右上角的 **[New](新增)** 按鈕並點選 **Python 3**，建立一個新的 Jupyter Notebook。這麼做將會建立一個以 Python 3 為編碼語言的 Jupyter Notebook，如下圖所示：

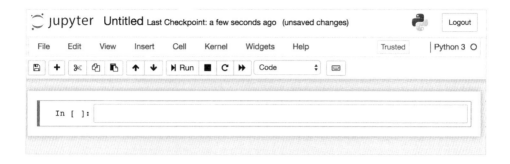

如欲變更這個記事本的名稱，你可以點選頂部 Untitled 處，變更名稱。

建立好一則記事本後，我們可以使用一些 Python 程式庫來建構一個簡單的邏輯迴歸模型。在第一個儲存格中，我們要匯入 numpy 和 scikit-learn 套件。程式碼如下：

```
import numpy as np
from sklearn.linear_model import LogisticRegression
```

正如上述程式碼所示，我們匯入了 numpy 套件並給予名為 **np** 的別名，這是 numpy 程式庫的標準別名。同時，我們只在 scikit-learn 套件的 linear_model 模組（sklearn.linear_model）中匯入 LogisticRegression 模組。

我們需要資料才能建構模型。根據本章的展示與測試目的，我們將建立二維的輸入資料和二元輸出值。下列程式碼顯示如何件建立輸入與輸出資料：

```
input_data = np.array([
    [0, 0],
    [0.25, 0.25],
    [0.5, 0.5],
    [1, 1],
])

output_data = [
    0,
    0,
    1,
    1
]
```

如上述程式碼所示，我們透過 numpy 陣列資料類型建立了 4 x 2 的輸入資料。輸出值為二元，只有 0 或 1。

有了這份資料，我們可以訓練一個邏輯迴歸模型，如下列程式碼所示：

```
logit_model = LogisticRegression()
logit_model.fit(input_data, output_data)
```

在上述程式碼中，我們透過 LogisticRegression 將一個模型物件實例化。接著，我們使用 fit 函數，以輸入資料與輸出資料來訓練一個邏輯迴歸模型。你可以檢索這個邏輯迴歸模型的相關係數與截距，如下所示：

```
logit_model.coef_        # output: array([[0.43001235, 0.43001235]])
logit_model.intercept_     # output: array([-0.18498028])
```

截至目前，我們的 Jupyter Notebook 看起來像這樣子：

```
In [1]:   import numpy as np
          from sklearn.linear_model import LogisticRegression

In [2]:   input_data = np.array([
              [0, 0],
              [0.25, 0.25],
              [0.5, 0.5],
              [1, 1],
          ])

In [3]:   output_data = [
              0,
              0,
              1,
              1
          ]

In [4]:   logit_model = LogisticRegression()

In [5]:   logit_model.fit(input_data, output_data)

Out[5]:   LogisticRegression(C=1.0, class_weight=None, dual=False, fit_intercept=True,
                    intercept_scaling=1, max_iter=100, multi_class='ovr', n_jobs=1,
                    penalty='l2', random_state=None, solver='liblinear', tol=0.0001,
                    verbose=0, warm_start=False)

In [6]:   logit_model.coef_

Out[6]:   array([[0.43001235, 0.43001235]])

In [7]:   logit_model.intercept_

Out[7]:   array([-0.18498028])
```

為了對新資料進行預測，你可以使用這個邏輯迴歸模型物件 logit_model 的 predict 函數，該函數將針對每一個輸入資料返回預測的輸出類別。程式碼如下所示：

```
predicted_output = logit_model.predict(input_data)
```

目前為止，我們試驗了如何使用 numpy 和 scikit-learn 套件來建構機器學習模型。讓我們來掌握另一個用於資料視覺化的套件。在本書章節中，我們將會大幅使用 matplotlib 程式庫來視覺化任何資料分析結果。關於更多資訊，你可以查看這個連結：http://matplotlib.org/。

首先，請看下列程式碼：

```
import matplotlib.pyplot as plt

plt.scatter(
    x=input_data[:,0],
    y=input_data[:,1],
    color=[('red' if x == 1 else 'blue') for x in output_data]
)
plt.xlabel('X')
plt.ylabel('Y')
plt.title('Actual')
plt.grid()
plt.show()
```

如上所示，你可以編寫程式碼第一行，輕鬆匯入 matplotlib 套件。如果想要建立一個散佈圖，我們可以使用 scatter 函數，取 x 值與 y 值，以及每一個資料點的顏色。你可使用 xlabel 函數來變更 x 軸的標籤，以 ylabel 函數變更 y 軸的標籤。使用 title 函數來變更圖表名稱。grid 函數可顯示圖表中的網格，你需要呼叫 show 函數，以便實際顯示這個散佈圖。

在 Jupyter Notebook 的畫面,此時應顯示如下圖:

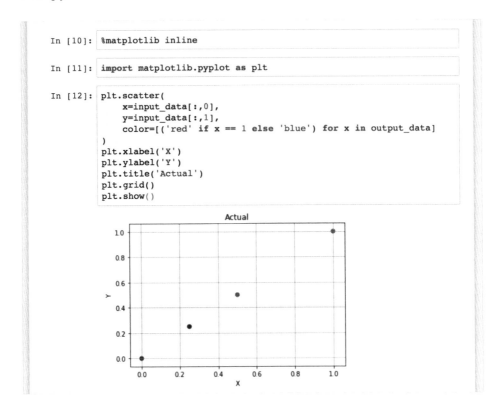

這時,需要注意這則程式碼:

```
%matplotlib inline
```

你需要這則程式碼才能在 Web 應用程式中顯示圖表,如果缺少這則程式碼,則 Web UI 將不會顯示圖表。為了比對實際輸出與模型的預測結果,我們將利用預測值建構另一個散佈圖。

程式碼與圖表應如下圖所示：

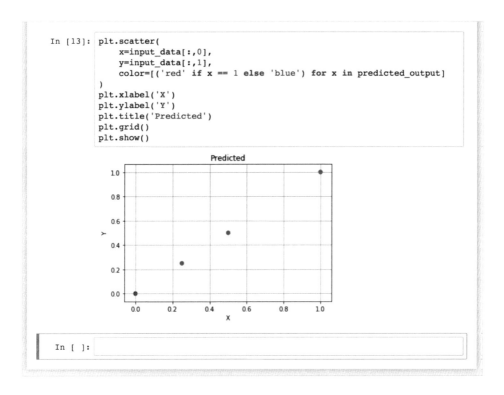

如果你將該圖表與前一個散佈圖進行比對，你會發現在四個預測結果中，該模型正確預測了三次，錯誤預測了一次。

你可以透過以下連結下載本節所使用的完整版 Jupyter Notebook：`https://github.com/yoonhwang/hands-on-data-science-for-marketing/blob/master/ch.1/python/Setting%20Up%20Python%20Environment.ipynb/`

我們將在本書頻繁使用剛剛演示的這三個 Python 程式庫，我們將在後續章節中介紹關於這些 Python 程式庫的進階功能與函數，以及如何完整運用至我們的資料科學與機器學習任務中。

設定 R 環境

預計在後續練習和專案中使用 R 語言的讀者，我們將會討論如何準備你的 R 環境，以利執行資料科學和機器學習任務。首先，我們將會安裝 R 與 RStudio，然後使用 R 構建一個簡單的邏輯迴歸模型，以利我們熟悉如何在資料科學領域中運用 R 語言。

安裝 R 與 Rstudio

如同 Python，R 是資料科學與機器學習領域中最常用的程式語言。R 語言非常容易上手，並且擁有大量與機器學習相關的 R 函式庫，因此吸引了許多資料科學家。如欲使用這個語言，你需要透過此連結進行下載：`https://www.r-project.org/`。瀏覽該網頁，你將看到如下圖所示的畫面：

The R Project for Statistical Computing

[Home]

Download

CRAN

R Project

About R
Logo
Contributors
What's New?
Reporting Bugs
Conferences
Search
Get Involved: Mailing Lists
Developer Pages
R Blog

R Foundation

Foundation
Board
Members
Donors
Donate

Help With R

Getting Help

Getting Started

R is a free software environment for statistical computing and graphics. It compiles and runs on a wide variety of UNIX platforms, Windows and MacOS. To **download R**, please choose your preferred CRAN mirror.

If you have questions about R like how to download and install the software, or what the license terms are, please read our answers to frequently asked questions before you send an email.

News

- **R version 3.5.3 (Great Truth) prerelease versions** will appear starting Friday 2019-03-01. Final release is scheduled for Monday 2019-03-11.

- **R version 3.5.2 (Eggshell Igloo)** has been released on 2018-12-20.

- The R Foundation Conference Committee has released a call for proposals to host useR! 2020 in North America.

- You can now support the R Foundation with a renewable subscription as a supporting member

- The R Foundation has been awarded the Personality/Organization of the year 2018 award by the professional association of German market and social researchers.

News via Twitter

 The R Foundation
@_R_Foundation
One week to go now.

你可以在此網頁找到更多關於 R 的資訊。請依照 **download R** 連結進行下載，此時將要求你選擇一個 CRAN mirror。你可以選擇最靠近你的地點並下載 R。當你完成下載後，你可以按照安裝程式的步驟，將 R 安裝於你的電腦。macOS 系統的安裝程式如下圖所示：

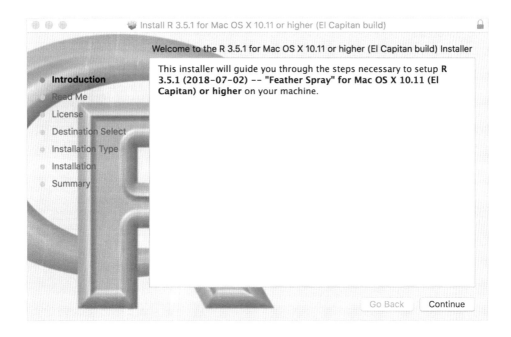

當你完成安裝 R 後，我們需要為 R 開發環境安裝另一樣東西。本書將會使用 RStudio，這是一個為 R 程式語言設計的整合開發環境（IDE）。你可以在此下載 RStudio：`https://www.rstudio.com/products/download/`。當你瀏覽該網頁時，畫面應如下圖所示：

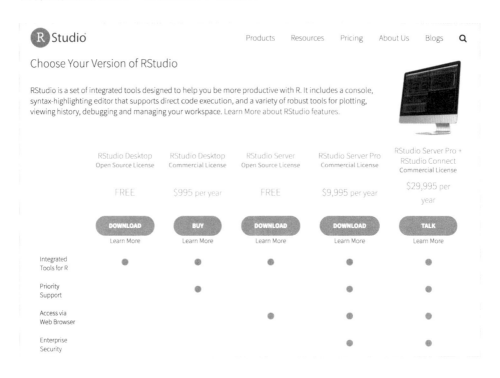

本書使用的是 **RStudio Desktop Open Source License** 版，你也可以使用其他版本。當你下載並安裝好 RStudio 之後，在你開啟 RStudio 時，將會見到下圖畫面：

現在，準備好 R 環境之後，我們可以從建構一個簡單的邏輯迴歸模型開始上手 R 語言。

R 中的簡單邏輯迴歸模型

我們可以用 R 語言建構一個簡單的邏輯迴歸模型，來測試 R 環境設定。開啟 RStudio 並建立一個新的 **R Script**。你可以利用下列程式碼，以 R 語言建立一個資料框（data frame）：

```
# Input Data
data <- data.frame(
  "X"=c(0, 0.25, 0.5, 1),
  "Y"=c(0, 0.5, 0.5, 1),
  "output"=c(0, 0, 1, 1)
)
```

如上所示，我們以 x 欄、y 欄與 output 建立一個資料框。x 欄取值 0、0.25、0.5 和 1。y 欄的值包含 0、0.5、0.5 和 1。output 是二元類別，其值只能為 0 或 1。data 看起來如下圖：

```
> data
     X   Y output
1 0.00 0.0      0
2 0.25 0.5      0
3 0.50 0.5      1
4 1.00 1.0      1
```

現在，我們擁有可訓練邏輯迴歸模型的資料了，讓我們來看一下這段程式碼：

```
# Train logistic regression
logit.fit <- glm(
  output ~ X + Y,
  data = data,
  family = binomial
)
```

如上所示，我們將使用 R 語言的 glm 函數來擬合一個邏輯迴歸模型。因為 glm 函數可用來擬合任何一個線性模型，我們必須先定義模型中欲進行訓練的 family 變數。為了訓練邏輯迴歸模型，我們在 glm 函數中對 family 引數使用 binomial。第一則引數 output ~X + Y，定義了此模型的公式，而 data 引數則定義用以訓練模型的資訊框。

在 R 語言中，你可以使用 summary 函數來取得擬合邏輯迴歸模型的詳細資訊，如下列程式碼所示：

```
# Show Fitted Results
summary(logit.fit)
```

這則程式碼將會輸出如下列畫面：

```
> # Show Fitted Results
> summary(logit.fit)

Call:
glm(formula = output ~ X + Y, family = binomial, data = data)

Deviance Residuals:
          1           2           3           4
-1.140e-05  -6.547e-06   1.516e-05   2.110e-08

Coefficients:
            Estimate Std. Error z value Pr(>|z|)
(Intercept)   -23.46   75250.33       0        1
X             189.81  570847.71       0        1
Y             -97.12  556850.90       0        1

(Dispersion parameter for binomial family taken to be 1)

    Null deviance: 5.5452e+00  on 3  degrees of freedom
Residual deviance: 4.0252e-10  on 1  degrees of freedom
AIC: 6

Number of Fisher Scoring iterations: 23
```

正如這份輸出結果所示，我們可以輕鬆找出模型的相關係數與截距。我們將在本書頻繁使用 summary 函數，以便更加瞭解經過訓練的模型。

有了經過訓練的模型後，我們可使用下列程式碼來對新的資料進行預測：

```
# Predict Class Probabilities
logit.probs <- predict(
  logit.fit,
  newdata=data,
  type="response"
)
# Predict Classes
logit.pred <- ifelse(logit.probs > 0.5, 1, 0)
logit.pred    # output: 0 0 1 1
```

如上述程式碼所示，我們對 `logiv.fit` 這個經過訓練的模型，使用 `predict` 函數進行預測，並且使用在 `new data` 引數中定義的新資料。這個 `predict` 函數將會輸出新資料中每一個資料點的機率或可能性，為了將輸出結果轉換為二元類別，我們可以使用 `ifelse` 函數對高於某個閾值（在本範例中，閾值為 0.5）的輸出結果編碼為 1，其餘輸出結果則編碼為 0。

最後，讓我們快速掌握如何在 R 中建構圖表。貫穿全書，我們將會使用名為 ggplot2 的 R 套件來繪製圖表。因此，熟悉如何導入此繪圖庫並應用於資料視覺化將對你有所助益。如果這是你初次使用 ggplot2 套件，則在你嘗試匯入此套件時，很可能會看到以下錯誤訊息：

```
> # Plotting Library
> require(ggplot2)
Loading required package: ggplot2
Warning message:
In library(package, lib.loc = lib.loc, character.only = TRUE, logical.return = TRUE,  :
  there is no package called 'ggplot2'
```

如上述訊息所示，ggplot2 套件尚未安裝於你的機器中。如欲安裝任何 R 套件，你可以執行下列指令：

```
install.packages('ggplot2')
```

當你執行這則指令時，你將會看到如下輸出結果：

```
> install.packages("ggplot2")
also installing the dependencies 'colorspace', 'RColorBrewer', 'dichromat', 'munsell', 'labeling', 'digest', 'gtable', 'lazyeval', 'plyr', 'reshape2', 'scales', 'viridisLite', 'withr'

trying URL 'https://cran.rstudio.com/bin/macosx/el-capitan/contrib/3.4/colorspace_1.3-2.tgz'
Content type 'application/x-gzip' length 443683 bytes (433 KB)
==================================================
downloaded 433 KB
```

完成安裝 ggplot2 程式庫後，你即可匯入並使用程式庫。我們將使用 ggplot2 程式庫來建構一個簡單的散佈圖，其程式碼如下所示：

```
# Plotting Library
library(ggplot2)
```

```
# Simple Scatterplot
ggplot(data, aes(x=X, y=Y, color=output)) +
  geom_point(size=3, shape=19) +
  ggtitle('Actual') +
  theme(plot.title = element_text(hjust = 0.5))
```

如上所示，你可以使用 ggplot2 套件中的 ggplot 函數，對 data 建構一個散佈圖。如欲變更散佈圖中資料的形狀與大小，你可以使用 geom_point 函數。你還可以使用 ggtitle 函數來變更圖表名稱。當你執行這段程式碼時，你將可見到下列圖表：

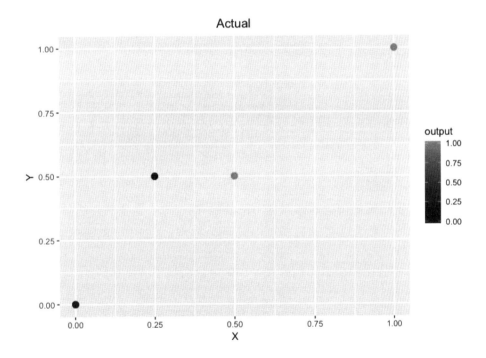

我們將對預測結果執行相同作業，程式碼如下所示：

```
ggplot(data, aes(x=X, y=Y, color=logit.pred)) +
  geom_point(size=3, shape=19) +
  ggtitle('Predicted') +
  theme(plot.title = element_text(hjust = 0.5))
```

輸出結果如下圖：

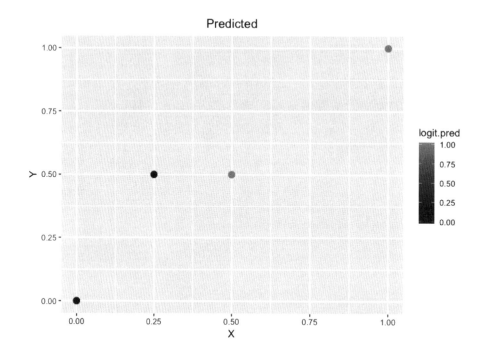

我們將在本書頻繁使用這些函數與 ggplot2 程式庫，當我們介紹各章節及練習時，你將更熟悉以 R 語言編寫程式碼以及使用這些不同的程式庫。

 你可以透過以下連結檢視並下載本節所使用的完整版 R 程式碼：
https://github.com/yoonhwang/hands-on-data-science-
for-marketing/blob/master/ch.1/R/SettingUpREnvironment.R

本章小結

本章討論了市場行銷的整體趨勢，並瞭解資料科學和機器學習在行銷產業中的重要性與日俱增。隨著資料量不斷增加，並且隨著我們觀察到以資料科學和機器學習進行行銷的諸多優勢，無論規模大小，各企業組織都紛紛投注心力於發展以資料驅動、可量化的行銷策略。

我們還學習了不同類型的分析方法，尤其是本書將頻繁使用的三種分析類型——描述性分系、解釋性分析和預測分析，以及各分析的適用情境。在本章中，我們介紹了不同類型的機器學習演算法，以及資料科學中的典型工作流。最後，我們花了一些時間在 Python 和 R 中設置開發環境，並透過構建一個簡單的邏輯迴歸模型來測試我們的環境設置。

下一章，我們將介紹一些關鍵績效指標（KPIs）以及如何視覺化這些關鍵指標。我們將學習如何使用不同的套件，如 pandas、numpy 和 matplotlib，在 Python 中運算和構建這些 KPI 的視覺化圖表。對於使用 R 語言的讀者，我們將會討論如何使用 R 運算和繪製這些 KPI，利用 R 和 ggplot2 套件中的各式統計和數學函數進行視覺化。

Section **2**

導論與環境設定

你將於本節學習在行銷產業中常見的關鍵績效指標（KPIs），如何使用 Python 與 R 的繪圖程式庫將指標視覺化，以及如何使用機器學習演算法來瞭解成功或失敗的行銷活動背後的驅動因素。

本節內容包含下列章節：

- 第 2 章「關鍵績效指標與視覺化」
- 第 3 章「行銷參與度背後的驅動因素」
- 第 4 章「從參與度到轉換率」

關鍵績效指標與視覺化

在推展行銷活動或任何行銷工作時,你很可能想知道每個行銷活動的表現如何,並瞭解這些行銷工作的優劣之處。本章將探討常用的關鍵效能指標(KPI),這些指標有助於追蹤行銷工作的表現。更具體地說,我們將討論銷售收入、每次收購成本(CPA, Cost Per Acquisition)、數位行銷 KPI 和網站流量等關鍵績效指標。我們將學習這些 KPI 如何幫助你維持正確方向,確實達成行銷目標。

在探討常用的 KPI 之後,我們將學習如何使用 Python 和 / 或 R 來運算此類 KPI,並將這些 KPI 以視覺化呈現。在本章中,我們將應用一份銀行行銷資料集,這份資料集是一份真實案例,展示金融組織如何進行市場行銷活動。關於 Python 專案,我們將學習如何使用 pandas 和 matplotlib 程式庫來分析資料並構建視覺化呈現。至於 R 專案,我們將介紹 dplyr 和 ggplot2 程式庫,對資料進行分析和運算,並以視覺化呈現。

我們將在本章介紹下列主題:

- 衡量不同行銷績效的 KPI
- 使用 Python 運算並視覺化 KPI
- 使用 R 運算並視覺化 KPI

衡量不同行銷績效的 KPI

每一次進行行銷活動，對組織來說都是一次花費。當你透過電子郵件推展行銷活動，傳送每一封郵件都需要花費成本。當你在社群媒體服務或廣播媒體上進行行銷活動，都需要一筆花費。正因為每一種行銷活動都隱含著金錢成本，檢視行銷成效並追蹤其投資回報率（ROI, Return on Investments）非常重要。本節內容將著重討論如何追蹤銷售收入、CPA 與數位行銷 KPI。

銷售收入

顯而易見，任何行銷工作的目標都是為組織帶來更多銷售收入。沒有一間公司願意在行銷上入不敷出。為了準確回報銷售收入，你必須明確定義如何將銷售額歸因於每一份行銷工作上。某些銷售額可能來自電子郵件行銷活動，另一些銷售額可能來自電視或公共交通上所投放的廣告效益。甚至，某些銷售額可能無法歸因於任何行銷活動，它們可能是自然流量。

為了準確回報各種行銷活動各自帶動多少銷售額，你需要定義將銷售額歸因至各行銷活動的明確規則。舉例來說，如果你服務於一間電商公司，透過電子郵件和電視行銷活動來推廣一些特別優惠，你可能需在電子郵件與電視廣告中分別放置不同的 URL（網址）。這樣一來，你就可以判斷哪些銷售收入來自於電子郵件行銷、哪些來自電視廣告行銷。

根據需求，你可能也希望按時間順序回報銷售收入資料。你可以利用試算表進行回報，如下圖：

▲	日期 ⇕	總銷售額 ⇕
1	2010-12-01	748957.020
2	2011-01-01	560000.260
3	2011-02-01	498062.650
4	2011-03-01	683267.080
5	2011-04-01	493207.121
6	2011-05-01	723333.510
7	2011-06-01	691123.120
8	2011-07-01	681300.111
9	2011-08-01	682680.510
10	2011-09-01	1019687.622
11	2011-10-01	1070704.670
12	2011-11-01	1461756.250
13	2011-12-01	433668.010

你也可以利用折線圖，按時間順序回報銷售收入資料，如下圖：

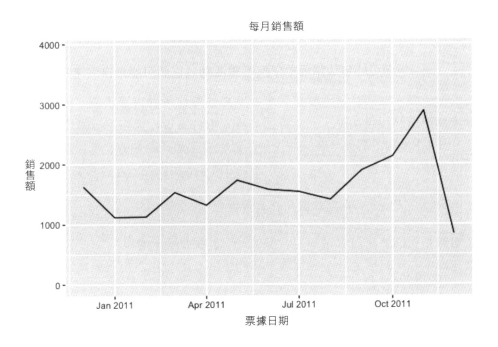

當我們在本章後段談及 Python 與 R 的練習時，我們將會探討可用於回報 KPI 的製圖與資料視覺化方法。

每次收購成本（CPA）

每次收購成本（CPA）是另一個評估行銷工作成效優劣的方法。這個指標可以告訴我們：透過行銷活動獲得一位顧客需要花費多少成本。高 CPA 表示取得新客的成本較高，而低 CPA 顯然表示獲得新客的成本較低。根據不同的業務類型，儘管 CPA 數值較高，你仍然可以推展具有高報酬率的行銷活動。比方說，如果你販售相當奢華且頂級的產品，你的潛在客層可能相對稀少，獲得此類客戶的成本更高，因此推展行銷活動的 CPA 數值可能很高，但你所取得的每一位客戶的價值可能更高，有望帶來非常豐厚的銷售利潤。

一起討論下列假設案例：

行銷活動	成本	取得顧客數量	CPA	銷售額	每顧客銷售額	顧客價值
快樂時光	$25,000	40	$625	$50,000	$1,250	$25,000
網路研討會	$2,000	10	$200	$5,000	$500	$3,000
電台廣告	$7,000	50	$140	$6,000	$120	($1,000)

在上面的試算表中，**快樂時光**活動是是成本最高昂的行銷活動，其 CPA 與總成本最高。這個行銷活動也帶來最多**銷售額**和**每顧客銷售額**，因此，這是最具價值的行銷活動。另一方面，儘管**電台廣告**的成本為三者中居於次位，其 CPA 數值最低，在三個行銷活動中帶來最多新顧客。來自這些顧客的銷售額並沒有超過執行此次行銷活動的成本，因此為公司帶來虧損。

上述的假設情境，非常可能發生在真實世界中。

快樂時光和**網路研討會**這兩個行銷活動，相較於**電台廣告**，更能有效取得潛在顧客。比起無的放矢，採取「有的放矢」的目標市場行銷所取得的顧客品質要高出很多。

現在，我們瞭解到拆分行銷活動結果，有助於深度分析其成本效益。接下來，我們將學習數位行銷領域中一些常用的 KPI。

數位行銷 KPI

隨著行銷渠道的選擇因為網際網路興起而更加多樣化，如社群網路服務、部落格和搜尋引擎，回報數位行銷工作的績效變得越來越重要。

前文討論過的 KPI，如銷售收入和每次收購成本也適用於數位行銷領域。

比方說，你可以根據獨立的歸因邏輯，分析不同的社群網路服務（如 Facebook、LinkedIn 和 Instagram）各自產生的銷售額。你還可以分析透過此類行銷渠道所獲得的客戶數量，並瞭解各個數位行銷活動的 CPA 以及各行銷活動的價值。我們來討論更多的數位行銷 KPI：

- **點擊率**（**Click-through rate, CTR**）是數位行銷活動中經常使用的 KPI。CTR 是觀看廣告後並點擊該廣告的使用者數量之百分比，公式如下：

$$CTR = \frac{點擊次數}{觀看次數}$$

  CTR 是一個重要的數位行銷指標，可以衡量你的網路行銷活動將流量導入網站的有效性。

- 接著，你可以使用**潛在客戶比率**（**lead ratio**）來測量可以轉換為潛在客戶的網站流量。通常，只有一部分網站流量有望成為你的客戶。這些**行銷核可商機**（**Marketing qualified leads, MQL**）是一群符合特定業務標準，很可能發生購買行為的潛在顧客，我們可以根據顧客特徵，對其採取行銷活動。對這些潛在客戶進行行銷活動時，你還應該檢視轉換率。

- **轉換率**（**conversion rate**）是潛在顧客真正轉換為活躍用戶的百分比。你可以根據行銷目標，考量相關要素，定義轉換的目標。如果你的目標是檢視潛在顧客成為付費用戶的百分比，則你可以計算的轉換率應類似下列公式：

$$轉換率 = \frac{付費用戶數量}{潛在顧客數量}$$

如果你的目標是檢視潛在顧客成功註冊為網站會員的百分比，則你可以下列公視計算轉換率：

$$轉換率 = \frac{註冊會員數量}{潛在顧客數量}$$

到目前為止我們研究了許多 KPI，並討論這些 KPI 如何幫助你追蹤行銷工作的進度和成效。現在，我們將學習如何使用 Python 和 / 或 R 來計算此類 KPI，並以視覺化呈現。如果你打算使用 Python 或 R 進行練習，歡迎跳至相關內容進行閱讀。

使用 Python 運算與視覺化 KPI

本節將探討如何使用 Python 來運算與視覺化前幾節所提到的 KPI。我們將使用銀行行銷資料分析轉換率。欲使用 R 進行練習的讀者，可以跳過這一節。我們將使用 Python 的 pandas 和 matplotlib 程式庫來運算並分析資料，建立各式圖表，以便準確回報行銷工作的進度與成效。

本節將使用 *UCI's Bank Marketing Data Set* 進行練習，請前往以下連結：https://archive.ics.uci.edu/ml/datasets/bank+marketing 並點選左上角的 Data Folder 連結進行下載。在此次練習中，我們需要下載 bank-additional.zip，並使用這個壓縮檔中的 bank-additional-full.csv 檔案。

當你開啟 bank-additional-full.csv 檔案，你會發現檔案以分號（;）作為分隔符，而不是逗號（,）。如欲載入該檔案，你可以使用下列程式碼將其讀入 pandas DataFrame：

```
import pandas as pd

df = pd.read_csv('../data/bank-additional-full.csv', sep=';')
```

如上列程式碼所示，我們匯入了 pandas 程式庫，並設定別名為 pd，同時使用 read_csv 函數來載入資料。如欲使用除了逗號以外的分隔符，你可以利用 sep 引數自定義使用於 read_csv 函數中的分隔符。

如果你閱讀下載頁面（https://archive.ics.uci.edu/ml/datasets/bank+marketing）的欄位說明，輸出變數 y 表示用戶是否購買定期存款的資訊，其輸出結果被編碼為 yes 或 no。為了簡化運算過程，我們以 1 表示 yes，以 0 表示 no，以下是程式碼：

```
df['conversion'] = df['y'].apply(lambda x: 1 if x == 'yes' else 0)
```

正如上述程式碼所示，我們為變數 y 套用 apply 函數，以 1 表示 yes，以 0 表示 no，然後將經編碼的資料新增一個新欄位 conversion。在 **Jupyter Notebook** 中程式碼以及載入資料應顯示如下圖：

```
import pandas as pd

df = pd.read_csv('../data/bank-additional-full.csv', sep=';')

df['conversion'] = df['y'].apply(lambda x: 1 if x == 'yes' else 0)

df.head()
```

	age	job	marital	education	default	housing	loan	contact	month	day_of_week	...	pdays	previous	poutcome	emp.var.rate	cons.price.idx
0	56	housemaid	married	basic.4y	no	no	no	telephone	may	mon	...	999	0	nonexistent	1.1	93.994
1	57	services	married	high.school	unknown	no	no	telephone	may	mon	...	999	0	nonexistent	1.1	93.994
2	37	services	married	high.school	no	yes	no	telephone	may	mon	...	999	0	nonexistent	1.1	93.994
3	40	admin.	married	basic.6y	no	no	no	telephone	may	mon	...	999	0	nonexistent	1.1	93.994
4	56	services	married	high.school	no	no	yes	telephone	may	mon	...	999	0	nonexistent	1.1	93.994

5 rows × 22 columns

成功將資料讀取至 pandas DataFrame 之後，我們可以使用多種方法與圖表，學習如何分析與視覺化轉換率。

匯總轉換率

首先我們來看看匯總轉換率。如欲計算這項指標，可以將購買定存的客戶數量除以所有用戶數量。因為輸出變數 1 表示已經轉換的客戶，0 表示尚未轉換的客戶，在 conversion 一欄中，我們可以在此欄計算總和，來獲得具體轉換數字。

下列程式碼顯示如何在 conversion 一欄計算總和，以及如何取得資料中的客戶總數：

```
# total number of conversions
df.conversion.sum()
# total number of clients in the data (= number of rows in the data)
df.shape[0]
```

在 Jupyter Notebook 中，用來計算轉換率的程式碼如下圖所示：

```
print('total conversions: %i out of %i' % (df.conversion.sum(), df.shape[0]))
total conversions: 4640 out of 41188

print('conversion rate: %0.2f%%' % (df.conversion.sum() / df.shape[0] * 100.0))
conversion rate: 11.27%
```

在 41188 位銀行客戶中，共有 4640 位已轉換客戶，表示匯總轉換率為 11.27%。下一節，我們將分析不同年齡群組中的轉換率。

按年齡計算轉換率

匯總轉換率可以告訴我們行銷工作的整體成效。不過，我們無法從這個數字掌握更多洞見。當我們在回報或追蹤行銷工作的進展時，通常會希望深入分析資料，將消費者基群（customer base）拆解為多個小群，為各群組計算各自的 KPI。首先，我們將資料以 age 進行區分，檢視各年齡群組的轉換率之間的差異。

請看下列程式碼：

```
conversions_by_age = df.groupby(
    by='age'
)['conversion'].sum() / df.groupby(
    by='age'
)['conversion'].count() * 100.0
```

我們使用 groupby 函數來計算各年齡的轉換率。

首先以 age 變數對資料進行分群，然後使用 sum 函數，在 conversion 一欄計算總和，取得各年齡對應的轉換率。然後，我們再次使用 age 變數，使用 count 函數，在 conversion 一欄計算各年齡的紀錄數量。

根據以上兩個計算結果，我們可以算出各年齡的轉換率，如程式碼所示。一部分經計算的轉換率如下圖所示：

	conversion
age	
17	40.000000
18	42.857143
19	47.619048
20	35.384615
21	28.431373
22	26.277372
23	21.238938
24	18.574514
25	15.551839

按客戶年齡檢視對應轉換率的另一個作法是繪製線性圖,如下圖所示:

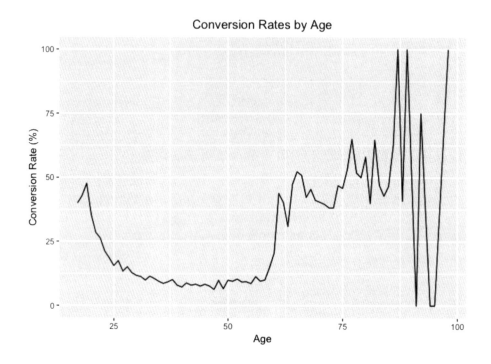

將不同年齡群組的轉換率視覺化呈現的程式碼如下:

```
ax = conversions_by_age.plot(
    grid=True,
    figsize=(10, 7),
    title='Conversion Rates by Age'
)

ax.set_xlabel('age')
ax.set_ylabel('conversion rate (%)')

plt.show()
```

如上所示,我們使用先前建立的 conversions_by_age 變數以及 plot 函數來繪製線性圖。你可以利用 figsize 引數來變更圖表大小,利用 title 引數變更圖表標題。如欲變更 x 軸與 y 軸的標籤,可以使用 set_xlabel 及 set_ylabel 函數。

在前面的線性圖中，有一件事值得注意：在年長群組中，似乎出現許多雜訊。如果你檢視資料，將發現 70 歲或以上的轉換率差異相當明顯，這有很大程度是因為相較於其他年齡群組，在這些高年齡群組中的客戶數量相當少。

為了減少不必要的雜訊，我們可以將多個年齡群組統整在一起。在本練習中，我們根據年齡將所有銀行客戶分到—— 18 至 30、30 至 40、40 至 50、50 至 60、60 至 70、70 及以上等六個不同的群組。下列程式碼可將客戶分到對應的群組中：

```
df['age_group'] = df['age'].apply(
    lambda x: '[18, 30)' if x < 30 else '[30, 40)' if x < 40 \
        else '[40, 50)' if x < 50 else '[50, 60)' if x < 60 \
        else '[60, 70)' if x < 70 else '70+'
)
```

在這則程式碼中，我們對 age 欄位使用 apply 函數，將客戶分到六個不同的年齡群組中，並將這份資料新增到 age_group 欄位中。接下來，可以使用以下程式碼來計算這些群組各自的轉換率：

```
conversions_by_age_group = df.groupby(
    by='age_group'
)['conversion'].sum() / df.groupby(
    by='age_group'
)['conversion'].count() * 100.0
```

和前述步驟相似，我們使用 groupby、sum 和 count 函數，計算六個年齡分群各自對應的轉換率。計算結果應如下圖所示：

age_group	conversion
70+	47.121535
[18, 30)	16.263891
[30, 40)	10.125162
[40, 50)	7.923238
[50, 60)	10.157389
[60, 70)	34.668508

如上所示，各年齡群組之間的差異變小了，特別是高年齡群組。我們可以將資料以長條圖呈現，如下圖：

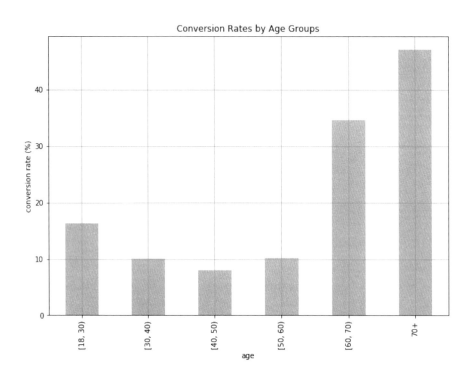

你可以使用下列程式碼來建立長條圖：

```
ax = conversions_by_age_group.loc[
    ['[18, 30)', '[30, 40)', '[40, 50)', '[50, 60)', '[60, 70)', '70+']
].plot(
    kind='bar',
    color='skyblue',
    grid=True,
    figsize=(10, 7),
    title='Conversion Rates by Age Groups'
)

ax.set_xlabel('age')
ax.set_ylabel('conversion rate (%)')

plt.show()
```

和建立線性圖一樣，我們使用同一個 plot 函數來建立長條圖，唯一差異在於 kind 引數，我們可以在此定義不同的圖表類型。為了建立長條圖，我們以 bar 作為 kind 引數對應的值。

 你可以透過下列資料庫查看完整程式碼：https://github.com/yoonhwang/hands-on-data-science-for-marketing/blob/master/ch.2/python/ConversionRate.ipynb/

已轉換客戶與未轉換客戶

在對比已轉換客戶與未轉換客戶時，人口結構的差異是另一項我們可以關注的面向。此類分析有助於辨識行銷活動中已轉換客戶與未轉換客戶之間的差異，有助於更佳瞭解目標客群，以及哪一類客戶最能對行銷工作作出回應。在這個練習中，我們將比對已轉換客戶與未轉換客戶的婚姻狀態之分佈。

首先，我們會分別計算各婚姻狀態中已轉換客戶與未轉換客戶的數量。下列程式碼顯示如何以 pandas 函數進行計算：

```
pd.pivot_table(df, values='y', index='marital', columns='conversion',
aggfunc=len)
```

在上述程式碼中，我們使用了 pandas 程式庫的 pivot_table 函數。我們以 marital 和 conversion 欄位對資料進行分群，在新建的 DataFrame 中，marital 為索引，而 conversion 則為欄位。我們利用 aggfunc 引數，提供希望執行的匯總類型。此時，我們使用 len 函數來計算各群組中的客戶數量。計算結果如下圖所示：

marital	non_conversions	conversions
divorced	4136	476
married	22396	2532
single	9948	1620
unknown	68	12

另一個呈現資料的方法是使用圓形圖，如下圖：

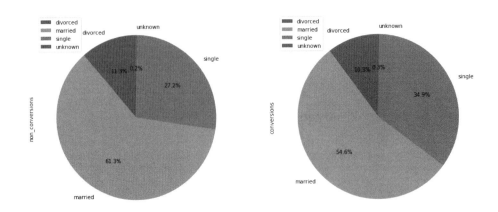

建立圓形圖的程式碼如下：

```
conversions_by_marital_status_df.plot(
    kind='pie',
    figsize=(15, 7),
    startangle=90,
    subplots=True,
    autopct=lambda x: '%0.1f%%' % x
)

plt.show()
```

上述程式碼一樣使用了 plot 函數，此時我們將圖表類型設定為 pie。你可以使用 autopct 引數，為圓形圖中各群組之標籤設定格式。

相較於以表格呈現輸出結果，圓形圖有助於掌握資料的整體分佈情形。我們能夠輕易看出 married 群組在已轉換客戶和未轉換客戶中皆佔最大比例，而 single 群組位居次位。我們可以使用圓形圖來視覺化兩個群組之間的相似度與相異性。

按年齡與婚姻狀態計算轉換率

目前為止,我們使用了一項條件來匯總資料。事實上,可能會出現需要使用多個條件為資料進行分組的情況。這一節內容將探討如何利用不只一個條件來分析與回報轉換率。作為練習,我們將使用前一節建立的年齡分組與婚姻狀態,作為兩項用以分組的欄位。

首先,請檢視以下程式碼:

```
age_marital_df = df.groupby(['age_group',
'marital'])['conversion'].sum().unstack('marital').fillna(0)

age_marital_df = age_marital_df.divide(
    df.groupby(
        by='age_group'
    )['conversion'].count(),
    axis=0
)
```

如上所示,我們使用 `age_group` 和 `marital` 兩個欄位為資料分組,並且計算各組的轉換量。接著,除以每一個群組的總客戶數,計算結果如下圖所示:

marital	divorced	married	single	unknown
age_group				
70+	0.136461	0.321962	0.012793	0.000000
[18, 30)	0.002117	0.027871	0.132475	0.000176
[30, 40)	0.007557	0.052958	0.040383	0.000354
[40, 50)	0.011970	0.054627	0.012350	0.000285
[50, 60)	0.017342	0.077674	0.006412	0.000146
[60, 70)	0.037293	0.301105	0.006906	0.001381

現在，我們可以根據年齡群組與婚姻狀態這兩項條件看出轉換率的分佈情形。舉例來說，18 歲至 30 歲且未婚的客戶轉換率為 13.25%，而 60 歲至 70 歲且已婚的客戶轉換率則是 30.11%。另一個將資料視覺化的方法是使用長條圖，如下圖所示：

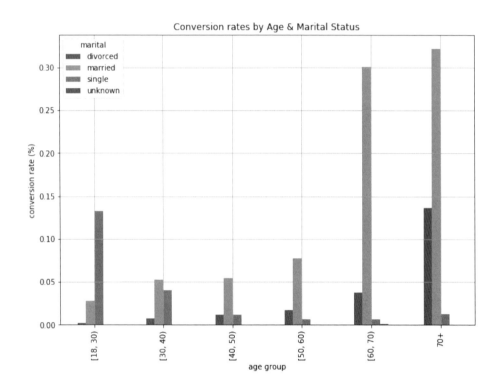

在這個長條圖中，我們可以清楚看出各年齡與婚姻狀態的轉換率之分佈情形。建立長條圖的程式碼如下所示：

```
ax = age_marital_df.loc[
    ['[18, 30)', '[30, 40)', '[40, 50)', '[50, 60)', '[60, 70)', '70+']
].plot(
    kind='bar',
    grid=True,
    figsize=(10,7)
)

ax.set_title('Conversion rates by Age & Marital Status')
ax.set_xlabel('age group')
ax.set_ylabel('conversion rate (%)')

plt.show()
```

我們一樣使用 pandas 程式庫的 plot 函數，在 kind 引數中將圖表類型設定為 bar。因為 age_marital_df 這個 DataFrame 中有四個欄位來表示各婚姻狀態，並且以年齡分群作為索引，plot 函數會建立一個長條圖，在每一組年齡分組中，都有四個直條來表示各婚姻狀態。

如果你想將每一組年齡群組中的四個直條堆疊成一條，則可以使用下列程式碼建立長條堆疊圖：

```
ax = age_marital_df.loc[
    ['[18, 30)', '[30, 40)', '[40, 50)', '[50, 60)', '[60, 70)', '70+']
].plot(
    kind='bar',
    stacked=True,
    grid=True,
    figsize=(10,7)
)

ax.set_title('Conversion rates by Age & Marital Status')
ax.set_xlabel('age group')
ax.set_ylabel('conversion rate (%)')

plt.show()
```

如上面的程式碼所示，唯一差別在於 stacked 引數，當其值設定為 Ture 時，則會建立一個長條堆疊圖，如下所示：

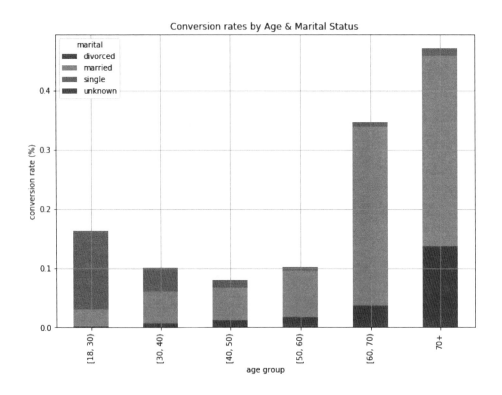

在上面的長條堆疊圖中，在每一個年齡分組中，不同的婚姻狀態都堆疊成一個直條。這樣一來，我們不僅可以看出不同年齡分組的轉換率整體趨勢，還能看出每一個年齡分組中，各婚姻狀態內已轉換客戶的比例。

你可以透過下列資料庫查看此次練習所使用的完整程式碼及 Juptyer Notebook：https://github.com/yoonhwang/hands-on-data-science-for-marketing/blob/master/ch.2/python/ConversionRate.ipynb/

使用 R 運算與視覺化 KPI

本節將探討如何使用 R 來運算與視覺化前幾節所提到的 KPI。我們將使用銀行行銷資料分析轉換率。欲使用 Python 進行練習的讀者，請瀏覽上一節內容。我們將使用 R 的 `dplyr` 和 `ggplot2` 程式庫來運算並分析資料，建立各式圖表，以便準確回報行銷工作的進度與成效。

本節將使用 **UCI's Bank Marketing Data Set** 進行練習，請前往以下連結：`https://archive.ics.uci.edu/ml/datasets/bank+marketing` 並點選左上角的 `Data Folder` 連結進行下載。在此次練習中，我們需要下載 `bank-additional.zip`，並使用這個壓縮檔中的 `bank-additional-full.csv` 檔案。

當你開啟 `bank-additional-full.csv` 檔案，你會發現檔案以分號（;）作為分隔符，而不是逗號（,）。如欲載入該檔案，你可以使用下列程式碼將其讀入 `DataFrame`：

```
conversionsDF <- read.csv(
  file="~/Documents/data-science-for-marketing/ch.2/data/bank-
  additionalfull.csv",
  header=TRUE,
  sep=";"
)
```

如上列程式碼所示，我們使用 `read.csv` 函數來載入資料。如欲使用除了逗號以外的分隔符，你可以利用 `sep` 引數自定義使用於 `read.csv` 函數中的分隔符。如果你的資料檔案包含標題行，則可以設定 `header` 引數為 `True`。同理，如果資料檔案並未包含標題行，且第一行即為資料起始，則可將 `header` 引數設定為 `False`。

如果你閱讀下載頁面（`https://archive.ics.uci.edu/ml/datasets/bank+marketing`）的欄位說明，輸出變數 `y` 表示用戶是否購買定期存款的資訊，其輸出結果被編碼為 `yes` 或 `no`。為了簡化運算過程，我們以 `1` 表示 `yes`，以 `0` 表示 `no`，以下是程式碼：

```
# Encode conversions as 0s and 1s
conversionsDF$conversion <- as.integer(conversionsDF$y) - 1
```

如上述程式碼所示，我們為變數 y 套用 as.integer 函數，以 1 表示 yes，以 0 表示 no，然後將經編碼的資料新增一個新欄位 conversion。鑑於 as.integer 函數預設以 1 表示 no，以 2 表示 yes，我們需要將值減去 1。在 RStudio 中資料應顯示如下圖：

^	age	job	marital	education	default	housing	loan	contact	month	day_of_week	duration	campaign	pdays	previous	poutcome
1	56	housemaid	married	basic.4y	no	no	no	telephone	may	mon	261	1	999	0	nonexistent
2	57	services	married	high.school	unknown	no	no	telephone	may	mon	149	1	999	0	nonexistent
3	37	services	married	high.school	no	yes	no	telephone	may	mon	226	1	999	0	nonexistent
4	40	admin.	married	basic.6y	no	no	no	telephone	may	mon	151	1	999	0	nonexistent
5	56	services	married	high.school	no	no	yes	telephone	may	mon	307	1	999	0	nonexistent
6	45	services	married	basic.9y	unknown	no	no	telephone	may	mon	198	1	999	0	nonexistent
7	59	admin.	married	professional.course	no	no	no	telephone	may	mon	139	1	999	0	nonexistent
8	41	blue-collar	married	unknown	unknown	no	no	telephone	may	mon	217	1	999	0	nonexistent
9	24	technician	single	professional.course	no	yes	no	telephone	may	mon	380	1	999	0	nonexistent

成功將資料讀取至 R DataFrame 之後，我們可以使用多種方法與圖表，學習如何分析與視覺化轉換率。

匯總轉換率

首先我們來看看匯總轉換率。如欲計算這項指標，可以將購買定存的客戶數量除以所有客戶數量。因為輸出變數 1 表示已經轉換的客戶，0 表示尚未轉換的客戶，在 conversion 一欄中，我們可以在此欄計算總和，來獲得具體轉換數字。下列程式碼顯示如何在 conversion 一欄計算總和，以及如何取得資料中的客戶總數：

```
# total number of conversions
sum(conversionsDF$conversion)

# total number of clients in the data (= number of records in the data)
nrow(conversionsDF)
```

如上所示，我們使用 R 的 sum 函數來計算轉換數量，並使用 nrow 函數來計算資料集中的行數。順帶一提，除了 nrow，你可以使用 ncol 函數來計算一個 DataFrame 中的欄位數量。

在 RStudio 中，程式碼如下圖所示：

```
> #### 1. Aggregate Conversion Rate ####
> sprintf("total conversions: %i out of %i", sum(conversionsDF$conversion), nrow(conversionsDF))
[1] "total conversions: 4640 out of 41188"
> sprintf("conversion rate: %0.2f%%", sum(conversionsDF$conversion)/nrow(conversionsDF)*100.0)
[1] "conversion rate: 11.27%"
```

如圖中的輸出結果，在 41188 位銀行客戶中，共有 4640 位已轉換客戶，表示匯總轉換率為 11.27%。下一節，我們將分析不同年齡群組中的轉換率。我們會使用 sprintf 函數將數字格式化為字串。

按年齡計算轉換率

匯總轉換率可以告訴我們行銷工作的整體成效。不過，我們無法從這個數字掌握更多洞見。當我們在回報或追蹤行銷工作的進展時，通常會希望深入分析資料，將消費者基群（customer base）拆解為多個小群，為各群組計算各自的 KPI。首先，我們將資料依年齡區分為較小的資料段，檢視各年齡群組的轉換率之間的差異。

請看下列程式碼：

```
conversionsByAge <- conversionsDF %>%
  group_by(Age=age) %>%
  summarise(TotalCount=n(), NumConversions=sum(conversion)) %>%
  mutate(ConversionRate=NumConversions/TotalCount*100.0)
```

%>% 這個管線運算子是將不同函數串連起來的方法。在這則程式碼中，我們使將 conversionDF 傳遞給 groupby 函數，然後將計算結果繼續傳遞到 summarise 函數，最後傳到 mutate 函數。

在 groupby 函數中，我們利用 age 一欄對 DataFrame 進行分組。然後對每一個年齡群組，使用 n() 函數計算各組的紀錄數量，並命名為 TotalCount。同時，我們使用 sum 函數，在 conversion 一欄計算總和，並命名為 NumConversions。

最後，我們使用 mutate 函數來保存原始 DatatFrame 的同時新增變數，來計算各年齡的轉換率。我們所做的僅是將 NumConversions 除以 TotalCount，並且乘以 100.0 來取得轉換率。

計算結果如下圖所示：

	Age	TotalCount	NumConversions	ConversionRate
1	17	5	2	40.000000
2	18	28	12	42.857143
3	19	42	20	47.619048
4	20	65	23	35.384615
5	21	102	29	28.431373
6	22	137	36	26.277372
7	23	226	48	21.238938
8	24	463	86	18.574514
9	25	598	93	15.551839
10	26	698	122	17.478510
11	27	851	114	13.396005
12	28	1001	151	15.084915
13	29	1453	186	12.801101
14	30	1714	202	11.785298
15	31	1947	220	11.299435
16	32	1846	184	9.967497
17	33	1833	210	11.456628
18	34	1745	184	10.544413

按客戶年齡檢視對應轉換率的另一個作法是繪製線性圖，如下圖所示：

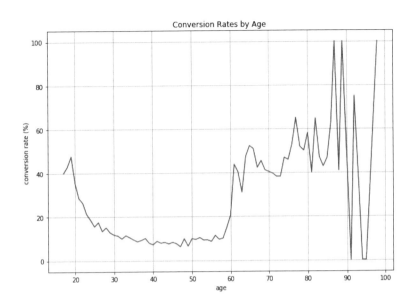

將不同年齡群組的轉換率視覺化呈現的程式碼如下：

```
# line chart
ggplot(data=conversionsByAge, aes(x=Age, y=ConversionRate)) +
  geom_line() +
  ggtitle('Conversion Rates by Age') +
  xlab("Age") +
  ylab("Conversion Rate (%)") +
  theme(plot.title = element_text(hjust = 0.5))
```

如 上 所 示，我 們 使 用 ggplot2 函 數，初 始 化 一 個 ggplot 物 件，以
conversionsByAge 作為資料，而 Age 欄位作為 x 軸，ConversionRate 欄
位作為 y 軸。

接著，我們使用 geom_line 函數來連接各點並建立現應圖。你可以利用
ggtitle 引數變更圖表標題。如欲變更 x 軸與 y 軸的標籤，請分別使用
xlab 及 ylab 函數來重新命名。

在前面的線性圖中，有一件事值得注意：在年長群組中，似乎出現許多雜
訊。如果你檢視資料，將發現 70 歲或以上的轉換率差異相當明顯，這有很大
程度是因為相較於其他年齡群組，在這些高年齡群組中的客戶數量相當少。

為了減少不必要的雜訊，我們可以將多個年齡群組統整在一起。在本練習中，我們根據年齡將所有銀行客戶分到—— 18 歲至 30 歲、30 歲至 40 歲、40 歲至 50 歲、50 歲至 60 歲、60 歲至 70 歲、70 歲及以上這六個不同的群組。下列程式碼可將客戶分到對應的群組中：

```
# b. by age groups
conversionsByAgeGroup <- conversionsDF %>%
  group_by(AgeGroup=cut(age, breaks=seq(20, 70, by = 10)) ) %>%
  summarise(TotalCount=n(), NumConversions=sum(conversion)) %>%
  mutate(ConversionRate=NumConversions/TotalCount*100.0)

conversionsByAgeGroup$AgeGroup <-
as.character(conversionsByAgeGroup$AgeGroup)
conversionsByAgeGroup$AgeGroup[6] <- "70+"
```

在上一個例子中，我們使用 group_by 函數，以 age 一欄為 conversionsDF 的資料進行分組。此時的不同之處在於我們使用了 cut 函數為每一個年齡群組建立年齡範圍。

break 引數定義了 cut 函數應在何處切分 DataFrame。seq(20, 70, by = 10) 這則引數表示我們以 10 為單位，建立一個從 20 到 70 的序列。當資料分到這些年齡群組後，其餘程式碼就跟前述一樣，我們使用 summarise 和 mutate 函數來計算 TotalCount、NumConversions 和 ConversionRate 等欄位的值。

表示計算結果的 DataFrame 應如下圖所示：

	AgeGroup	TotalCount	NumConversions	ConversionRate
1	(20,30]	7243	1067	14.731465
2	(30,40]	16385	1597	9.746720
3	(40,50]	10240	837	8.173828
4	(50,60]	6270	668	10.653907
5	(60,70]	488	212	43.442623
6	70+	562	259	46.085409

如上所示，各年齡群組之間的差異變小了，特別是高年齡群組。我們可以
將資料以長條圖呈現，如下圖：

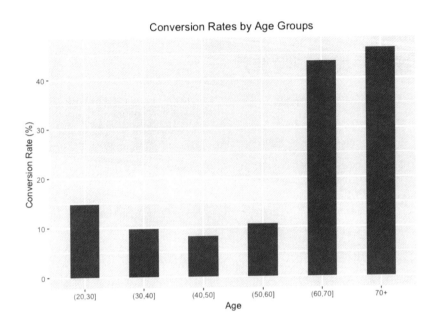

你可以使用下列程式碼來建立長條圖：

```
# bar chart
ggplot(conversionsByAgeGroup, aes(x=AgeGroup, y=ConversionRate)) +
  geom_bar(width=0.5, stat="identity") +
  ggtitle('Conversion Rates by Age Groups') +
  xlab("Age") +
  ylab("Conversion Rate (%)") +
  theme(plot.title = element_text(hjust = 0.5))
```

我們將 conversionsByAgeGroup 這份資料傳遞給 ggplot 物件，AgeGroup
為 x 軸，ConversionRate 為 y 軸。我們使用 geom_bar 函數來建立長條圖。

width 引數可定義長條圖中各長條的寬度。類似於線性圖，你可以使用
ggtitle 重新命名圖表標題，使用 xlab 及 ylab 函數來重新命名 x 軸與 y
軸的標籤。

你可以透過下列資料庫查看完整程式碼：`https://github.com/yoonhwang/hands-on-data-science-for-marketing/blob/master/ch.2/R/ConversionRate.R`

已轉換客戶與未轉換客戶

在對比已轉換客戶與未轉換客戶時，人口結構的差異是另一項我們可以關注的面向。此類分析有助於辨識行銷活動中已轉換客戶與未轉換客戶之間的差異，有助於更佳瞭解目標客群，以及哪一類客戶最能對行銷工作作出回應。在這個練習中，我們將比對已轉換客戶與未轉換客戶的婚姻狀態之分佈。

首先，我們會分別計算各婚姻狀態中已轉換客戶與未轉換客戶的數量。下列程式碼顯示如何以 R 函數進行計算：

```
conversionsByMaritalStatus <- conversionsDF %>%
  group_by(Marital=marital, Conversion=conversion) %>%
  summarise(Count=n())
```

在上述程式碼中，我們使用了 dplyr 套件的 %>% 管線運算子，將 conversionsDF 這個 DataFrame 傳遞給 group_by 函數，接著再傳給 summarise 函數。在 group_by 函數中，我們將資料以 marital 和 conversion 這兩個欄位進行分組。在 summarise 函數中，以 n 函數計算各群組中的紀錄數量。

計算結果如下圖所示：

	Marital	Conversion	Count
1	divorced	0	4136
2	divorced	1	476
3	married	0	22396
4	married	1	2532
5	single	0	9948
6	single	1	1620
7	unknown	0	68
8	unknown	1	12

另一個呈現資料的方法是使用圓形圖：

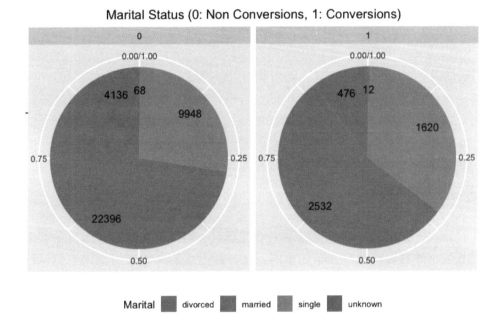

使用 R 建立圓形圖的程式碼如下：

```
# pie chart
ggplot(conversionsByMaritalStatus, aes(x="", y=Count, fill=Marital))
+
  geom_bar(width=1, stat = "identity", position=position_fill()) +
  geom_text(aes(x=1.25, label=Count), position=position_fill(vjust = 0.5))
+
  coord_polar("y") +
  facet_wrap(~Conversion) +
  ggtitle('Marital Status (0: Non Conversions, 1: Conversions)') +
  theme(
    axis.title.x=element_blank(),
    axis.title.y=element_blank(),
    plot.title=element_text(hjust=0.5),
    legend.position='bottom'
  )
```

想用 R 建立圓形圖，我們一樣要使用 `geom_bar` 函數，不同之處在於
`coord_polar("y")`，將長條圖轉換成圓形圖。接著，我們使用 `facet_wrap`
函數根據 `Conversion` 來建立圓形圖，產生兩個圓形圖，一個是已轉換群
組，另一個是未轉換群組。

相較於以表格呈現輸出結果，圓形圖有助於掌握資料的整體分佈情形。我
們能夠輕易看出 `married` 群組在已轉換客戶和未轉換客戶中皆佔最大比
例，而 `single` 群組位居次位。圓形圖可以視覺化兩個群組之間的相似度與
相異性。

按年齡與婚姻狀態計算轉換率

目前為止，我們使用了一項條件來匯總資料。事實上，可能會出現需要使
用多個條件為資料進行分組的情況。這一節內容將探討如何利用不只一個
條件來分析與回報轉換率。作為練習，我們將使用前一節建立的年齡分組
與婚姻狀態，作為兩項用以分組的欄位。

首先，請檢視以下程式碼：

```
#### 5. Conversions by Age Groups & Marital Status ####
conversionsByAgeMarital <- conversionsDF %>%
  group_by(AgeGroup=cut(age, breaks= seq(20, 70, by = 10)),
Marital=marital) %>%
  summarise(Count=n(), NumConversions=sum(conversion)) %>%
  mutate(TotalCount=sum(Count)) %>%
  mutate(ConversionRate=NumConversions/TotalCount)

conversionsByAgeMarital$AgeGroup <-
as.character(conversionsByAgeMarital$AgeGroup)
conversionsByAgeMarital$AgeGroup[is.na(conversionsByAgeMarital$AgeGroup)]
<- "70+"
```

類似於建立自訂的年齡分組一樣，我們在 group_by 中使用 cut 函數來建立從 20 到 70，以 10 為間隔，建立六個年齡分組。同時我們也使用 matrital 欄位進行分組。

接著，使用 summarise 函數來運算每一個群組的記錄數量 Count，以及每一組的轉換數量 NumConversions。然後，使用 mutate 函數來計算每一個年齡分組的總數量，也就是 TotalCount，以及每一組的轉換率 ConversionRate。

計算結果如下圖所示：

	AgeGroup	Marital	Count	NumConversions	TotalCount	ConversionRate
1	(20,30]	divorced	229	18	7243	0.0024851581
2	(20,30]	married	2389	242	7243	0.0334115698
3	(20,30]	single	4612	804	7243	0.1110037277
4	(20,30]	unknown	13	3	7243	0.0004141930
5	(30,40]	divorced	1505	135	16385	0.0082392432
6	(30,40]	married	9705	867	16385	0.0529142508
7	(30,40]	single	5139	591	16385	0.0360695758
8	(30,40]	unknown	36	4	16385	0.0002441257
9	(40,50]	divorced	1548	126	10240	0.0123046875
10	(40,50]	married	7383	588	10240	0.0574218750
11	(40,50]	single	1295	120	10240	0.0117187500
12	(40,50]	unknown	14	3	10240	0.0002929687

現在，我們可以根據年齡群組與婚姻狀態這兩項條件看出轉換率的分佈情形。舉例來說，20 歲至 30 歲且未婚的客戶轉換率為 11.10%，而 40 歲至 50 歲且已婚的客戶轉換率則是 5.74%。

另一個將資料視覺化的方法是使用長條圖，如下圖所示：

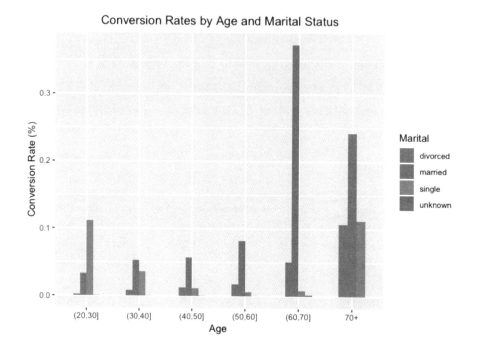

在這個長條圖中，我們可以清楚看出各年齡與婚姻狀態的轉換率之分佈情形。建立長條圖的程式碼如下所示：

```
# bar chart
ggplot(conversionsByAgeMarital, aes(x=AgeGroup, y=ConversionRate,
fill=Marital)) +
  geom_bar(width=0.5, stat="identity", position="dodge") +
  ylab("Conversion Rate (%)") +
  xlab("Age") +
  ggtitle("Conversion Rates by Age and Marital Status") +
  theme(plot.title=element_text(hjust=0.5))
```

我們以 `conversionsByAgeMarital` 的資料建立一個 `ggplot2` 物件。在 x 軸使用 `AgeGroup`，在 y 軸使用 `ConverisonRate`，以不同顏色表示 `Marital` 欄位中不同的婚姻狀態。接著，以 `geom_bar` 函數建立一個長條圖。經過上述配置，`ggplot` 將建立一個長條圖，在每一組年齡分組中，都有四個直條來表示各婚姻狀態，如上面的長條圖所示。

如果你想將每一組年齡群組中的四個直條堆疊成一條,則可以使用下列程式碼建立長條堆疊圖:

```
# stacked bar chart
ggplot(conversionsByAgeMarital, aes(x=AgeGroup, y=ConversionRate,
fill=Marital)) +
  geom_bar(width=0.5, stat="identity", position="stack") +
  ylab("Conversion Rate (%)") +
  xlab("Age") +
  ggtitle("Conversion Rates by Age and Marital Status") +
  theme(plot.title=element_text(hjust=0.5))
```

如上面的程式碼所示,唯一差別在於 geom_bar 函數中的 position= "stack",如果傳遞 "dodge" 到這個 position 引數,會建立一個普通的長條圖。如果傳遞 "stack" 到 position 引數,則可建立一個長條堆疊圖,如下所示:

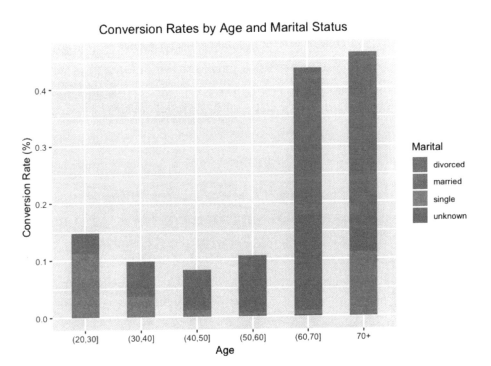

在上面的長條堆疊圖中，在每一個年齡分組中，不同的婚姻狀態都堆疊成一個直條。這樣一來，我們不僅可以看出不同年齡分組的轉換率整體趨勢，還能看出每一個年齡分組中，各婚姻狀態內已轉換客戶的比例。

 你可以透過下列資料庫查看此次練習所使用的完整程式碼： https://github.com/yoonhwang/hands-on-data-science-for-marketing/blob/master/ch.2/R/ConversionRate.R/

本章小結

本章探討如何利用描述性分析來回報與統計行銷工作的進展與成效，討論了多種行銷領域中常見的 KPI 指標，這些指標可以追蹤行銷活動的進度。我們學習了檢視每一個行銷策略各自產生多少銷售收入這件事至關重要。從不同的角度去分析這些銷售收入指標也非常重要。不僅僅只是關注總銷售量，同時也要考量時間因素，去檢視每月、每季或每年的銷售表現。你也需要檢視哪部分的銷售量可歸因於特定行銷工作，以及各行銷工作各自為企業帶來多少銷售收入。我們討論了 CPA 指標，可用來評估行銷策略的成本效益高低，並學習多種用於數位行銷渠道的常見指標，比如點擊率（CTR）、潛在客戶比率和轉換率。最後，我們以 Python 與 R 進行實際操作練習，更加深入地挖掘這些 KPI 指標。

下一章，我們將學習如何在解釋性分析中應用資料科學與機器學習技法。更具點一點，我們將探討如何使用迴歸分析與模型來瞭解行銷參與度背後的驅動因素。同時，下一章也將介紹如何詮釋迴歸分析的結果。

## chapter 3

行銷參與度背後的驅動因素

在 展開行銷活動時,你必須檢視和分析的一項重要指標,就是用戶對於行銷活動的參與度。以電子郵件行銷為例,我們可以根據用戶開啟或忽略電子郵件的數量來衡量此次行銷活動的用戶參與度。用戶參與度的衡量方式相當廣泛多樣,其中也包括網站造訪次數。成功的行銷活動將吸引大量用戶參與,而無效的行銷活動不僅會降低用戶參與度,甚至會對業務造成負面影響。用戶可能會將來自你企業的電子郵件標記為垃圾郵件,或是取消訂閱。

本章將探討如何使用解釋性分析以瞭解哪些因素能影響用戶參與度,更具體一點,本章將使用迴歸分析。我們將會簡述解釋性分析的定義,介紹迴歸分析,以及如何使用邏輯迴歸模型進行解釋性分析。接著,我們將介紹如何使用 statsmodels 套件,在 Python 中構建迴歸分析並解讀分析結果。另外,我們也會討論如何透過 R 語言,以 glm 構建和解釋迴歸分析結果。

我們將在本章節介紹以下主題:

- 使用迴歸分析以進行解釋性分析

- 在 Python 中進行迴歸分析

- 在 R 中進行迴歸分析

使用迴歸分析已進行解釋性分析

在第二章關鍵績效指標和視覺化中，我們探討了何謂**描述性分析**以及如何用來理解資料集。我們試驗了各式各樣的視覺化技法，並在 Python 和 R 中構建了許多不同類型的圖表。

本章將增加我們對於資料科學的知識，並且引導我們去思考為什麼、何時，以及如何在行銷領域中使用**解釋性分析**。

解釋性分析與迴歸分析

正如我們在第 1 章「資料科學與行銷」中簡單討論過解釋性分析的目的是為了找出使用這筆資料的原因，而描述性分析的目的是為了掌握這筆資料將用於何處，以及如何使用。當你開展不同的行銷活動時，很可能發現某些行銷活動的成效表現大大優於其他活動，你可能會好奇這其中的差異為何。比如說，你可能想知道哪一類或哪一群用戶開啟電子郵件的頻率會高於其他人。或者，你可能想分析在用戶群中哪一項屬性，與高轉換率和實際購買有高度關聯性。

透過解釋性分析，你可以分析和掌握那些與期望成果高度且顯著相關的關鍵因素。**迴歸分析**和迴歸模型常常用來模擬屬性與結果之間的相關關係。簡而言之，迴歸分析透過預測輸出變數的值，找出一項函數，其最能預測輸出值的特定屬性或特徵。**線性分析**是最常用的迴歸分析之一，正如其名，我們將各個特徵以線性組合來預測輸出變數。假定 Y 是輸出變數，以 X_i 代表每一個特徵，而 i 代表第 i 個特徵，則線性迴歸的公式如下所示：

$$Y = a + b_1 \times X_1 + b_2 \times X_2 + b_3 \times X_3 + \cdots$$

從上面這個公式可以發現，輸出變數 Y 表示為特徵 X_i 的線性組合。線性迴歸模型的目的是使用給定特徵，找出最能預測輸出變數的截距 a 和相關係數 b_i。一條擬合的線性迴歸線如下所示：（圖片來源：`https://towardsdatascience.com/linear-regression-using-python-b136c91bf0a2`）

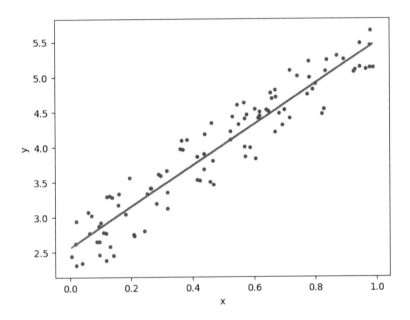

圖中的黑點是各個資料點，而黑線則是擬合的、經過訓練的線性迴歸線。如圖所見，線性迴歸試著透過各個特徵的線性組合，對目標變數進行預測。

本章將探討如何使用迴歸分析，以及更具體的**邏輯迴歸**模型來瞭解驅動高度用戶參與度的因素。

邏輯迴歸

邏輯迴歸是一種迴歸分析，適用情況為當輸出變數為二元變數時（1 表示結果為正，0 表示結果為負）。與任何其他線性迴歸模型一樣，邏輯迴歸模型透過將特徵變數線性組合來預測輸出結果，唯一差異在於此模型預測的內容，邏輯迴歸模型預測事件發生機率的對數，換句話說，它預測的是正事件和負事件的發生機率的對數。模型公式如下所示：

$$\log(\frac{P(y=1)}{1-P(y=1)}) = a + b_1 \times X_1 + b_2 \times X_2 + b_3 \times X_3 + \cdots$$

位於公式左側的比率是成功機率，表示成功機率和失敗機率之間的比率。對數機率的曲線（也稱為對數曲線）如下所示：

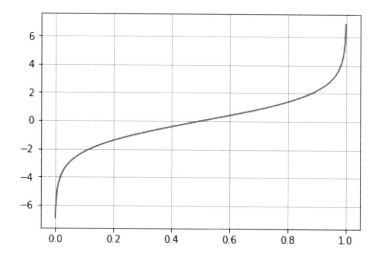

邏輯迴歸模型輸出其實就是對數的倒數，其值的範圍從 0 到 1。本章中將使用迴歸分析來瞭解驅動用戶參與度的因素，用戶是否回應行銷電話是此處的輸出變數。因為輸出是一個二元變數：回應與未回應，因此邏輯迴歸非常適合在這種情境使用。在下列各節中，我們將討論如何在 Python 和 R 中使用和構建邏輯迴歸模型，然後介紹如何解釋迴歸分析結果，以瞭解哪些客戶屬性與高度行銷參與度有密切關聯。

以 Python 進行迴歸分析

在本節中，你將學習如何使用 Python 中的 `statsmodels` 套件進行迴歸分析。希望使用 R 的讀者，你可以翻至下一節內容。我們將首先使用 `pandas` 和 `matplotlib` 套件來深入檢視資料，然後討論如何構建迴歸模型並使用 `statsmodels` 程式庫來解讀結果。

在本次練習中，我們將使用來自 IBM Waston 的公開資料集，下載來源：`https://www.ibm.com/communities/analytics/watson-analytics-blog/marketing-customer-value-analysis/`。你可前往該網頁並下載 CSV 格式的資料檔。你可以運行下列程式碼，將這份資料載入至 Jupyter Notebook：

```
import matplotlib.pyplot as plt
import pandas as pd

df = pd.read_csv('../data/WA_Fn-UseC_-Marketing-Customer-Value-
Analysis.csv')
```

正如我們在第 2 章「關鍵績效指標和視覺化」的練習，首先匯入 `matplotlib` 和 `pandas` 套件。使用 `pandas` 的 `read_csv` 函數，在 `pandas` 資料框中讀取資料。之後我們將使用 `matplotlib` 以進行資料分析與視覺化。

載入完成的資料框 `df` 應如下所示：

```
df.shape

(9134, 24)

df.head()
```

	Customer	State	Customer Lifetime Value	Response	Coverage	Education	Effective To Date	EmploymentStatus	Gender	Income	...	Months Since Policy Inception	Number of Open Complaints	Number of Policies	
0	BU79786	Washington	2763.519279	No	Basic	Bachelor	2/24/11	Employed	F	56274	...	5	0	1	C
1	QZ44356	Arizona	6979.535903	No	Extended	Bachelor	1/31/11	Unemployed	F	0	...	42	0	8	
2	AI49188	Nevada	12887.431650	No	Premium	Bachelor	2/19/11	Employed	F	48767	...	38	0	2	
3	WW63253	California	7645.861827	No	Basic	Bachelor	1/20/11	Unemployed	M	0	...	65	0	7	C
4	HB64268	Washington	2813.692575	No	Basic	Bachelor	2/3/11	Employed	M	43836	...	44	0	1	

5 rows × 24 columns

我們在第 2 章「關鍵績效指標和視覺化」曾經探討過，資料框的 shape 屬性可以告訴我們在這個資料框中有多少資料列和資料欄，而 head 函數可以展示資料集中的前五項紀錄。當你成功以 pandas 資料框讀取資料後，畫面應該如上截圖所示。

資料分析與視覺化

在深入鑽研迴歸分析之前先仔細檢視資料，以便更好地掌握我們所擁有的資料點以及可在資料中看見的模式。如果你檢視資料，將注意到一個名為 Response 的欄，其包含用戶是否對行銷電話做出回應的資訊。我們將使用此欄作為衡量客戶參與度的指標。為了方便運算，我們可以用數值對此欄進行編碼。請先閱讀以下程式碼：

```
df['Engaged'] = df['Response'].apply(lambda x: 0 if x =='No' else 1)
```

使用 pandas 資料框的 apply 函數，以 0 表示沒有對行銷電話做出回應的人 (No)，以 1 表示做出回應的人。我們為這些經過編碼的值建立一個新的欄位，名為 Engaged。

參與率

我們要查看的第一項指標是加總參與率（aggregated engagement rate）。這項參與率就是對行銷電話做出回應的用戶比例，請閱讀以下程式碼：

```
engagement_rate_df = pd.DataFrame(
  df.groupby('Engaged').count()['Response'] / df.shape[0] * 100.0
)
```

如上所示，我們使用 pandas 資料框的 groupby 函數，為新建欄位 Engaged 分組。接著，我們使用 count 函數，計算每一個 Engaged 群組的紀錄（用戶）數量。然後將該值除以資料框中總用戶數並乘以 100.0，就能得出參與率。其計算結果如下：

為了方便閱讀，我們可以轉置資料框，也就是將資料框中的列與欄進行翻
轉過來。你可以使用 T 屬性來轉置 pandas 資料框，如下所示：

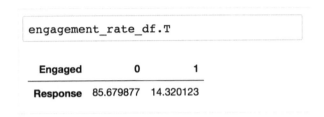

如圖所見，約有 14% 的用戶對行銷電話做出回應，而 86% 的用戶則無。

銷售管道

現在，一起來看看我們是否能在銷售管道和參與度找到任何明顯的模式。
我們將分析參與用戶和非參與用戶在不同的銷售管道的分佈情形。讓我們
先看一下以下程式碼：

```
engagement_by_sales_channel_df = pd.pivot_table(
   df, values='Response', index='Sales Channel', columns='Engaged',
aggfunc=len
).fillna(0.0)

engagement_by_sales_channel_df.columns = ['Not Engaged', 'Engaged']
```

如上述程式碼所示，我們使用 `pivot_table` 函數對 Sales Channel 和 Response 兩項變數進行分組。運行這段程式碼後，`engagement_by_sales_channel_df` 將具有下列資料：

	Not Engaged	Engaged
Sales Channel		
Agent	2811	666
Branch	2273	294
Call Center	1573	192
Web	1169	156

你在上一節中可能已經發現，沒有參與行銷活動的用戶數量明顯較多，因此很難從原始數字中查找參與用戶和非參與用戶在銷售管道分佈之間的差異。為了讓這差異在視覺上更具有識別度，我們可以使用下列程式碼來構建圓形圖：

```
engagement_by_sales_channel_df.plot(
    kind='pie',
    figsize=(15, 7),
    startangle=90,
    subplots=True,
    autopct=lambda x: '%0.1f%%' % x
)

plt.show()
```

運行上述程式碼後，你將會看見以下圓形圖，顯示不同銷售管道之間參與用戶與非參與用戶的分佈情形：

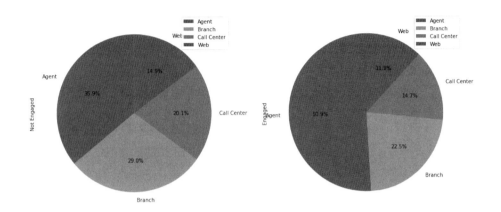

相較於顯示所有銷售管道中參與用戶與非參與用戶的數量的先前表格相比，這些圓形圖有助於更輕鬆且直觀地找出分佈情形中的差異。從這些圖表中可以看出，超過一半的參與用戶來自代理人（agent），而非參與用戶則更平均散佈在所有四個不同銷售管道中。從這些圖表中可以看出，資料分析和資料視覺化有助我們發掘藏於資料中的有趣模式，還可進一步幫助我們進行迴歸分析。

索賠總額

在深入進行迴歸分析之前，我們首先要瞭解的是 Total Claim Amount 在參與用戶和非參與用戶之間的分佈差異。我們將使用箱形圖（box plot）來進行資料視覺化。首先，學習如何在 Python 中構建一個箱形圖，程式碼如下：

```
ax = df[['Engaged', 'Total Claim Amount']].boxplot(
    by='Engaged',
    showfliers=False,
    figsize=(7,5)
)

ax.set_xlabel('Engaged')
```

```
ax.set_ylabel('Total Claim Amount')
ax.set_title('Total Claim Amount Distributions by Engagements')

plt.suptitle("")
plt.show()
```

如上述程式碼所示，在 pandas 資料框中構建一個箱形圖非常直覺，你可以直接呼叫 boxplot 函數。箱形圖是視覺化呈現連續變數的絕佳方法，在圖表中能顯示出一組數據的最大值、最小值、平均值、以及上下四分位數。下列箱形圖顯示了參與用戶與非參與用戶在 Total Claim Amount 的分佈情形。

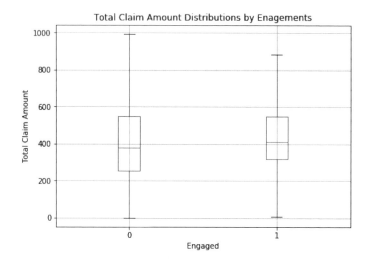

圖中的矩形範圍介於上下四分位數，綠線表示平均值。底部和頂部端點各自表示資料分佈的最小值與最大值。在上述程式碼中，showfilters=False 引數值得留意，我們來看看如果使用下列程式碼，將引數設為 True，會發生什麼：

```
ax = df[['Engaged', 'Total Claim Amount']].boxplot(
  by='Engaged',
  showfliers=True,
  figsize=(7,5)
)
```

```
ax.set_xlabel('Engaged')
ax.set_ylabel('Total Claim Amount')
ax.set_title('Total Claim Amount Distributions by Engagements')

plt.suptitle("")
plt.show()
```

運行這則程式碼以及 `showfilters=True` 標記，則輸出的箱形圖看起來如下圖：

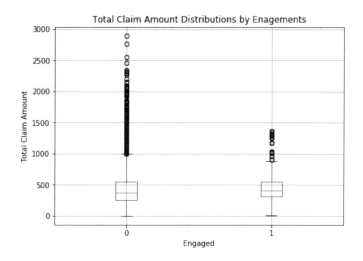

這些箱形圖在上方邊界線上繪製了許多點，表示前一個箱形圖的最大值。位於上方邊界線之上的資料點根據 **四分位數間距（Interquartile range, IQR）** 顯示可疑的離群值。IQR 代表下四分位數（Q1）和上四分位數（Q3）之間的距離，如有資料點比上四分位數高出 `1.5*IQR`，或比下四分位數低於 `1.5*IQR`，將視為可疑的離群值，以點表示。

迴歸分析

目前為止，我們分析了資料中的欄位類型，以及參與用戶和非參與用戶之間的模式有何不同。現在，我們將探討如何使用 Python 中的 `statsmodel` 套件，執行和解讀迴歸分析。我們將首先利用連續變數，構建一個邏輯迴歸模型，你將學習如何解讀結果。然後，我們將討論在擬合迴歸模型時處理類別變數的不同方法，以及這些類別變數對擬合邏輯迴歸模型的影響。

連續變數

在線性迴歸（包括邏輯迴歸）的情境中，當特徵變數為連續變數時，我們可以很輕易地擬合迴歸模型，因為它只需要找出特徵變數之數值的線性組合，就能預測輸出變數。

為了將迴歸模型與連續變數進行擬合，我們首先來看看如何在 pandas 資料框中取得資料欄的資料類型，請閱讀以下內容：

```
df['Income'].dtype
```

```
dtype('int64')
```

```
df['Customer Lifetime Value'].dtype
```

```
dtype('float64')
```

如上 Jupyter Notebook 擷取畫面所示，一個 pandas Series 物件的 dtype 屬性告訴我們它包含了什麼類型的資料。在畫面中，Income 變數為整數，而 Customer Lifetime Value 特徵則為浮點數。如果想要更仔細地檢視這些數值變數的分佈情形，你可以執行下列操作：

```
df.describe()
```

	Customer Lifetime Value	Income	Monthly Premium Auto	Months Since Last Claim	Months Since Policy Inception	Number of Open Complaints	Number of Policies	Total Claim Amount	Engaged
count	9134.000000	9134.000000	9134.000000	9134.000000	9134.000000	9134.000000	9134.000000	9134.000000	9134.000000
mean	8004.940475	37657.380009	93.219291	15.097000	48.064594	0.384388	2.966170	434.088794	0.143201
std	6870.967608	30379.904734	34.407967	10.073257	27.905991	0.910384	2.390182	290.500092	0.350297
min	1898.007675	0.000000	61.000000	0.000000	0.000000	0.000000	1.000000	0.099007	0.000000
25%	3994.251794	0.000000	68.000000	6.000000	24.000000	0.000000	1.000000	272.258244	0.000000
50%	5780.182197	33889.500000	83.000000	14.000000	48.000000	0.000000	2.000000	383.945434	0.000000
75%	8962.167041	62320.000000	109.000000	23.000000	71.000000	0.000000	4.000000	547.514839	0.000000
max	83325.381190	99981.000000	298.000000	35.000000	99.000000	5.000000	9.000000	2893.239678	1.000000

正如以上 **Jupyter Notebook** 擷取畫面所示，pandas 資料框的 describe 函數可以顯示所有欄位中數值的分佈情形。舉例來說，你可以看到 Customer Lifetime Value 欄位中共有 9134 筆紀錄，平均值為 8004.94，數值介於 1898.01 至 83325.38 之間。

我們準備將這些具有連續變數的名稱清單儲存為另一個變數，並命名為 continuous_vars，請參考下列程式碼：

```
continuous_vars = [
    'Customer Lifetime Value', 'Income', 'Monthly Premium Auto',
    'Months Since Last Claim', 'Months Since Policy Inception',
    'Number of Open Complaints', 'Number of Policies',
    'Total Claim Amount'
]
```

知道哪些欄位包含連續變數之後，我們可以開始擬合一個邏輯迴歸模型。首先，我們需要匯入 statsmodels 套件，如程式碼所示：

```
import statsmodels.formula.api as sm
```

匯入 statsmodels 套件之後，用來初始化邏輯迴歸模型的程式碼相當簡單，如下所示：

```
logit = sm.Logit(
    df['Engaged'],
    df[continuous_vars]
)
```

從這則程式碼可以看出，我們使用了 statmodels 套件中的 Logit 函數。我們將 Engaged 欄做為輸出變數，這是模型將要學習預測的結果，並將包含所有連續變數的 continous_var 做為輸入變數。在定義輸出變數和輸入變數，並建立邏輯迴歸物件之後，我們可以使用以下程式碼來訓練或擬合此模型：

```
logit_fit = logit.fit()
```

在這則程式碼中，我們使用了 `logit` 這個邏輯迴歸物件的 `fit` 函數來訓練模型。一旦運行這行程式碼，`logit_fit` 這個經過訓練的模型將會學習最佳解，以便對輸出變數 `Engaged` 做出最佳預測。如果想要取得已訓練模型的詳細描述，你可以使用下列程式碼：

```
logit_fit.summary()
```

當你運行這行程式碼，`summary` 函數將會在 Jupyter Notebook 顯示下列輸出結果。

Logit Regression Results

Dep. Variable:	Engaged	No. Observations:	9134
Model:	Logit	Df Residuals:	9126
Method:	MLE	Df Model:	7
Date:	Tue, 04 Sep 2018	Pseudo R-squ.:	-0.02546
Time:	17:00:30	Log-Likelihood:	-3847.1
converged:	True	LL-Null:	-3751.6
		LLR p-value:	1.000

	coef	std err	z	P>|z|	[0.025	0.975]
Customer Lifetime Value	-6.741e-06	5.04e-06	-1.337	0.181	-1.66e-05	3.14e-06
Income	-2.857e-06	1.03e-06	-2.766	0.006	-4.88e-06	-8.33e-07
Monthly Premium Auto	-0.0084	0.001	-6.889	0.000	-0.011	-0.006
Months Since Last Claim	-0.0202	0.003	-7.238	0.000	-0.026	-0.015
Months Since Policy Inception	-0.0060	0.001	-6.148	0.000	-0.008	-0.004
Number of Open Complaints	-0.0829	0.034	-2.424	0.015	-0.150	-0.016
Number of Policies	-0.0810	0.013	-6.356	0.000	-0.106	-0.056
Total Claim Amount	0.0001	0.000	0.711	0.477	-0.000	0.000

讓我們仔細看看這個模型輸出結果。`coef` 表示所有輸入變數的相關係數，`z` 表示 Z 分數（標準分數），也就是距離平均值的標準差數量。`P>|z|` 欄

表示 P 值，這意味著特徵和輸出變數之間的相關性若為偶然的可能性有多大。因此，若 P>|z| 值越小，表示給定特徵和輸出變數之間的相關性越強，越不是偶然。通常，0.05 是一個不錯的閾值，任何小於 0.05 的 P 值，表示給定特徵和輸出變數之間具有較強的關聯性。

觀察模型輸出，我們可知 Income、Monthly Premium Auto、Months Since Last Claim、Months Since Policy Inception 及 Number of Policies 等變數都與輸出變數 Engaged 具有強關聯性。這表明，當用戶擁有的保險單越多，他們回應行銷電話的可能性就越小。再舉一個例子，Months Since Last Claim 是顯著變數，並且與輸出變數 Engaged 呈現負相關。這意味著距離自上次索賠時間越長，用戶回應行銷電話的可能性越小。

如上述例子顯示，你可以簡單地從模型輸出結果的 P 值與特徵之相關係數，解讀迴歸分析結果。這是瞭解哪些用戶屬性與期望結果顯著且高度相關的好方法。

類別變數

在上一節的情境中，如果變數為連續變數，那麼透過相關係數和 P 值來瞭解輸入與輸出變數之間的關係相當簡單直覺。然而，如果此時變數為**類別變數**，就不再這麼直覺了。類別變數通常沒有任何自然順序，又或者它們以非數值進行編碼，然而在線性迴歸中，輸入變數必須是可表示變數順序或幅度的數值。舉例來說，我們無法透過特定順序或值為資料集中的 State 變數進行編碼。因此，在進行迴歸分析時，我們必須以不同手法來處理類別變數。在 Python 中，如果使用 pandas 套件，有多種方法可以處理類別變數。我們先來看看如何分解類別變數，如以下程式碼所示：

```
gender_values, gender_labels = df['Gender'].factorize()
```

factorize 函數透過列舉數值，將類別變數以數值進行編碼。首先，我們來看看以下輸出：

```
gender_values
```
```
array([0, 0, 0, ..., 1, 1, 1])
```
```
gender_labels
```
```
Index(['F', 'M'], dtype='object')
```

如上述輸出結果所示，Gender 變數的值以 0 和 1 進行編碼，0 表示女性
（F），1 表示男性（M）。這是一個將類別變數以數值編碼的簡單方法。
不過，當我們想要將自然排序嵌入編碼值中時，這個函數則無法作用。舉
例來說，在資料集中，Education 變數共有五個類別：High School or
Below、Bachelor、College、Master 及 Doctor。在為 Education 變數進
行編碼時，我們可能也想嵌入排序。

下面這則程式碼顯示如何在 pandas 中以排序為類別變數進行編碼：

```
categories = pd.Categorical(
  df['Education'],
  categories=['High School or Below', 'Bachelor', 'College', 'Master',
'Doctor']
)
```

如上所示，我們使用 pd.Categorical 函數對 df['Education'] 的值進行
編碼。我們可以利用 categories 引數來定義我們所希望的排序。在這個
例子中，我們分別給出 0、1、2、3 及 4，對應 High School or Below、
Bachelor、College、Master 及 Doctor 等類別。其輸出結果如下：

現在，我們將這些經過編碼的變數新增到 pandas 資料框 df，如下列程式
碼所示：

```
df['GenderFactorized'] = gender_values
df['EducationFactorized'] = categories.codes
```

對 Gender 和 Education 這兩項類別變數進行編碼後，我們可以使用下列
程式碼來擬合邏輯迴歸模型：

```
logit = sm.Logit(
  df['Engaged'],
  df[[
      'GenderFactorized',
      'EducationFactorized'
  ]]
)

logit_fit = logit.fit()
```

與先前以連續變數擬合邏輯迴歸模型相似，我們可以使用 statsmodel
套件的 Logit 函數，將經編碼的類別變數 GenderFactorized 與
EducationFactorized 與邏輯迴歸模型進行擬合。然後使用擬合邏輯迴歸
模型物件的 summary 函數，可以得出下列輸出結果：

`logit_fit.summary()`

Logit Regression Results

Dep. Variable:	Engaged	**No. Observations:**	9134
Model:	Logit	**Df Residuals:**	9132
Method:	MLE	**Df Model:**	1
Date:	Tue, 04 Sep 2018	**Pseudo R-squ.:**	-0.2005
Time:	17:31:15	**Log-Likelihood:**	-4503.7
converged:	True	**LL-Null:**	-3751.6
		LLR p-value:	1.000

	coef	std err	z	P>|z|	[0.025	0.975]
GenderFactorized	-1.1266	0.047	-24.116	0.000	-1.218	-1.035
EducationFactorized	-0.6256	0.021	-29.900	0.000	-0.667	-0.585

在這份輸出結果中，查看 P>|z| 欄的 P 值，GenderFactorized 與
EducationFactorized 看起來都與輸出變數 Engaged 顯著相關。如果我們
繼續檢視這兩項變數的相關係數，則會發現兩者都與輸出變數呈負相關。
這表明，相對於女性用戶（在 GenderFactorized 變數中編碼為 0），男性

用戶（在 GenderFactorized 變數中編碼為 1）較不傾向與行銷電話進行互動。用戶的教育程度越高，他們越不傾向回應行銷電話。

我們探討了在 pandas 中處理類別變數的兩種方法，分別使用 factorize 和 Categorical 函數。透過這些技法，我們可以瞭解不同類型的類別變數與輸出變數的相關性。

合併連續變數與類別變數

在本章最後一個 Python 練習中，我們將要合併連續變數和類別變數，以供迴歸分析使用。我們可以透過類別變數和連續變數來擬合一個邏輯迴歸模型，利用以下程式碼：

```
logit = sm.Logit(
  df['Engaged'],
  df[['Customer Lifetime Value',
    'Income',
    'Monthly Premium Auto',
    'Months Since Last Claim',
    'Months Since Policy Inception',
    'Number of Open Complaints',
    'Number of Policies',
    'Total Claim Amount',
    'GenderFactorized',
    'EducationFactorized'
  ]]
)

logit_fit = logit.fit()
```

這則程式碼與前文提及的程式碼之差異，在於我們選來擬合邏輯迴歸模型的特徵。我們使用了一個連續變數，並且同時使用兩個經過編碼的類別變數——GenderFactorized 與 EducationFactorized，來擬合邏輯迴歸模型，其結果如下所示：

```
logit_fit.summary()
```

Logit Regression Results

Dep. Variable:	Engaged	No. Observations:	9134
Model:	Logit	Df Residuals:	9124
Method:	MLE	Df Model:	9
Date:	Tue, 04 Sep 2018	Pseudo R-squ.:	-0.02454
Time:	17:30:53	Log-Likelihood:	-3843.7
converged:	True	LL-Null:	-3751.6
		LLR p-value:	1.000

	coef	std err	z	P>|z|	[0.025	0.975]
Customer Lifetime Value	-6.909e-06	5.03e-06	-1.373	0.170	-1.68e-05	2.96e-06
Income	-2.59e-06	1.04e-06	-2.494	0.013	-4.63e-06	-5.55e-07
Monthly Premium Auto	-0.0081	0.001	-6.526	0.000	-0.011	-0.006
Months Since Last Claim	-0.0194	0.003	-6.858	0.000	-0.025	-0.014
Months Since Policy Inception	-0.0057	0.001	-5.827	0.000	-0.008	-0.004
Number of Open Complaints	-0.0813	0.034	-2.376	0.017	-0.148	-0.014
Number of Policies	-0.0781	0.013	-6.114	0.000	-0.103	-0.053
Total Claim Amount	0.0001	0.000	0.943	0.346	-0.000	0.000
GenderFactorized	-0.1500	0.058	-2.592	0.010	-0.263	-0.037
EducationFactorized	-0.0070	0.027	-0.264	0.792	-0.059	0.045

我們來仔細看看這份輸出結果。在 0.05 顯著水準下，Income、Monthly Premium Auto、Months Since Last Claim、Months Since Policy Inception、Number of Open Complaints、Number of Policies 以及 GenderFactorized 等變數都是顯著，而且它們全都與輸出變數 Engaged 呈現負相關。因此，用戶收入越高，越不傾向參與行銷電話。同樣地，用戶所擁有的保險單越多，他們越不傾向與行銷電話進行互動。

最後，男性用戶比女性用戶更不傾向回應行銷電話，我們可以從 GenderFacotrized 的相關係數得知這一點。檢視這份迴歸分析結果，我們可以很容易地看到輸入變數與輸出變數之間的關係，並且掌握哪些用戶屬性與行銷電話的用戶參與度呈現正相關或負相關。

你可以透過以下連結檢視並下載本節所使用的完整版 Python 程式碼：https://github.com/yoonhwang/hands-on-data-science-for-marketing/blob/master/ch.3/python/RegressionAnalysis.ipynb

以 R 進行迴歸分析

在本節中，你將學習如何使用 R 中的 glm 函數進行迴歸分析。希望使用 Python 的讀者，你可以翻至前一節內容。我們將首先使用 dplyr 套件來深入檢視資料，然後討論如何構建迴歸模型並使用 glm 函數來解讀結果。

在本次練習中，我們將使用來自 IBM Waston 的公開資料集，下載來源：https://www.ibm.com/communities/analytics/watson-analytics-blog/marketing-customer-value-analysis/。你可以前往該網頁並下載 CSV 格式的資料檔。你可以運行下列程式碼，將這份資料載入至 RStudio：

```
library(dplyr)
library(ggplot2)

# Load data
df <- read.csv(
  file="~/Documents/data-science-for-marketing/ch.3/data/WA_Fn-UseC_-
Marketing-Customer-Value-Analysis.csv",
  header=TRUE,
  sep=","
)
```

正如我們在第 2 章「關鍵績效指標和視覺化」的練習，我們首先匯入 dplyr 和 ggplot2 套件以供資料分析與繪製需求。使用 R 的 read.csv 函數，將資料載入一個資料框。因為這份 CSV 檔案包含標題列，且欄位以逗號分格，我們將使用 header=TRUE 及 sep="," 標記以利準確剖析資料。

下列擷取畫面顯示資料框中的原始資料：

	Customer	State	Customer.Lifetime.Value	Response	Coverage	Education	Effective.To.Date	EmploymentStatus	Gender	Income	Location.Code
1	BU79786	Washington	2763.519	No	Basic	Bachelor	2/24/11	Employed	F	56274	Suburban
2	QZ44356	Arizona	6979.536	No	Extended	Bachelor	1/31/11	Unemployed	F	0	Suburban
3	AI49188	Nevada	12887.432	No	Premium	Bachelor	2/19/11	Employed	F	48767	Suburban
4	WW63253	California	7645.862	No	Basic	Bachelor	1/20/11	Unemployed	M	0	Suburban
5	HB64268	Washington	2813.693	No	Basic	Bachelor	2/3/11	Employed	M	43836	Rural
6	OC83172	Oregon	8256.298	Yes	Basic	Bachelor	1/25/11	Employed	F	62902	Rural
7	XZ87318	Oregon	5380.899	Yes	Basic	College	2/24/11	Employed	F	55350	Suburban
8	CF85061	Arizona	7216.100	No	Premium	Master	1/18/11	Unemployed	M	0	Urban
9	DY87989	Oregon	24127.504	Yes	Basic	Bachelor	1/26/11	Medical Leave	M	14072	Suburban
10	BQ94931	Oregon	7388.178	No	Extended	College	2/17/11	Employed	F	28812	Urban
11	SX51350	California	4738.992	No	Basic	College	2/21/11	Unemployed	F	0	Suburban
12	VQ65197	California	8197.197	No	Basic	College	1/6/11	Unemployed	F	0	Suburban
13	DP39365	California	8798.797	No	Premium	Master	2/6/11	Employed	M	77026	Urban
14	SJ95423	Arizona	8819.019	Yes	Basic	High School or Below	1/10/11	Employed	M	99845	Suburban
15	IL66569	California	5384.432	No	Basic	College	1/18/11	Employed	M	83689	Urban

現在，將資料載入至資訊框後，我們可以開始深入檢視並分析資料，以便更加掌握資料結構。

資料分析與視覺化

在深入鑽研迴歸分析之前，我們先來仔細檢視資料，以便更好地掌握我們所擁有的資料點以及可在資料中看見的模式。如果你檢視資料，將注意到一個名為 Response 的欄，其包含用戶是否對行銷電話做出回應的資訊。我們將使用此欄作為衡量客戶參與度的指標。為了方便運算，我們可以用數值對此欄進行編碼。請閱讀以下程式碼：

```
# Encode Response as 0s and 1s
df$Engaged <- as.integer(df$Response) - 1
```

這則程式碼使用了 as.integer 函數，以 0 表示沒有對行銷電話做出回應的人 (No)，以 1 表示做出回應的人 (Yes)。因為 as.integer 函數根據預設以 1 和 2 進行編碼，所以我們將值減去 1，使回應值以 0 和 1 表示。我們為這些經過編碼的值建立一個新的欄位，名為 Engaged。

參與率

我們要查看的第一項指標是加總參與率（aggregated engagement rate）。
這項參與率就是對行銷電話做出回應的用戶比例，請閱讀以下程式碼：

```
engagementRate <- df %>%
  group_by(Engaged) %>%
  summarise(Count=n()) %>%
  mutate(Percentage=Count/nrow(df)*100.0)
```

如上所示，我們使用 group_by 函數為新建欄位 Engaged 分組。接著，我
們使用 n() 函數來計算每一個 Engaged 群組的紀錄（用戶）數量。然後將
該值除以資料框中總用戶數並乘以 100.0，就能得出參與率。其計算結果
如下：

	Engaged	Count	Percentage
1	0	7826	85.67988
2	1	1308	14.32012

為了方便閱讀，我們可以轉置資料框，也就是將資料框中的列與欄進行翻
轉過來。你可以使用 R 的 t 函數來轉置資料框，程式碼如下所示：

```
# Transpose
transposed <- t(engagementRate)

colnames(transposed) <- engagementRate$Engaged
transposed <- transposed[-1,]
```

經過轉置後的資料框如下所示：

	0	1
Count	7826.00000	1308.00000
Percentage	85.67988	14.32012

如圖所見，將資料框轉置之後，更方便檢視參與和未參與用戶的總數與百
分比。從這份資料中，我們可以發現約有 14% 的用戶對行銷電話做出回
應，而 86% 的用戶則無。

銷售管道

現在，一起來看看我們是否能在銷售管道和參與度找到任何明顯的模式。我們將分析參與用戶和非參與用戶在不同的銷售管道的分佈情形。讓我們先看一下以下程式碼：

```
salesChannel <- df %>%
  group_by(Engaged, Channel=Sales.Channel) %>%
  summarise(Count=n())
```

如上述程式碼所示，我們使用 R 的 `group_by` 函數，對 Sales Channel 和 Engaged 兩項變數進行分組。然後使用 `n()` 函數，我們將計算每個群組中的用戶數。運行這段程式碼後，`salesChannel` 資料框將如下所示：

	Engaged	Channel	Count
1	0	Agent	2811
2	0	Branch	2273
3	0	Call Center	1573
4	0	Web	1169
5	1	Agent	666
6	1	Branch	294
7	1	Call Center	192
8	1	Web	156

你在上一節中可能已經發現，沒有參與行銷活動的用戶數量明顯較多，因此很難從原始數字中查找參與用戶和非參與用戶在銷售管道分佈之間的差異。為了讓這差異在視覺上更具有識別度，我們可以使用下列程式碼來構建圓形圖：

```
# pie chart
ggplot(salesChannel, aes(x="", y=Count, fill=Channel)) +
  geom_bar(width=1, stat = "identity", position=position_fill()) +
  geom_text(aes(x=1.25, label=Count), position=position_fill(vjust = 0.5)) +
  coord_polar("y") +
  facet_wrap(~Engaged) +
  ggtitle('Sales Channel (0: Not Engaged, 1: Engaged)') +
```

```
theme(
  axis.title.x=element_blank(),
  axis.title.y=element_blank(),
  plot.title=element_text(hjust=0.5),
  legend.position='bottom'
)
```

正如我們在第 2 章「關鍵績效指標和視覺化」的練習，我們使用 ggplot 在
R 中建立圓形圖。如果你還記得在上個章節，我們使用了 geom_bar 以及
coord_polar("y")。藉由使用 face_wrap(~Engaged)，我們可以將圓形圖
分為兩個：一個是參與用戶，另一個則是非參與用戶。在運行上述程式碼
後，你將會看見以下圓形圖，顯示不同銷售管道之間參與用戶與非參與用
戶的分佈情形：

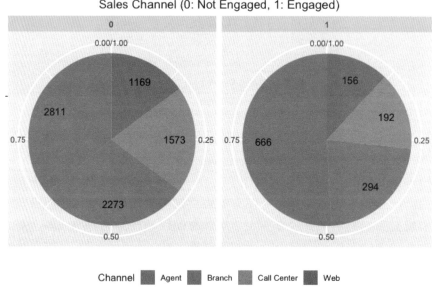

相較於顯示所有銷售管道中參與用戶與非參與用戶的數量的先前表格相
比，這些圓形圖有助於更輕鬆且直觀地找出分佈情形中的差異。從這些圖
表中可以看出，超過一半的參與用戶來自代理人（agent），而非參與用戶
則更平均散佈在所有四個不同銷售管道中。從這些圖表中可以看出，資料
分析和資料視覺化有助我們發掘出藏於資料中的有趣模式，還可進一步幫
助我們進行迴歸分析。

索賠總額

在深入進行迴歸分析之前，我們還需要瞭解 `Total  Claim  Amount` 在參與用戶和非參與用戶之間的分佈差異。我們將使用箱形圖（box plot）來進行資料視覺化。先來學習如何在 R 中構建一個箱形圖，程式碼如下：

```
ggplot(df, aes(x="", y=Total.Claim.Amount)) +
  geom_boxplot() +
  facet_wrap(~Engaged) +
  ylab("Total Claim Amount") +
  xlab("0: Not Engaged, 1: Engaged") +
  ggtitle("Engaged vs. Not Engaged: Total Claim Amount") +
  theme(plot.title=element_text(hjust=0.5))
```

如上述程式碼所示，在 R 語言中構建箱形圖非常直覺，你可以直接呼叫 `ggplot` 函數和 `geom_boxplot`。箱形圖是視覺化呈現連續變數的絕佳方法，在圖表中能顯示出一組數據的最大值、最小值、平均值、及上下四分位數。下列箱形圖顯示了參與用戶與非參與用戶在 `Total  Claim  Amount` 的分佈情形。

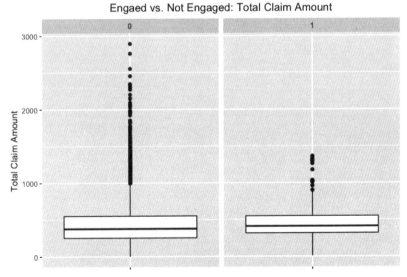

圖中的矩形範圍介於上下四分位數，矩形中間的線段表示平均值。底部和頂部線段各自表示資料分佈的最小值與最大值。在這些箱形圖中，你還會注意到頂端線段上方有著許多點。

這些位於頂端線段上方的資料點顯示為可疑的離群值，根據 IQR 而決定。IQR 代表下四分位數（Q1）和上四分位數（Q3）之間的距離，也就是箱形圖中矩形的高度。如有資料點比上四分位數高出 `1.5*IQR`，或比下四分位數低於 `1.5*IQR`，將判斷為離群值，以點表示。

根據分析目的，你可能不在意（或不想顯示）箱形圖內的離群值，來看看下面這則程式碼，瞭解如何移除這些離群值：

```
# without outliers
ggplot(df, aes(x="", y=Total.Claim.Amount)) +
  geom_boxplot(outlier.shape = NA) +
  scale_y_continuous(limits = quantile(df$Total.Claim.Amount, c(0.1, 0.9)))
+
  facet_wrap(~Engaged) +
  ylab("Total Claim Amount") +
  xlab("0: Not Engaged, 1: Engaged") +
  ggtitle("Engaged vs. Not Engaged: Total Claim Amount") +
  theme(plot.title=element_text(hjust=0.5))
```

正如你在這則程式碼所見，與之前的程式碼的唯一差異在於 `geom_boxplot` 函數中的 `outlier.shape=NA`。一起來看看現在箱形圖會變成什麼樣子：

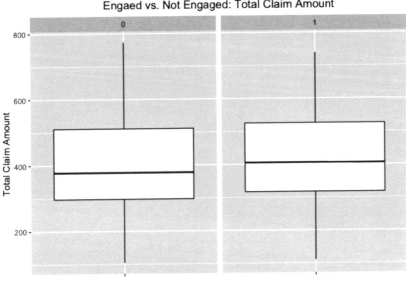

在這些圖表中，頂端線段上方不再出現資料點了。根據你希望顯示和分析的內容，箱型圖中的離群值可能有所助益，也可能不起作用。

迴歸分析

目前為止，我們分析了資料中的欄位類型，以及參與用戶和非參與用戶之間的模式有何不同。現在，我們將探討如何使用 R 中的 glm 函數來執行和解讀迴歸分析。我們將首先利用連續變數，構建一個邏輯迴歸模型，你將學習如何解讀結果。然後，我們將討論在 R 中擬合迴歸模型時處理類別變數的方法，以及這些類別變數對擬合邏輯迴歸模型的影響。

連續變數

在線性迴歸（包括邏輯迴歸）的情境中，當特徵變數為連續變數時，我們可以很輕易地擬合迴歸模型，因為它只需要找出特徵變數之數值的線性組合，就能預測輸出變數。為了將迴歸模型與連續變數進行擬合，我們首先來看看如何在 R 資料框中取得資料欄的資料類型，請閱讀以下程式碼：

```
# get data types of each column
sapply(df, class)
```

使用 R 的 sapply 函數，我們可以將 class 函數套用到資料框中的欄位，而 class 函數可以告訴我們每一個欄位中包含了什麼類型的資料。這則程式碼的輸出結果如下：

在上述擷取畫面中，我們可以清楚得知哪些欄位具有數值資料，哪些欄位則具有非數值資料。舉例來說，State 欄位的類型為 "factor"，表示這項變數是一個類別變數。另一方面，Customer Lifetime Value 的資料類型則為 "numeric"，表示這項變數是一個以數值表示的連續變數。除此之外，我們還可以使用 R 的 summary 函數，來取得資料框中每一欄的統計摘要，如此一來，我們不僅可以知道每一欄的資料類型，也能掌握每一欄的資料分布摘要。這則程式碼如下：

```
# summary statistics per column
summary(df)
```

當你運行這則程式碼，將會得到如下輸出結果：

```
     Customer           State      Customer.Lifetime.Value Response        Coverage                 Education        Effective.To.Date
AA10041:    1   Arizona    :1703    Min.   : 1898          No :7826   Basic   :5568   Bachelor            :2748   1/10/11: 195
AA11235:    1   California:3150    1st Qu.: 3994          Yes:1308   Extended:2742   College             :2681   1/27/11: 194
AA16582:    1   Nevada     : 882    Median : 5780                     Premium : 824   Doctor              : 342   2/14/11: 186
AA30683:    1   Oregon     :2601    Mean   : 8005                                     High School or Below:2622   1/26/11: 181
AA34092:    1   Washington: 798    3rd Qu.: 8962                                     Master              : 741   1/17/11: 180
AA35519:    1                       Max.   :83325                                                                 1/19/11: 179
(Other):9128                                                                                                      (Other):8019
```

在這項輸出中，我們可以清楚看出 R 資料框中每一欄的分佈情形。舉例來說，在 State 這項變數中，有 1703 筆紀錄或用戶來自 Arizona，以及 3150 位用戶來自 California。另一方面，在 Customer Lifetime Value 欄位的資料，其最小值為 1898，平均值為 8005，最大值為 83325。

有了來自上述程式碼所輸出的資訊後，我們可透過下列程式碼，只挑選出以數值表示的資料欄：

```
# get numeric columns
continuousDF <- select_if(df, is.numeric)
colnames(continuousDF)
```

從這段程式碼可以看出，我們使用了 select_if 函數，以及此函數的引數：df 資料框及 is.numeric 條件敘述，來定義從此資料框中選取的欄位類型。透過這個函數，在 df 資料框中，只有數值欄位被選取並儲存為另一個變數，命名為 continuousDF。透過 colnames 函數，我們可以查看哪些資料欄位於新建的 continuousDF 資料框中。輸出結果應如下所示：

```
> # get numeric columns
> continuousDF <- select_if(df, is.numeric)
> colnames(continuousDF)
[1] "Customer.Lifetime.Value"      "Income"                  "Monthly.Premium.Auto"    "Months.Since.Last.Claim"
[5] "Months.Since.Policy.Inception" "Number.of.Open.Complaints" "Number.of.Policies"     "Total.Claim.Amount"
[9] "Engaged"
```

現在，我們準備好了，可以開始擬合一個邏輯迴歸模型。首先，我們來看看下列程式碼：

```
# Fit regression model with continuous variables
logit.fit <- glm(Engaged ~ ., data = continuousDF, family = binomial)
```

在 R 中，你可以透過 glm 函數來擬合邏輯迴歸模型，glm 的完整名稱是 **generalized linerar models**（廣義線性模型）。R 語言的 glm 函數可用於廣泛的線性模型中。族引數（family argument）的預設值為 gaussian，可指示演算法擬合一個簡單的線性迴歸模型。另一方面，比如在本練習情境中，如果你在 family 使用 binomial，那麼演算法將會擬合一個邏輯迴歸模型。如欲瞭解更多關於 family 引數的詳細資訊，你可以參照 https://stat.ethz.ch/R-manual/R-devel/library/stats/html/family.html。

另外兩個傳遞給 glm 函數的引數分別是 formula 和 data。第一項引數 formula 定義模型如何擬合，~ 左側的變數是輸出變數，~ 右側的變數則是輸入變數。在這個例子中，我們告訴模型藉由將所有其他變數做為輸入變數，去學習如何預測輸出變數 Engaged。如果你只想使用一部分變數作為輸入變數，那麼你可以使用類似下方的公式：

```
Engaged ~ Income + Customer.Lifetime.Value
```

在這項公式中，我們告訴模型只使用 Income 和 Customer.Lifetime.Value 作為特徵來預測輸出變數 Engaged。最後，在 glm 函數的第二個引數是 data，定義哪些資料會被用來訓練模型。

現在，我們有了一個經過訓練的邏輯迴歸模型，我們來看看下面這則程式碼，它顯示了我們如何從這個模型物件中取得詳細的迴歸分析結果。

```
summary(logit.fit)
```

R 的 summary 函數將會顯示迴歸分析結果的詳細描述，如下所示：

```
> summary(logit.fit)

Call:
glm(formula = Engaged ~ ., family = binomial, data = continuousDF)

Deviance Residuals:
    Min      1Q    Median      3Q      Max
-0.7629  -0.5704  -0.5477  -0.5216   2.1018

Coefficients:
                              Estimate Std. Error z value Pr(>|z|)
(Intercept)                 -1.787e+00  1.234e-01 -14.476  <2e-16 ***
Customer.Lifetime.Value     -6.327e-06  4.863e-06  -1.301  0.1933
Income                       2.042e-06  1.092e-06   1.869  0.0616 .
Monthly.Premium.Auto        -1.194e-04  1.226e-03  -0.097  0.9224
Months.Since.Last.Claim     -4.489e-03  2.987e-03  -1.503  0.1329
Months.Since.Policy.Inception 2.125e-04  1.073e-03   0.198  0.8429
Number.of.Open.Complaints   -3.257e-02  3.379e-02  -0.964  0.3351
Number.of.Policies          -2.443e-02  1.283e-02  -1.904  0.0569 .
Total.Claim.Amount           2.772e-04  1.463e-04   1.895  0.0581 .
---
Signif. codes:  0 '***' 0.001 '**' 0.01 '*' 0.05 '.' 0.1 ' ' 1

(Dispersion parameter for binomial family taken to be 1)

    Null deviance: 7503.3  on 9133  degrees of freedom
Residual deviance: 7488.1  on 9125  degrees of freedom
AIC: 7506.1

Number of Fisher Scoring iterations: 4
```

讓我們仔細看看這個輸出結果。Coefficients 區段的 Estimate 欄位顯示了每一個特徵相關係數的運算值。舉例來說，Income 變數的相關係數是 0.000002042，Number.of.Policies 變數的相關係數則是 -0.02443。我們也能得知 Intercept 的預測值為 -1.787。z value 欄位表示 Z 分數（標準分數），也就是距離平均值差了多少個標準差，Pr(>|z|) 欄則表示 P 值，這意味著特徵和輸出變數之間的相關性若為偶然的可能性有多大。因此，若 Pr(>|z|) 值越小，表示給定特徵和輸出變數之間的相關性越強，越不是偶然。通常，0.05 是一個良好的閾值，任何小於 0.05 的 P 值，表示給定特徵和輸出變數之間具有較強的關聯性。

在 Coefficients 區段之下的 Signif. codes 區段中，在 P 值旁邊的 ***
符號表示當 P 值為 0，具有最強關聯性，** 符號表示 P 值小於 0.001，* 符
號表示 P 值小於 0.05，以此類推。如果你再次檢視這份迴歸分析結果，將
會發現，在顯著水準為 0.1 的情況下，只有 Income、Number.of.Policies
和 Total.Claim.Amount 這三項變數，與輸出變數 Engaged 顯著相關。而
且，我們可以得知 Income 和 Total.Claim.Amount 與 Engaged 呈正相關，
表示收入越高，或者索賠總額越高，用戶越有可能與行銷電話進行互動。
另一方面，Number.of.Policies 與 Engaged 呈負相關，表示當用戶擁有
的保險單越多，越不傾向回應行銷電話。

如上述例子顯示，你可以簡單地從模型輸出結果的 P 值與特徵之相關係
數，解讀迴歸分析結果。這是瞭解哪些用戶屬性與期望結果顯著且高度相
關的好方法。

類別變數

在上一節的情境中，如果變數為連續變數，那麼透過相關係數和 P 值來
瞭解輸入與輸出變數之間的關係相當簡單直覺。然而，如果此時變數為
類別變數，就不再這麼直覺了。類別變數通常沒有任何自然順序，或者它
們以非數值進行編碼，然而在線性迴歸中，input 變數必須是可表示變數
順序或幅度的數值。舉例來說，我們無法透過特定順序或值為資料集中的
State 變數進行編碼。因此，在進行迴歸分析時，我們必須以不同手法來
處理類別變數。在 R 中，factor 函數可協助你處理類別變數，請閱讀以下
程式碼：

```
# a. Education
# Fit regression model with Education factor variables
logit.fit <- glm(Engaged ~ factor(Education), data = df, family =
binomial)
summary(logit.fit)
```

如程式碼所示，我們將 Engaged 作為輸出變數，經過分解的 Education 作
為輸入變數，來擬合一個邏輯迴歸模型。在了解其中深意之前，我們先來
看看下列的迴歸分析結果：

```
> summary(logit.fit)

Call:
glm(formula = Engaged ~ factor(Education), family = binomial,
    data = df)

Deviance Residuals:
    Min      1Q  Median      3Q     Max
-0.6211  -0.5746  -0.5440  -0.5287  2.0184

Coefficients:
                                    Estimate Std. Error z value Pr(>|z|)
(Intercept)                         -1.83575    0.05538 -33.146  <2e-16 ***
factor(Education)College             0.11816    0.07719   1.531  0.1258
factor(Education)Doctor              0.28819    0.15258   1.889  0.0589 .
factor(Education)High School or Below -0.06137  0.08019  -0.765  0.4441
factor(Education)Master              0.19191    0.11407   1.682  0.0925 .
---
Signif. codes:  0 '***' 0.001 '**' 0.01 '*' 0.05 '.' 0.1 ' ' 1

(Dispersion parameter for binomial family taken to be 1)

    Null deviance: 7503.3  on 9133  degrees of freedom
Residual deviance: 7492.4  on 9129  degrees of freedom
AIC: 7502.4

Number of Fisher Scoring iterations: 4
```

如上述輸出結果所示，factor 函數建立了四個額外變數：factor(Education)College、factor(Education)Doctor、factor(Education)High School or Below 以及 factor(Education)Master。當用戶不屬於給定類別時，變數的值以 0 表示，當用戶屬於給定類別時，則變數值為 1。這樣一來，我們可以理解 Education 內各類別與 output 變數 Engaged 呈現正相關或負相關。舉例來說，factor(Education)Doctor 這個變數因子的相關係數為正，表示如果某位用戶具有博士學歷，則該用戶可能傾向於與行銷電話進行互動。

如果更仔細觀看分析結果，你將會注意到 Education 變數的 Bachelor 類別中並沒有獨立的變數因子。這是因為 (Intercept) 已經包含了 Bachelor 類別的資訊。如果某位用戶具有學士學歷，在其他變數因子的值以 0 顯示。因此，其餘所有相關係數值將被抵銷，只留下 (Intercept) 的值。因為 (Intercept) 的預測值為負，如果某位用戶具有 Bachelor 學歷，則該用戶可能傾向不回應行銷電話。

一起來看看另一個例子：

```
# b. Education + Gender
# Fit regression model with Education & Gender variables
logit.fit <- glm(Engaged ~ factor(Education) + factor(Gender), data = df,
family = binomial)

summary(logit.fit)
```

在這則程式碼中，現在我們透過 Education 和 Gender 變數來擬合一個迴歸模型，其輸出結果如下：

```
> summary(logit.fit)

Call:
glm(formula = Engaged ~ factor(Education) + factor(Gender), family = binomial,
    data = df)

Deviance Residuals:
    Min      1Q   Median       3Q      Max
-0.6247  -0.5713  -0.5409  -0.5256   2.0238

Coefficients:
                                        Estimate Std. Error z value Pr(>|z|)
(Intercept)                             -1.84803    0.06257 -29.537   <2e-16 ***
factor(Education)College                 0.11782    0.07720   1.526   0.1269
factor(Education)Doctor                  0.28759    0.15259   1.885   0.0595 .
factor(Education)High School or Below   -0.06173    0.08019  -0.770   0.4415
factor(Education)Master                  0.19223    0.11407   1.685   0.0919 .
factor(Gender)M                          0.02534    0.05979   0.424   0.6717
---
Signif. codes:  0 '***' 0.001 '**' 0.01 '*' 0.05 '.' 0.1 ' ' 1

(Dispersion parameter for binomial family taken to be 1)

    Null deviance: 7503.3  on 9133  degrees of freedom
Residual deviance: 7492.3  on 9128  degrees of freedom
AIC: 7504.3

Number of Fisher Scoring iterations: 4
```

仔細觀察輸出結果，儘管資料當中一定存在女性用戶，你只會看到一個額外的變數因子 factor(Gender)M 來表示男性用戶。這是因為 Education 變數的 Bachelor 類別和 Gender 變數的 F（**female**）類別被集中在一起，變成了迴歸模型中的 (Intercept)。因此，當所有其他變數因子的值為 0 時，基本情況（**base case**）表示擁有 Bachelor 學歷的 female 用戶。

如為擁有 Bachelor 學歷的男性用戶，factor(Gender)M 的值將以 1 表示，因此，輸出變數 Engaged 的預測值將是 (Intercept) 的值再加上 factor(Gender)M 的相關係數值。

截至目前，我們使用 R 語言的 factor 函數 f 來處理類別變數。基本上，這就是為個類別的每一個類別變數建立一個單獨的輸入變數。利用這項技法，我們可以瞭解類別變數中的不同類別與輸出變數的關聯。

合併連續變數與類別變數

在本章最後一個練習中，我們將要合併連續變數和類別變數，以供迴歸分析使用。首先，我們先將兩項類別變數：Gender 和 Education 透過上述方法進行分解，並使用下列程式碼將它們儲存到一個資料框中：

```
continuousDF$Gender <- factor(df$Gender)
continuousDF$Education <- factor(df$Education)
```

continuous 這個資料框，現在包含了下列資料欄：

```
> colnames(continuousDF)
 [1] "Customer.Lifetime.Value"    "Income"                        "Monthly.Premium.Auto"
 [4] "Months.Since.Last.Claim"    "Months.Since.Policy.Inception" "Number.of.Open.Complaints"
 [7] "Number.of.Policies"         "Total.Claim.Amount"            "Engaged"
[10] "Gender"                     "Education"
```

現在，我們將使用以下程式碼，以兩項類別變數來擬合邏輯迴歸模型：

```
# Fit regression model with Education & Gender variables
logit.fit <- glm(Engaged ~ ., data = continuousDF, family = binomial)
summary(logit.fit)
```

你應該會看見如下輸出：

```
> summary(logit.fit)

Call:
glm(formula = Engaged ~ ., family = binomial, data = continuousDF)

Deviance Residuals:
    Min       1Q   Median       3Q      Max
-0.7905  -0.5739  -0.5427  -0.5095   2.1431

Coefficients:
                                    Estimate Std. Error z value Pr(>|z|)
(Intercept)                       -1.837e+00  1.342e-01 -13.693   <2e-16 ***
Customer.Lifetime.Value           -6.065e-06  4.872e-06  -1.245   0.2132
Income                             2.044e-06  1.094e-06   1.867   0.0618 .
Monthly.Premium.Auto              -4.619e-04  1.237e-03  -0.374   0.7087
Months.Since.Last.Claim           -4.717e-03  2.993e-03  -1.576   0.1150
Months.Since.Policy.Inception      1.856e-04  1.074e-03   0.173   0.8627
Number.of.Open.Complaints         -3.448e-02  3.378e-02  -1.021   0.3075
Number.of.Policies                -2.392e-02  1.285e-02  -1.862   0.0626 .
Total.Claim.Amount                 3.471e-04  1.487e-04   2.335   0.0196 *
GenderM                            1.537e-02  6.017e-02   0.255   0.7984
EducationCollege                   1.216e-01  7.731e-02   1.573   0.1158
EducationDoctor                    3.107e-01  1.532e-01   2.028   0.0425 *
EducationHigh School or Below     -7.456e-02  8.056e-02  -0.925   0.3547
EducationMaster                    2.065e-01  1.149e-01   1.798   0.0722 .
---
Signif. codes:  0 '***' 0.001 '**' 0.01 '*' 0.05 '.' 0.1 ' ' 1

(Dispersion parameter for binomial family taken to be 1)

    Null deviance: 7503.3  on 9133  degrees of freedom
Residual deviance: 7475.5  on 9120  degrees of freedom
AIC: 7503.5

Number of Fisher Scoring iterations: 4
```

我們來仔細看看這份輸出結果。在 0.05 的顯著水準下，Total.Claim.
Amount 以及 EducationDoctor 等變數都是顯著，而且都與輸出變數
Engaged 呈現正相關。因此，用戶的索賠總額越高，用戶越傾向參與行銷
電話。同樣地，比起其他教育程度的用戶，擁有博士學歷的用戶越傾向與
行銷電話進行互動。在 0.1 的顯著水準下，我們可發現 Income、Number.
of.Policies 和 EducationMaster 等三項變數與輸出變數 Engaged 呈現正
相關。檢視這份迴歸分析結果，我們可以很容易地看到輸入變數與輸出變
數之間的關係，並且掌握哪些用戶屬性與行銷電話的用戶參與度呈現正相
關或負相關。

你可以透過以下連結檢視並下載本節所使用的完整版 R 程式碼：
https://github.com/yoonhwang/hands-on-data-science-for-marketing/blob/master/ch.3/R/RegressionAnalysis.R

本章小結

本章探討了如何利用解釋性分析從消費者行為中取得洞見。我們討論了迴歸分析可用來深度理解消費者行為。更具體而言，你學習了如何使用邏輯迴歸來掌握哪些用戶屬性可以驅動更高參與率。在 Python 和 R 的練習中，我們應用了在第 2 章「關鍵績效指標和視覺化」所習得的描述性分析，並學習用於解釋性分析的迴歸分析。在本章練習中，我們起初透過分析資料來更好地理解與辨識資料中值得注意的模式。在分析資料的同時，你還學習了將資料視覺化的另一種方法：箱形圖，在 Python 中使用 matplotlib 及 pandas 套件，在 R 中使用 ggplot2 程式庫來繪製箱形圖。

在擬合迴歸模型時，我們探討了兩種變數類型：連續變數和類別變數。我們學習了在擬合迴歸模型時處理類別變數的挑戰，並瞭解如何處理這類變數。在 Python 中，有兩種方法可用來處理類別變數：pandas 套件的 factorize 和 Categorical 函數。在 R 語言中，我們使用 factor 函數。針對迴歸分析的結果，我們演示了如何藉由檢視相關係數與 P 值來理解模型輸出結果，以及輸入變數與輸出變數之間的關聯性。透過檢視迴歸分析結果，我們可以掌握哪些用戶屬性與用戶行銷參與度存在顯著相關。

下一章將拓展你對解釋性分析的知識。我們將會分析在用戶參與之後驅動轉換率的因素。你同時也會學習到另一個機器學習演算法：決策樹，並學習如何在解釋性分析中應用它。

## chapter 4

從參與度到轉換率

本章將會加深你對解釋性分析的知識，並學習如何使用**決策樹**來理解驅動消費者行為的因素。我們將從比對與解釋邏輯迴歸和決策樹兩種模型的差異開始，並探討如何建立與訓練決策樹。然後，我們將會討論經過訓練的決策樹模型如何提取資訊，找出個別消費者的屬性（或特徵）與目標輸出變數之間的關係。

我們將使用 UCI Machine Learning Repository 的銀行行銷資料集，進行程式練習並理解驅動轉換率的因素。首先，我們會分析資料，以便更加理解資料集，然後建立決策樹模型，在 Python 中使用 scilit-learn 套件，在 R 中使用 rpart 套件。最後，你將學會如何解讀這些經過訓練的決策樹模型，將其視覺化呈現，在 Python 中使用 graphviz 套件，在 R 中使用 rattle 套件。在本章結尾，你將對決策樹更加熟悉，並且掌握在 Python 或 R 中使用決策樹的方法與時機。

我們將在本章節介紹以下主題：

- 決策樹

- 在 Python 中的決策樹與解讀

- 在 R 中的決策樹與解讀

決策樹

上一章研究了解釋性分析和迴歸分析，現在，我們要延續主題並介紹另一個機器學習演算法，從資料中觀察消費者行為並取得洞見。在本章中，我們將介紹**決策樹**這個機器學習演算法，瞭解決策樹如何從資料中學習，以及我們如何解讀演算結果。

邏輯迴歸與決策樹

如果你還記得上一章提到**邏輯迴歸**模型從資料中學習，將特徵變數以線性加總，對發生某個事件的對數機率做出最佳預測。所謂的「決策樹」，顧名思義，是從資料中學習來生長一棵樹。我們將在下一節更詳細地討論如何生長與建立決策樹模型，但邏輯迴歸模型和決策樹模型之間的主要區別在於，邏輯迴歸演算法在特徵集中試圖找出一條最佳線性邊界，而決策樹演算法則是對資料進行分區以尋找資料中的子集，該子集代表發生某事件的可能性較高。直接以例子說明這概念會更加容易，請看下圖：

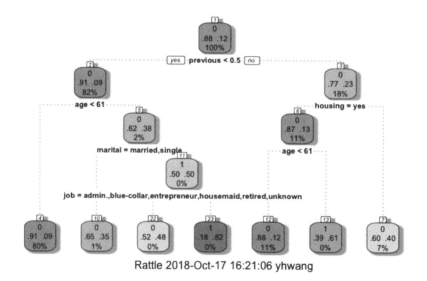

Rattle 2018-Oct-17 16:21:06 yhwang

上圖是一個決策樹模型。如圖所示，它根據特定條件將資料進行分區。在此例中，根節點產生分岔，根據 previous ＜ 0.5 這項條件，形成子節點。如果某筆資料滿足此條件且為真，則該筆資料將遍歷至左側子節點。如果某筆資料不符合此條件，則遍歷至右側子節點。接著，左側子節點再次產生分岔，根據 age ＜ 61 這項條件，形成另一個子節點。決策樹會持續生長，直到找出純節點（也就是每個節點中的所有資料點都屬於一個類別），或者直到它滿足要停止的特定條件（如決策樹的最大深度）。

在這個範例中，資料被拆分為七個分區。位於最左側的節點或分區的資料，是 previous 變數的值小於 0.5 且 age 變數的值小於 61 的資料點。另一方面，位於上圖底部最右側節點的資料，是 previous 變數值大於 0.5 且 housing 變數的值不是 yes 的資料點。

此處值得注意的重點是，不同變數之間有很多交集。此範例決策樹中沒有一個葉節點使用單一條件進行分區。此決策樹中的所有資料分區都具有多個條件，以及不同 feature 變數之間的交集。這一點是與邏輯迴歸模型的主要差別。當資料中沒有線性結構時，將不適用邏輯迴歸模型，因為它們試圖在特徵變數之間找出線性組合。另一方面，對非線性資料集使用決策樹模型的效果更佳，因為它們所做的僅是盡可能均勻地對資料進行分區。

生長決策樹

在生長決策樹時，從某個節點分岔為子節點時，必須依循邏輯來開枝散葉。兩種常見的分割資料方法分別是 **Gini 不純度（Gini impurity）**和**熵資訊增益（entropy information gain）**。簡單來說，Gini 不純度衡量一個分區的不純度，而熵資訊增益則是衡量測試利用某個條件下分割資料後所得到的資訊增益。

來看看計算 Gini 不純度的方程式：

$$Gini = 1 - \sum_{i=1}^{c} p_i^2$$

此處的 c 表示類別標籤，而 P_i 則表示分類標籤為 i 的某項紀錄的發生機率。以 1 減去機率平方總和，使 Gini 不純度趨近於 0，也就是每個分區或樹的節點中的所有紀錄都只有一個類別。

計算熵的方程式如下：

$$Entropy = -\sum_{i=1}^{c} p_i log(p_i)$$

同上，c 表示類別標籤，而 Pi 則表示分類標籤為 i 的某項紀錄的發生機率。在生長決策樹時，必須計算每一個可能分枝的熵值，並與分岔前的熵值進行比對。然後，我們將選擇在熵值中產生最大變化或資訊增益最高的分枝，使決策樹繼續生長。此過程將不斷重複，直到所有節點都成為純節點，或者直到它滿足停止條件。

在 Python 中的決策樹與解讀

在本節中，你將會學習如何使用 Python 中的 scikit-learn 套件來建立決策樹模型，並且透過 Python 的 graphviz 套件將視覺化呈現演算結果，進行解讀。希望使用 R 的讀者可以跳過這一節。我們首先會使用 pandas 和 matplotlib 套件來仔細分析銀行行銷資料集，然後討論如何建立和解讀決策樹模型。

在本次練習中，我們會使用 UCL Machine Learning Repository 的公開資料集，可以在此處取得：https://archive.ics.uci.edu/ml/datasets/bank+marketing。你可以前往連結並下載壓縮檔。我們將會使用 bank.zip 檔案作為本次練習素材。當你解壓縮這份檔案時，將會看見兩個 CSV 檔案：bank.csv 和 bank-full.csv。我們將在本 Python 練習中使用 bank-full.csv 檔案。

您可以運行下列程式碼，將檔案載入至 Jupyter Notebook：

```
%matplotlib inline

import matplotlib.pyplot as plt
import pandas as pd

df = pd.read_csv('../data/bank-full.csv', sep=";")
```

如上述程式碼所示，我們使用了 `%matplotlib inline` 指令，在 Jupyter Notebook 中顯示圖表。接著，我們匯入 matplotlib 和 pandas 套件以供後續資料分析之用。最後，我們可以利用 pandas 套件中的 `read_csv` 函數來讀取資料。如果仔細觀察資料，你將會發現 `bank-full.csv` 檔案中的欄位以分號（;）而不是逗號（,）區隔。為了讓資料正確載入至 pandas 資料框中，我們必須告訴 `read_csv` 函數使用分號而不是逗號作為分隔符。

完成載入資料後，應該會出現如同下圖的畫面：

```
df.shape

(45211, 17)

df.head()
```

	age	job	marital	education	default	balance	housing	loan	contact	day	month	duration	campaign	pdays	previous	poutcome	y
0	58	management	married	tertiary	no	2143	yes	no	unknown	5	may	261	1	-1	0	unknown	no
1	44	technician	single	secondary	no	29	yes	no	unknown	5	may	151	1	-1	0	unknown	no
2	33	entrepreneur	married	secondary	no	2	yes	yes	unknown	5	may	76	1	-1	0	unknown	no
3	47	blue-collar	married	unknown	no	1506	yes	no	unknown	5	may	92	1	-1	0	unknown	no
4	33	unknown	single	unknown	no	1	no	no	unknown	5	may	198	1	-1	0	unknown	no

資料分析與視覺化

在開始分析資料之前，我們要先對輸出變數 y 進行編碼，這個變數以數值表示客戶是否已轉換為或訂閱定期存款的資訊。你可以使用下列程式碼對輸出變數 y 進行編碼，以 1 和 0 表示。

```
df['conversion'] = df['y'].apply(lambda x: 0 if x == 'no' else 1)
```

如上所示，你可以使用 apply 函數對輸出變數進行編碼。我們將經過編碼的值儲存到新的欄位中，這個欄位名為 conversion。

轉換率

首先，我們來看看加總轉換率（aggregate conversion rate）。此處的**轉換率**就是顧客訂閱定期存款的比率，請看下列程式碼：

```
conversion_rate_df = pd.DataFrame(
    df.groupby('conversion').count()['y'] / df.shape[0] * 100.0
)
```

我們以 conversion 這個資料欄進行分組，1 表示訂閱定期存款的客戶，0 表示沒有訂閱的客戶。然後，我們計算每一組的客戶數量，並除以資料集的總客戶數，結果如下圖所示：

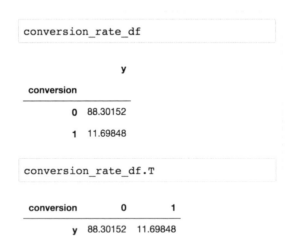

為了更方便檢視，你可以利用 pandas 資料框的 T 屬性來轉置資料框。約有 11.7% 的顧客轉換為或訂閱了定期存款。從這些結果中，我們可以得知轉換組和未轉換組之間存在很大的不平衡，這個現象相當常見，並經常可在諸多行銷資料集中觀察到。

以職業區分的轉換率

從事某一類職業的顧客可能比其他職業更容易轉換，且讓我們看看不同職業類別之間的轉換率。你可以使用以下程式碼：

```
conversion_rate_by_job = df.groupby(
    by='job'
)['conversion'].sum() / df.groupby(
    by='job'
)['conversion'].count() * 100.0
```

讓我們仔細看看這段程式碼。我們首先以 job 進行分組，這個欄位包含了每位顧客所屬的職業類別。接著，我們對 conversion 欄位中每一個職業類別進行加總，得到每一個職業類別的個別轉換量。最後，我們將這些轉換量除以每一個職業類別中的顧客數量，以便取得每一個職業類別的轉換率。

結果如下所示：

```
conversion_rate_by_job

job
admin.           12.202669
blue-collar       7.274969
entrepreneur      8.271688
housemaid         8.790323
management       13.755551
retired          22.791519
self-employed    11.842939
services          8.883004
student          28.678038
technician       11.056996
unemployed       15.502686
unknown          11.805556
Name: conversion, dtype: float64
```

從這份結果可以知道：student 群組比起其他群組傾向於更頻繁轉換，而 retired 群組居於其次。不過，這樣還是難以與原始資料進行對比，我們可以將這筆資料以圖表呈現。你可以使用下列程式碼來建立一個水平長條圖：

```
ax = conversion_rate_by_job.plot(
    kind='barh',
    color='skyblue',
    grid=True,
    figsize=(10, 7),
    title='Conversion Rates by Job'
)

ax.set_xlabel('conversion rate (%)')
ax.set_ylabel('Job')

plt.show()
```

在上述程式碼中，我們使用了 pandas 資料框的 plot 函數，並且對 kind 引數提供 barh 作為輸入值，將圖表類型定義為水平長條圖。你可以 z 分別在 color、figsize 和 title 引數中調整色彩、圖表大小和標題。你還可以使用 set_xlabel 和 set_ylabel 函數來變更 x 軸和 y 軸的標籤。

圖表應如下所示：

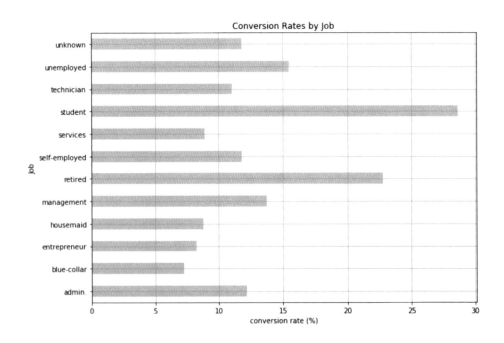

這個水平長條圖更能呈現每一個職業類別的轉換率差異。我們可以發現 `student` 和 `retired` 群組是轉換率最高的兩個群組，而 `blue-collar` 和 `entrepreneur` 則是轉換率最低的兩個群組。

以轉換率區分的預設利率

客戶可能感興趣的另一個屬性是預設利率，以及在訂閱與未訂閱定期存款之間的利率差異。我們將使用 pandas 程式庫的 `pivot_table` 函數，利用轉換量來分析預設利率。請先看看以下程式碼：

```
default_by_conversion_df = pd.pivot_table(
    df,
    values='y',
    index='default',
    columns='conversion',
    aggfunc=len
)
```

我們對 `df` 資料框以 `y` 欄和 `default` 欄進行樞紐分析。以 `len` 作為加總函數，我們可以計算樞紐分析表中每一個儲存格內各有多少客戶，其結果如下：

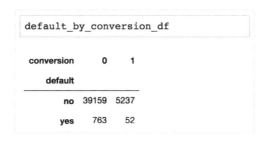

從原始資料中很難看出轉換組與未轉換組之間的預設利率差異。將這筆資料視覺化呈現的方法之一是繪製圓形圖。你可以使用以下程式碼來建立圓形圖：

```
default_by_conversion_df.plot(
    kind='pie',
    figsize=(15, 7),
    startangle=90,
    subplots=True,
```

```
        autopct=lambda x: '%0.1f%%' % x
    )

    plt.show()
```

我們在 `plot` 函數內傳遞 `'pie'` 這個輸入值到 `kind` 引數，此時建立的圓形圖如下所示：

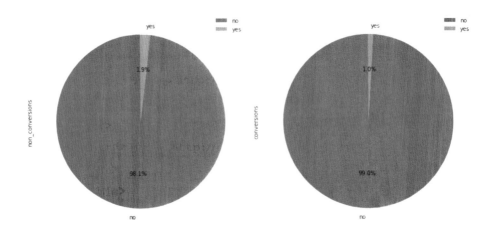

如圖所示，圓形圖更容易清楚展示轉換組與未轉換組之間的預設利率差異。儘管這兩組的預設利率之於整體的百分比都很低，但未轉換組中的預設利率大約是轉換組的兩倍。

以轉換率區分的帳戶餘額

接著，我們要試著檢視轉換組與未轉換組在銀行帳戶餘額上是否存在任何差異。箱形圖是將變數的分佈情形視覺化呈現的一個好方法。先來看看以下程式碼：

```
    ax = df[['conversion', 'balance']].boxplot(
        by='conversion',
        showfliers=True,
        figsize=(10, 7)
    )

    ax.set_xlabel('Conversion')
```

```
ax.set_ylabel('Average Bank Balance')
ax.set_title('Average Bank Balance Distributions by Conversion')

plt.suptitle("")
plt.show()
```

你應該對這段程式碼感到眼熟,因為我們曾經討論過如何使用 pandas 套件來建立箱形圖。利用 boxplot 函數,我們可以建立如下的箱形圖:

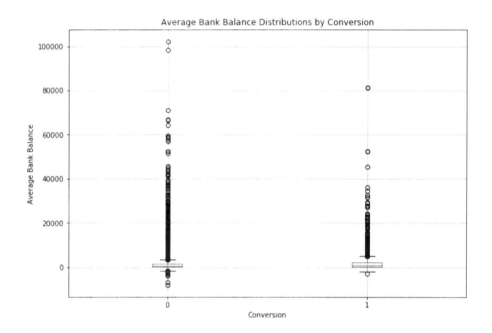

圖中出現了許多離群值,因此很難判斷兩個分佈之間的差異。我們來建立另一個排除離群值的箱形圖。你唯一要變更的地方是程式碼中 boxplot 函數內的 showfilters=True 引數,請參考以下程式碼:

```
ax = df[['conversion', 'balance']].boxplot(
    by='conversion',
    showfliers=False,
    figsize=(10, 7)
)
```

```
ax.set_xlabel('Conversion')
ax.set_ylabel('Average Bank Balance')
ax.set_title('Average Bank Balance Distributions by Conversion')

plt.suptitle("")
plt.show()
```

利用這段程式碼,你將可以看到顯示了兩組的銀行餘額分佈情形之箱形圖。

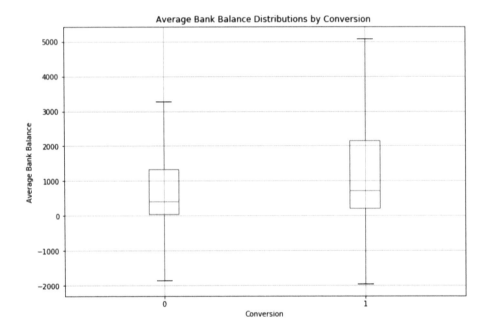

從以上箱形圖,我們可以得知轉換組的銀行帳戶餘額平均值略高於未轉換組。同時,已轉換客戶之間的帳戶餘額差異幅度也比未轉換客戶要來得大。

以轉換率區分的聯絡次數

最後，我們想看看聯絡次數之於轉換率的影響。通常在行銷領域中，越多的行銷觸及可能導致行銷疲勞，越頻繁地接觸客戶，轉換率反而會下降。讓我們來看看資料中是否出現行銷疲勞的情況，請先看看以下程式碼：

```
conversions_by_num_contacts = df.groupby(
    by='campaign'
)['conversion'].sum() / df.groupby(
    by='campaign'
)['conversion'].count() * 100.0
```

利用這段程式碼，你可以看到我們使用 campaign 進行分組，這個欄位的資料代表在本次行銷活動中針對某客戶所進行的聯絡次數。結果如下：

pd.DataFrame(conversions_by_num_contacts)	
	conversion
campaign	
1	14.597583
2	11.203519
3	11.193624
4	9.000568
5	7.879819
6	7.126259
7	6.394558
8	5.925926
9	6.422018
10	5.263158

相較於原始資料，以圖表視覺化呈現資料更便於觀察，我們可以將資料繪製為條狀圖，使用以下程式碼：

```
ax = conversions_by_num_contacts.plot(
    kind='bar',
    figsize=(10, 7),
    title='Conversion Rates by Number of Contacts',
```

```
    grid=True,
    color='skyblue'
)

ax.set_xlabel('Number of Contacts')
ax.set_ylabel('Conversion Rate (%)')

plt.show()
```

圖表應如下所示：

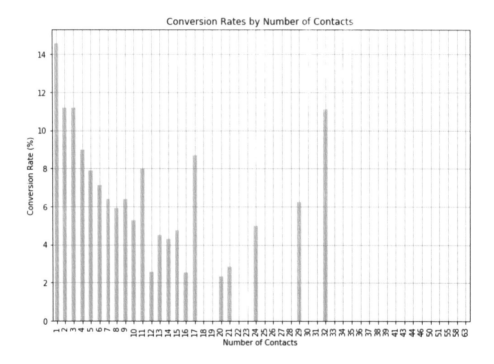

在高接觸次數中有一些雜訊，這是因為資料樣本比較小，但你依然可以清楚看見圖表整體呈現下滑趨勢。當接觸次數增多，轉換率會些微下降。這意味著在給定的行銷活動中，當你接觸客戶的頻率增多，預期的轉換率將會減少。

為類別變數編碼

在這份資料集中有八項類別變數：job、marital、education、default、housing、loan、contact 以及 month。在建立決策樹之前，我們需要為這些類別變數以數值進行編碼。我們將在這一節內容為這些類別變數進行編碼。

為月份編碼

我們都知道 month 變數只會有 12 個不重複值。首先來快速檢視資料集中有哪些東西吧，使用以下程式碼：

```
df['month'].unique()
```

pandas 的 unique 函數，可以快速取得給定欄位中的不重複值。當你運行這段程式碼，你將會得到以下輸出：

```
df['month'].unique()
array(['may', 'jun', 'jul', 'aug', 'oct', 'nov', 'dec', 'jan', 'feb',
       'mar', 'apr', 'sep'], dtype=object)
```

如我們預期，month 欄位從一月到十二月，共有 12 個不重複值。因為 month 的值有自然排序，我們可以用對應數字為各個值進行編碼。以數字將 month 的序列值進行編碼的一種方法如下所示：

```
months = ['jan', 'feb', 'mar', 'apr', 'may', 'jun', 'jul', 'aug', 'sep',
'oct', 'nov', 'dec']

df['month'] = df['month'].apply(
    lambda x: months.index(x)+1
)
```

使用這段程式碼，month 欄位的不重複值將如下所示：

```
df['month'].unique()
array([ 5,  6,  7,  8, 10, 11, 12,  1,  2,  3,  4,  9])
```

想知道每一個月份有多少筆記錄，可以運行以下程式碼：

```
df.groupby('month').count()['conversion']
```

結果如下所示：

```
df.groupby('month').count()['conversion']
month
1       1403
2       2649
3        477
4       2932
5      13766
6       5341
7       6895
8       6247
9        579
10       738
11      3970
12       214
Name: conversion, dtype: int64
```

為職業編碼

接下來，我們想為 job 欄位的不同類別進行編碼。首先，我們使用以下程
式碼來查看此資料欄位中的不重複值：

```
df['job'].unique()
```

job 欄位的不重複值如下所示：

```
df['job'].unique()
array(['management', 'technician', 'entrepreneur', 'blue-collar',
       'unknown', 'retired', 'admin.', 'services', 'self-employed',
       'unemployed', 'housemaid', 'student'], dtype=object)
```

正如輸出結果所示，此變數中並不存在自然排序。任一個 job 類別並不優先於其他類別，因此我們不能比照對 month 進行編碼的方法。我們要做的是為每一個 job 類別建立虛擬變數。如果你還記得前幾章的內容，所謂的**虛擬變數**是如果某給定紀錄屬於該類別，則給予值為 1，如果不屬於該類別，則其值為 0。我們可以使用以下程式碼，輕鬆地進行編碼：

```
jobs_encoded_df = pd.get_dummies(df['job'])
jobs_encoded_df.columns = ['job_%s' % x for x in jobs_encoded_df.columns]
```

pandas 套件中的 get_dummines 函數會為 job 變數中的每一個類別建立一個虛擬變數，假如某筆紀錄屬於該類別則編碼為 1，如果不屬於該類別，則編碼為 0。然後，我們加上前綴 job_，重新命名欄位。結果應如下所示：

	job_admin.	job_blue-collar	job_entrepreneur	job_housemaid	job_management	job_retired	job_self-employed	job_services	job_student	job_technician	job_unemployed	job_unknown
0	0	0	0	0	1	0	0	0	0	0	0	0
1	0	0	0	0	0	0	0	0	0	1	0	0
2	0	0	1	0	0	0	0	0	0	0	0	0
3	0	1	0	0	0	0	0	0	0	0	0	0
4	0	0	0	0	0	0	0	0	0	0	0	1

如擷取畫面所示，第一筆紀錄（顧客）屬於 management 這個職業類別，而第二筆紀錄的職業類別則是 technician。現在我們對每一個職業類別建立了虛擬變數，我們需要將這份資料添加至現有的資料框中，請閱讀以下程式碼：

```
df = pd.concat([df, jobs_encoded_df], axis=1)
df.head()
```

使用 pandas 套件中的 concat 函數，你可以輕鬆地將包含虛擬變數的新建資料框 job_encoded_df 添加到原始的資料框 df 中。axis=1 這個引數告訴 concat 函數將第二個資料框與第一個資料框以資料欄而不是資料列進行序連。新的資料框如下所示：

	age	job	marital	education	default	balance	housing	loan	contact	day	...	job_entrepreneur	job_housemaid	job_management	job_retired
0	58	management	married	tertiary	no	2143	yes	no	unknown	5	...	0	0	1	0
1	44	technician	single	secondary	no	29	yes	no	unknown	5	...	0	0	0	0
2	33	entrepreneur	married	secondary	no	2	yes	yes	unknown	5	...	1	0	0	0
3	47	blue-collar	married	unknown	no	1506	yes	no	unknown	5	...	0	0	0	0
4	33	unknown	single	unknown	no	1	no	no	unknown	5	...	0	0	0	0

新建的虛擬變數將作為每筆紀錄的新的一欄，新增到原本的資料框中。

為婚姻狀態編碼

如同我們為 job 類別變數進行編碼一樣，我們要對 marital 這個變數中每一個類別建立虛擬變數。如前所述，我們要使用以下程式碼對 marital 進行編碼：

```
marital_encoded_df = pd.get_dummies(df['marital'])
marital_encoded_df.columns = ['marital_%s' % x for x in
marital_encoded_df.columns]
```

編碼結果如下所示：

```
marital_encoded_df.head()
```

	marital_divorced	marital_married	marital_single
0	0	1	0
1	0	0	1
2	0	1	0
3	0	1	0
4	0	0	1

我們為原始變數 marital 建立了三個新的變數：marital_divorced、marital_married 和 marital_single，個別表示顧客離婚、已婚或單身的狀態。我們可以使用以下程式碼，將新建的虛擬變數新增到現有的資料框中：

```
df = pd.concat([df, marital_encoded_df], axis=1)
```

完成此步驟後，你的原始資料框 df 除了擁有所有原始欄位之外，還會包含為 job 和 marital 欄位而新建的虛擬變數。

為房貸與個人貸款編碼

在本節內容我們要提及的最後兩個類別變數是 housing 和 loan。housing 變數有兩個不重複值，'yes' 和 'no'，表示客戶是否負擔房貸。另一個變數 loan 一樣有兩個不重複值，'yes' 和 'no'，表示客戶是否負擔個人貸款。我們可以使用下列程式碼，輕鬆地為這兩個變數進行編碼：

```
df['housing'] = df['housing'].apply(lambda x: 1 if x == 'yes' else 0)

df['loan'] = df['loan'].apply(lambda x: 1 if x == 'yes' else 0)
```

我們使用了 apply 函數，為房貸和個人貸款這兩個變數的值進行編碼，將 yes 編碼為 1，並將 no 編碼為 0。如果你想要在本次練習以外多加探索，你可以針對本節中未提及的其他類別變數，使用相同技法進行編碼。

建立決策樹

在對所有類別變數完成編碼作業之後，我們終於可以開始建立決策樹模型了。我們將使用以下變數作為決策樹模型的特徵：

```
features
['age',
 'balance',
 'campaign',
 'previous',
 'housing',
 'job_admin.',
 'job_blue-collar',
 'job_entrepreneur',
 'job_housemaid',
 'job_management',
 'job_retired',
 'job_self-employed',
 'job_services',
 'job_student',
 'job_technician',
 'job_unemployed',
 'job_unknown',
 'marital_divorced',
 'marital_married',
 'marital_single']
```

為了在 Python 中建立與訓練決策樹模型，我們要使用 scikit-learn
sklearn) 套件的 tree 模組。你可以使用這一行程式碼匯入指定模組：

```
from sklearn import tree
```

在 sklearn 套件的 tree 模組中，有一個名為 DecisionTreeClassifier
的類別，我們可以用來訓練決策樹模型。請先看看以下程式碼：

```
dt_model = tree.DecisionTreeClassifier(
    max_depth=4
)
```

在 DecisionTreeClassifier 類別中，除了我們此處所用的 max_depth
之外，還有許多其他引數。max_depth 引數控制了一棵樹如何生長，我
們將其限制為 4，表示從根部到葉片的最大長度只能為 4。你還可以使
用 critierion 引數，選擇 Gini 不純度或熵資訊增益作為條件，來衡量
分枝的品質。還有許多種調整決策樹模型的方法，如欲瞭解更多資訊，建
議你可以參考這份文件：http://scikit-learn.org/stable/modules/
generated/sklearn.tree.DecisionTreeClassifier.html。

為了訓練這顆決策樹模型，你可以使用以下程式碼：

```
dt_model.fit(df[features], df[response_var])
```

fit 函數使用了兩個引數：predictor 或 feature 變數，以及 response
或 target 變數。在我們的例子中，response_var 是 df 資料框的
conversion 欄位。當你運行這行程式碼後，決策樹模型將會學習如何分
類。在下節內容中，我們將會討論如何解讀來自決策樹模型的運算結果。

解讀決策樹

訓練了決策樹模型之後，我們要從這個模型中取得洞見。在本節內容中，
我們將要使用一個名為 graphviz 的套件。你可以在終端機中運行以下指
令，安裝此套件：

```
conda install python-graphviz
```

正確安裝此套件後，你應該能夠以如下程式碼匯入套件：

```
import graphviz
```

現在，我們已經為環境加入了 graphviz 這個新套件，來看看如何使用下列
程式碼來視覺化呈現經過訓練的決策樹模型：

```
dot_data = tree.export_graphviz(
    dt_model,
    feature_names=features,
    class_names=['0', '1'],
    filled=True,
    rounded=True,
    special_characters=True
)

graph = graphviz.Source(dot_data)
```

我們首先使用 sklearn 套件中 tree 模組的 export_graphviz 函數來匯出
dt_model 這個經過訓練的模型。我們可以使用 feature_names 引數來定
義用來訓練此決策樹模型的特徵變數。接著，我們可以定義此模型被訓練
來執行分類行為的類別（轉換組與未轉換組）。export_graphviz 函數將經
過訓練的決策樹模型以 DOT 格式匯出，這是一種描述圖形的語言。你可以
接著傳遞 dot_data 到 graphviz.Source 這個類別。graph 變數此時包含
一個可渲染圖形。根節點與直系子節點將如下圖所示：

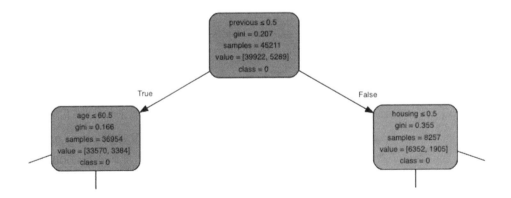

左半部的樹（根節點的左側子節點之分枝節點）如下所示：

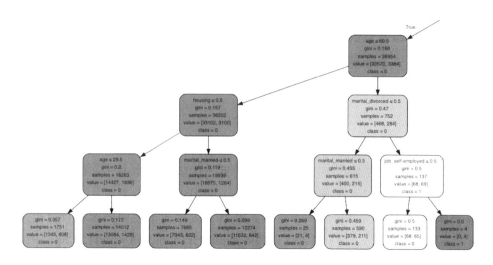

右半部的樹（根節點的右側子節點之分枝節點）如下所示：

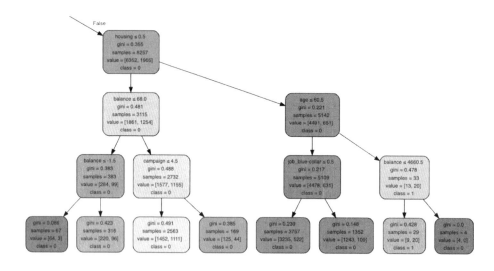

我們仔細看看這張圖。每一個節點都包含五行資訊，描述該節點所具有的資訊。第一行是產生分枝的條件。舉例來說，根節點根據 previous 的值，分枝為子節點。如果此 previous 變數的值小於或等於 0.5，則資料流到左側子節點。相反地，如果此 previous 變數的值大於 0.5，則資料流到右側子節點。

第二行告訴我們衡量分枝品質的值。此處，我們選擇 gini 不純度作為衡量條件，因此我們可以在每一個節點的第二行資訊得知其不純度。第三行告訴我們某節點包含的紀錄數量。舉例來說，在根節點處共有 45,211 個樣本，在根節點的右側子節點則有 8,257 個樣本。

每個節點的第四行資訊則是紀錄在兩個不同類別之間的組成情況。第一個要素代表未轉換組的紀錄數量，第二個元素則是轉換組的紀錄數量。舉例來說，在根節點中，有 39,933 筆紀錄屬於未轉換組，5,289 筆紀錄屬於轉換組。最後，第五行資訊表示關於該節點的預測或分類。舉例來說，如果有一個樣本屬於最左側的葉片，則此決策樹模型的分類將是 0，表示未轉換。相反地，如果某個樣本屬於左側數來第八個葉片，則此決策樹模型將把這個樣本歸類為 1，表示轉換。

現在我們掌握每個節點中每一行資訊所代表的意義後，一起來討論如何從這張樹狀圖中挖掘洞見。我們必須依循決策樹生長的方向，以便瞭解每一個葉節點中的客戶特性。舉例來說，屬於左側數來第八個葉片的客戶，previous 變數的值為 0，age 大於 60.5，在 marital_divorced 變數的值為 1，且 job_self-e,ployed 變數的值為 1。換句話說，屬於本節點，在本次行銷活動前不曾觸及，年齡大於 60.5 歲、離婚且為自營業者的客戶，轉換機率較高。

我們來看看另一個例子，屬於右側數來第二個葉節點的客戶，previous 變數的值為 1，age 大於 60.5，且 balance 小於 4660.5。也就是說，這些客戶是在此次行銷活動以前曾經接觸過的客戶，年齡大於 60.5 歲，銀行帳戶餘額小於 4660.5，在 29 位中有 20 位為轉換用戶，訂閱了定期存款。

從上面兩個例子可以得知，我們可以利用經過訓練的決策樹模型取得洞察，將其視覺化呈現，掌握哪些人更傾向於轉換。你只需要依循節點指示，瞭解哪些屬性與目標類別高度相關。在本次練習中，我們將決策樹的最大生長深度限制為 4，但你也可以自由設定，讓樹多長一些或少長一些。

 你可以透過以下連結檢視並下載本節所使用的完整版 Python 程式碼：`https://github.com/yoonhwang/hands-on-data-science-for-marketing/blob/master/ch.4/python/From%20Engagement%20to%20Conversions.ipynb`

在 R 中的決策樹與解讀

在本節內容中，你將學習使用 R 語言的 `rpart` 套件來建立決策樹模型，並使用 `rattle` 套件將演算結果視覺化呈現。使用 Python 的讀者，請參考前一節內容的 Python 範例。我們將使用 `dplyr` 和 `ggplot2` 程式庫，從深入分析銀行行銷資料集開始，然後討論如何建立和解讀決策樹模型。

在本次練習中，我們會使用 UCL Machine Learning Repository 的公開資料集，可以在此處取得：`https://archive.ics.uci.edu/ml/datasets/bank+marketing`。你可以前往連結並下載壓縮檔。我們將會使用 `bank.zip` 檔案作為本次練習素材。當你解壓縮這份檔案時，將會看見兩個 CSV 檔案：`bank.csv` 和 `bank-full.csv`。我們將在本 Python 練習中使用 `bank-full.csv` 檔案。

您可以運行下列程式碼，將檔案載入至 RStudio：

```
df <- read.csv(
  file="../data/bank-full.csv",
  header=TRUE,
  sep=";"
)
```

如上述程式碼所示，我們可以使用 R 語言的 read.csv 函數來讀取資料。此處值得注意的是 read.csv 函數的 sep 引數。如果仔細觀察資料，你將會發現 bank-full.csv 檔案中的欄位以分號（；）而不是逗號（，）區隔。為了讓資料正確載入至資料框中，我們必須告訴 read.csv 函數使用分號而不是逗號作為分隔符。

完成載入資料後，應該會出現如同下圖的畫面：

	age	job	marital	education	default	balance	housing	loan	contact	day	month	duration	campaign	pdays	previous	poutcome	y
1	58	management	married	tertiary	no	2143	yes	no	unknown	5	may	261	1	-1	0	unknown	no
2	44	technician	single	secondary	no	29	yes	no	unknown	5	may	151	1	-1	0	unknown	no
3	33	entrepreneur	married	secondary	no	2	yes	yes	unknown	5	may	76	1	-1	0	unknown	no
4	47	blue-collar	married	unknown	no	1506	yes	no	unknown	5	may	92	1	-1	0	unknown	no
5	33	unknown	single	unknown	no	1	no	no	unknown	5	may	198	1	-1	0	unknown	no
6	35	management	married	tertiary	no	231	yes	no	unknown	5	may	139	1	-1	0	unknown	no
7	28	management	single	tertiary	no	447	yes	yes	unknown	5	may	217	1	-1	0	unknown	no
8	42	entrepreneur	divorced	tertiary	yes	2	yes	no	unknown	5	may	380	1	-1	0	unknown	no
9	58	retired	married	primary	no	121	yes	no	unknown	5	may	50	1	-1	0	unknown	no
10	43	technician	single	secondary	no	593	yes	no	unknown	5	may	55	1	-1	0	unknown	no

資料分析與視覺化

在開始分析資料之前，我們要先對輸出變數 y 進行編碼，這個變數以數值表示客戶是否已轉換為或訂閱定期存款的資訊。你可以使用下列程式碼對輸出變數 y 進行編碼，以 1 和 0 表示。

```
# Encode conversions as 0s and 1s
df$conversion <- as.integer(df$y) - 1
```

如上所示，你可以使用 as.integer 函數對輸出變數進行編碼。此函數將 y 變數的 no 值編碼為 1，將 yes 值編碼為 2，我們將這些值再減去 1，將他們個別以 0 和 1 表示。我們將經過編碼的值儲存到新的欄位中，這個欄位名為 conversion。

轉換率

首先，我們來看看加總轉換率（aggregate conversion rate）。這個轉換率就是顧客訂閱定期存款的比率，也就是在 conversion 欄位的值為 1 的資料，請看下列程式碼：

```
sprintf("conversion rate: %0.2f%%", sum(df$conversion)/nrow(df)*100.0)
```

我們對 converison 的值進行加總，然後除以 df 資料框中的紀錄數量。使用 sprintf 函數，將這個轉換率取自小數點後兩位。結果如下所示：

```
> sprintf("conversion rate: %0.2f%%", sum(df$conversion)/nrow(df)*100.0)
[1] "conversion rate: 11.70%"
```

從輸出結果可以得知，約有 11.7% 的顧客轉換為或訂閱了定期存款。從這些結果中，我們可以得知轉換組和未轉換組之間存在很大的不平衡，這個現象相當常見，並經常可在諸多行銷資料集中觀察到。

以職業區分的轉換率

從事某一類職業的顧客可能比其他職業更容易轉換，且讓我們看看不同職業類別之間的轉換率。你可以使用以下程式碼：

```
conversionsByJob <- df %>%
  group_by(Job=job) %>%
  summarise(Count=n(), NumConversions=sum(conversion)) %>%
  mutate(ConversionRate=NumConversions/Count*100.0)
```

讓我們仔細看看這段程式碼。我們首先以 job 進行分組，這個欄位包含了每位顧客所屬的職業類別。接著，我們使用 n() 函數計算出每一個職業類別的總客戶數，然後利用 sum 函數對 conversion 欄位的每一個職業類別進行加總。最後，我們將總轉換量 NumConversion 除以每一個職業類別的總客戶數 Count，然後乘以 100.0，以便取得每一個職業類別的轉換率。

結果如下所示：

	Job	Count	NumConversions	ConversionRate
1	admin.	5171	631	12.202669
2	blue-collar	9732	708	7.274969
3	entrepreneur	1487	123	8.271688
4	housemaid	1240	109	8.790323
5	management	9458	1301	13.755551
6	retired	2264	516	22.791519
7	self-employed	1579	187	11.842939
8	services	4154	369	8.883004
9	student	938	269	28.678038
10	technician	7597	840	11.056996
11	unemployed	1303	202	15.502686
12	unknown	288	34	11.805556

從這份結果可以知道：student 群組比起其他群組傾向於更頻繁轉換，而 retired 群組居於其次。不過，這樣還是難以與原始資料進行對比，我們可以將這筆資料以圖表呈現。你可以使用下列程式碼來建立一個水平長條圖：

```
ggplot(conversionsByJob, aes(x=Job, y=ConversionRate)) +
  geom_bar(width=0.5, stat="identity") +
  coord_flip() +
  ggtitle('Conversion Rates by Job') +
  xlab("Job") +
  ylab("Conversion Rate (%)") +
  theme(plot.title = element_text(hjust = 0.5))
```

在 上 述 程 式 碼 中， 我 們 使 用 了 ggplot 和 geom_bar 函 數， 以 conversionByJob 資料（在上述程式碼中建立）來建立水平長條圖，X 軸為 job 變數，Y 軸為 ConversionRate 變數。接著，我們使用 coord_flip 函數將垂直長條圖翻轉為水平長條圖。你可以使用 ggtitle、xlab 和 ylab 函數來變更標題、x 軸和 y 軸的標籤。

圖表應如下所示：

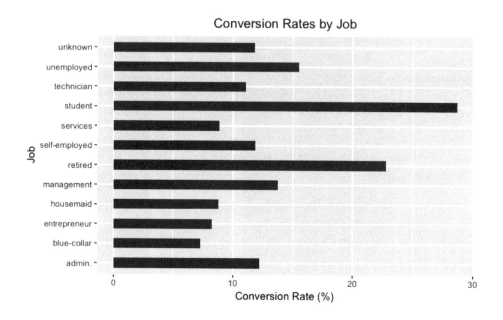

這個水平長條圖更能呈現每一個職業類別的轉換率差異。我們可以發現 student 和 retired 群組是轉換率最高的兩個群組，而 blue-collar 和 entrepreneur 則是轉換率最低的兩個群組。

以轉換率區分的預設利率

客戶可能感興趣的另一個屬性是預設利率，以及在訂閱與未訂閱定期存款之間的利率差異。請先看看以下程式碼：

```
defaultByConversion <- df %>%
  group_by(Default=default, Conversion=conversion) %>%
  summarise(Count=n())
```

我們對 df 資料框使用 group_by 函數，以 default 欄和 conversion 欄對資料進行分組。以 n() 作為加總函數，我們可以計算此表中每一個儲存格內共有多少客戶，其結果如下：

	Default	Conversion	Count
1	no	0	39159
2	no	1	5237
3	yes	0	763
4	yes	1	52

從原始資料中很難看出轉換組與未轉換組之間的預設利率差異。將這筆資料視覺化呈現的方法之一是繪製圓形圖。你可以使用以下程式碼來建立圓形圖：

```
ggplot(defaultByConversion, aes(x="", y=Count, fill=Default)) +
  geom_bar(width=1, stat = "identity", position=position_fill()) +
  geom_text(aes(x=1.25, label=Count), position=position_fill(vjust = 0.5))
+
  coord_polar("y") +
  facet_wrap(~Conversion) +
  ggtitle('Default (0: Non Conversions, 1: Conversions)') +
  theme(
    axis.title.x=element_blank(),
    axis.title.y=element_blank(),
    plot.title=element_text(hjust=0.5),
    legend.position='bottom'
)
```

我們在此處運用了三個函數：ggplot、geom_bar 和 coord_polar("y")。利用 coord_polar("y") 函數，我們可以透過長條圖來建立圓形圖。然後，我們使用 facet_wrap 函數將其分割為兩個圓形圖：一個是轉換組，另一個是未轉換組。

請看看以下圓形圖：

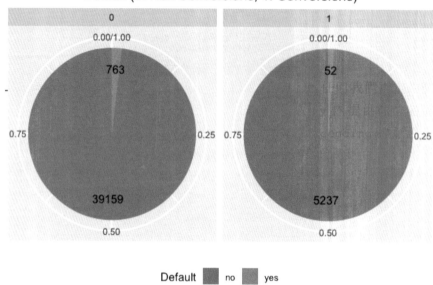

如圖所示，圓形圖更容易清楚展示轉換組與未轉換組之間的預設利率差異。儘管這兩組的預設利率之於整體的百分比都很低，但未轉換組中的預設利率大約是轉換組的兩倍。

以轉換率區分的帳戶餘額

接著，我們要試著檢視轉換組與未轉換組在銀行帳戶餘額上是否存在任何差異。箱形圖是將變數的分佈情形視覺化呈現的一個好方法。先來看看以下程式碼：

```
ggplot(df, aes(x="", y=balance)) +
  geom_boxplot() +
  facet_wrap(~conversion) +
  ylab("balance") +
  xlab("0: Non-Conversion, 1: Conversion") +
  ggtitle("Conversion vs. Non-Conversions: Balance") +
  theme(plot.title=element_text(hjust=0.5))
```

你應該對這段程式碼感到眼熟，因為我們曾經討論過如何使用 `ggplot` 和
`geom_boxplot` 函數來建立箱形圖。運行此段程式碼，我們可以建立如下的
箱形圖：

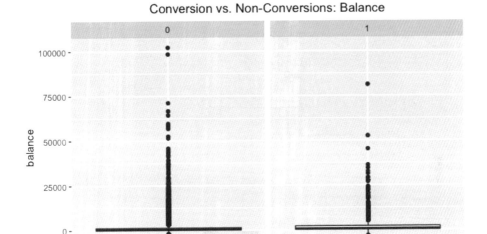

圖中出現了許多離群值，因此很難判斷兩個分佈之間的差異。我們來建
立另一個排除離群值的箱形圖。你唯一要變更的地方是程式碼中 `geom_`
`boxplot` 函數內的 `outlier.shape = NA` 引數，請參考以下程式碼：

```
ggplot(df, aes(x="", y=balance)) +
  geom_boxplot(outlier.shape = NA) +
  scale_y_continuous(limits = c(-2000, 5000)) +
  facet_wrap(~conversion) +
  ylab("balance") +
  xlab("0: Non-Conversion, 1: Conversion") +
  ggtitle("Conversion vs. Non-Conversions: Balance") +
  theme(plot.title=element_text(hjust=0.5))
```

利用這段程式碼,你將可以看到顯示了兩組的銀行餘額分佈情形之箱形圖。

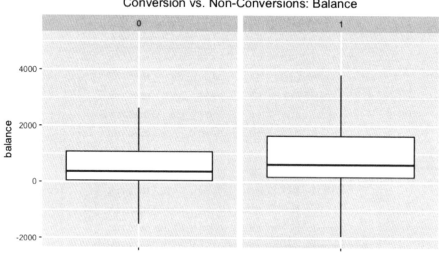

從以上箱形圖,我們可以得知轉換組的銀行帳戶餘額平均值略高於未轉換組。同時,已轉換客戶之間的帳戶餘額差異幅度也比未轉換客戶要來得大。

以轉換率區分的聯絡次數

最後,我們想看看聯絡次數之於轉換率的影響。通常在行銷領域中,越多的行銷觸及可能導致行銷疲勞,越頻繁地接觸客戶,轉換率反而會下降。讓我們來看看資料中是否出現行銷疲勞的情況,請先看看以下程式碼:

```
conversionsByNumContacts <- df %>%
  group_by(Campaign=campaign) %>%
  summarise(Count=n(), NumConversions=sum(conversion)) %>%
  mutate(ConversionRate=NumConversions/Count*100.0)
```

利用這段程式碼，你可以看到我們使用 campaign 對資料進行分組，這個欄位的資料代表在本次行銷活動中針對某客戶所進行的聯絡次數，然後計算每一個聯絡次數的轉換率，其結果如下：

	Campaign	Count	NumConversions	ConversionRate
1	1	17544	2561	14.597583
2	2	12505	1401	11.203519
3	3	5521	618	11.193624
4	4	3522	317	9.000568
5	5	1764	139	7.879819
6	6	1291	92	7.126259
7	7	735	47	6.394558
8	8	540	32	5.925926
9	9	327	21	6.422018
10	10	266	14	5.263158
11	11	201	16	7.960199
12	12	155	4	2.580645
13	13	133	6	4.511278
14	14	93	4	4.301075

相較於原始資料，以圖表視覺化呈現資料更便於觀察，我們可以將資料繪製為條狀圖，使用以下程式碼：

```
ggplot(conversionsByNumContacts, aes(x=Campaign, y=ConversionRate)) +
  geom_bar(width=0.5, stat="identity") +
  ggtitle('Conversion Rates by Number of Contacts') +
  xlab("Number of Contacts") +
  ylab("Conversion Rate (%)") +
  theme(plot.title = element_text(hjust = 0.5))
```

圖表應如下所示：

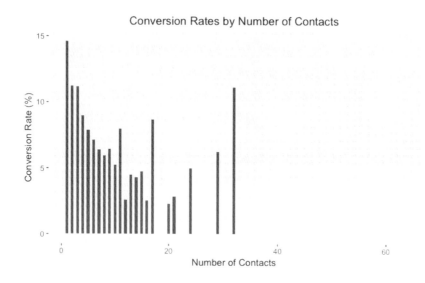

在高接觸次數中有一些雜訊，這是因為資料樣本比較小，但你依然可以清楚看見圖表整體呈現下滑趨勢。當接觸次數增多，轉換率會些微下降。這意味著在給定的行銷活動中，當你接觸客戶的頻率增多，預期的轉換率將會減少。

為類別變數編碼

在這份資料集中有八項類別變數：job、marital、education、default、housing、loan、contact 以及 month。在建立決策樹之前，我們需要為這些類別變數以數值進行編碼。我們將在這一節內容介紹為這些類別變數編碼的方法。

為月份編碼

我們都知道 month 變數只會有 12 個不重複值。首先來快速檢視資料集中有哪些東西吧，使用以下程式碼：

```
unique(df$month)
```

unique 函數可以快速取得給定欄位中的不重複值。當你運行這段程式碼，你將會得到以下輸出：

```
> unique(df$month)
 [1] may jun jul aug oct nov dec jan feb mar apr sep
Levels: apr aug dec feb jan jul jun mar may nov oct sep
```

如我們預期，month 欄位從一月到十二月，共有 12 個不重複值。因為 month 的值有自然排序，我們可以用對應數字為各個值進行編碼。以數字將 month 的序列值進行編碼的一種方法如下所示：

```
months = lapply(month.abb, function(x) tolower(x))
df$month <- match(df$month, months)
```

仔細看看這段程式碼，month.abb 是一個內建的 R 常數，包含了以三個字母縮寫表示的月份名稱，如下所示：

```
> month.abb
 [1] "Jan" "Feb" "Mar" "Apr" "May" "Jun" "Jul" "Aug" "Sep" "Oct" "Nov" "Dec"
```

每一個 month 的縮寫第一個字母皆為大寫。然而，在我們的資料中 month 欄位的月份名稱皆為小寫。因此我們需要使用 tolower 函數將所有 month.abb 常數的值變為小寫。使用 lapply 函數，我們可以對 month.abb 清單套用這個 tolower 函數。然後，我們使用 match 函數，以陣列形式來返回對應字串的位置，將資料框中 month 欄位的字串值轉換為對應的數值。

使用這則程式碼，month 欄位的不重複值將如下所示：

```
> match(unique(df$month), months)
 [1]  5  6  7  8 10 11 12  1  2  3  4  9
```

想知道每一個月份有多少筆記錄，可以運行以下程式碼：

```
df %>%
  group_by(month) %>%
  summarise(Count=n())
```

結果如下所示：

```
> df %>%
+   group_by(month) %>%
+   summarise(Count=n())
# A tibble: 12 x 2
   month Count
   <fctr> <int>
1    apr  2932
2    aug  6247
3    dec   214
4    feb  2649
5    jan  1403
6    jul  6895
7    jun  5341
8    mar   477
9    may 13766
10   nov  3970
11   oct   738
12   sep   579
```

為工作、房貸和婚姻狀態編碼

接下來，我們要對 job、housing 和 marital 這三項變數進行編碼。因為這些變數並不存在自然排序，我們無需擔心哪一個類別需要對應哪個值。以 R 語言為這些沒有排序的類別變數進行編碼的最簡單方法就是使用 factor 函數。請看以下程式碼：

```
df$job <- factor(df$job)
df$housing <- factor(df$housing)
df$marital <- factor(df$marital)
```

我們對 job、housing 和 marital 這三項變數套用了 factor 函數，然後將編碼值儲存回資料框 df 中。如果你想要在本次練習以外多加探索，你可以針對本節中未提及的其他類別變數，使用相同技法進行編碼。

建立決策樹

在對所有類別變數完成編碼作業之後，我們終於可以開始建立決策樹模型了。我們將使用以下變數作為決策樹模型的特徵：age、balance、campaign、previous、housing、job 和 marital。為了在 R 中建立與訓練決策樹模型，我們要使用 rpart 套件。你可以使用這一行程式碼匯入指定模組：

```
library(rpart)
```

如果你尚未安裝 rpart 套件，請使用以下指令進行安裝：

```
install.packages("rpart")
```

當你匯入指定程式庫後，你可以使用以下程式碼來建立決策樹模型：

```
fit <- rpart(
  conversion ~ age + balance + campaign + previous + housing + job +
marital,
  method="class",
  data=df,
  control=rpart.control(maxdepth=4, cp=0.0001)
)
```

rpart 模型的第一則引數 formula，定義了特徵與目標變數。此樹，我們使用了前述變數作為特徵，然後使用 conversion 作為目標變數。然後，我們以 method="class" 輸入值，將這個決策樹模型定義為分類模型。最後，你可以使用 control 的輸入值來調整決策樹模型。在本範例中，我們在 maxdepth 引數中將決策樹的最大深度設定為 4，並將表示複雜度參數的 cp 值設定的足夠小，讓決策樹可以產生分枝。還有許多種調整決策樹模型的方法，如欲瞭解更多資訊，我們建議參考 R 語言的說明文件，你可以運行 help(rpart) 或 help(rpart.control) 指令。

解讀決策樹

有了經過訓練的決策樹模型之後，我們要從中取得洞見。在本節內容中，我們將會使用一個名為 `rattle` 的程式庫：

1. 你可以在 RStudio 使用以下指令來安裝套件

   ```
   install.packages("rattle")
   ```

2. 正確安裝後，你應該可以比照下列程式碼，匯入程式庫：

   ```
   library(rattle)
   ```

3. 為 R 環境新增此程式庫 `rattle` 後，還需要一行程式碼來視覺化呈現這個經過訓練的決策樹模型。請閱讀以下程式碼：

   ```
   fancyRpartPlot(fit)
   ```

4. `fancyRpartPlot` 函數採用了一個 `rpart` 模型物件。此處的模型物件 `fit` 正是我們在先前步驟中建立的決策樹模型。當你運行這則指令後，將會出現以下的圖表：

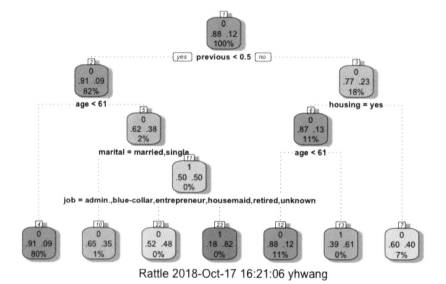

我們來仔細觀察這張圖表。每一個節點有三行資訊，用來描述該節點所包含的資訊。節點最上方的數字是表示該節點建立順序的標籤。我們將會使用這個標籤值來點應樹狀圖中的每一個節點。接著，節點內的第一行資訊告訴我們的資訊是給定節點的預測或分類。舉例來說，如果某個樣本屬於標籤為 4 的節點，則此決策樹所做出的分類預設為 0，表示未轉換。相反地，如果某個樣本屬於標籤值為 23 的節點，則此決策樹所做出的分類預設為 1，表示轉換。

節點內第二行的資訊告訴我們的是給定節點中各類別中紀錄所佔的百分比。舉例來說，在節點 22 中有 52% 的紀錄屬於 0 這個類別，也就是未轉換組，而剩下的 48% 則屬於 1 這個類別，也就是轉換組。再舉一個例子，在節點 13 中有 39% 的紀錄屬於 0 類別，其餘的 61% 則屬於 1 這個類別。最後，節點內最後一行的資訊則代表每一個節點之紀錄佔總紀錄量的百分比。舉例來說，約有 80% 的客戶屬於節點 4 這個分類，然而將近 0% 的客戶屬於節點 13。

掌握了節點內每行資訊所代表的意義之後，我們來探討一下如何從這張樹狀圖中找出洞見。我們必須依循決策樹生長的方向，以便瞭解每一個葉節點中的客戶特性。舉例來說，屬於節點 13 的客戶，previous 變數的值大於 0.5，age 大於 61，且負擔房貸。換句話說，屬於節點 13 的客戶，是在本次行銷活動前曾經觸及過，年齡大於 61 歲、需要償還房貸的客戶，他們的轉換機率較高。

我們來看看另一個例子。想從根節點走到節點 22，必須符合以下條件：previous 變數的值為 0，age 大於 61，marital 狀態不是 married 或 single，且 job 變數的值必須是以下類別之一：admin、blue-collar、entrepreneur、housemaid、retired 或 unknown。也就是說，這些客戶是在此次行銷活動不曾觸及過，年齡大於 61 歲、離婚、在上述類別中任職，屬於節點 22，大約有 50% 的機率會成為轉換用戶。

從上面兩個例子可以得知，我們可以利用經過訓練的決策樹模型取得洞察，將其視覺化呈現，掌握哪些人更傾向於轉換。你只需要依循節點指

示,瞭解哪些屬性與目標類別高度相關。在本次練習中,我們將決策樹的
最大生長深度限制為 4,但你也可以自由設定,讓樹多長一些或少長一些。

 你可以透過以下連結檢視並下載本節所使用的完整版 R 程式
碼:https://github.com/yoonhwang/hands-on-data-
science-for-marketing/blob/master/ch.4/R/
FromEngagementToConversions.R

本章小結

在本章中,我們介紹了一個新的機器學習演算法:決策樹,它可以用在行
銷分析上,幫助我們更好地理解資料並取得關於消費者行為的洞察。我們
討論了決策樹與邏輯迴歸模型的差異。決策樹模型根據特定條件對資料進
行分區來學習。我們還討論了兩個常用的衡量標準:Gini 不純度和熵資訊
增益。使用其中一種衡量標準,決策樹可以持續生長,直到變成純節點,
或者滿足停止條件。

在 Python 與 R 的程式練習中,我們使用了來自 UCI Machine Learning
Repository 的銀行行銷資料集。起初,我們進行了深度資料分析,
在 Python 中使用 pandas 和 matplotlib 套件,在 R 中使用 dplyr 和
ggplot2 程式庫。接著,你學習了如何訓練和生長決策樹,在 Python 中使
用 sklearn 套件,在 R 中使用 rpart 程式庫。有了經過訓練的決策樹模型
後,你學習了如何將其視覺化呈現,並解讀演算結果。針對視覺化呈現,
我們在 Python 中使用 graphviz 套件,在 R 中使用 rattle 程式庫。不僅
如此,你也藉由遍歷經過訓練的決策樹模型,瞭解如何解讀決策樹結果並
找出那些更傾向於轉換、訂閱定期存款的客戶群。當我們想對使用者行為
進行解釋性分析時,決策樹非常有效。

在接下來的章節中,我們將要轉換方向,聚焦在產品分析上。下一章將探
討許多解釋性分析,用於理解與辨識出產品資料中的模式與趨勢。有了產
品分析結果後,我們將會展示如何建立產品推薦系統模型。

產品可見度與行銷

在 本節內容中，你將會學習如何從產品購買歷史資料中取得洞察，以及如何使用機器學習向客戶推薦他們最可能購買的產品。

本節包含以下章節：

- 第 5 章「產品分析」
- 第 6 章「推薦對的產品」

產品分析

從 本章開始，我們將從大方向的消費者行為轉向更細節的領域，聚焦在如何使用資料科學進行產品分析。許多企業，尤其是電子商務公司，對於資料分析的興趣與需求日益成長，企圖瞭解顧客如何與不同的產品進行互動與參與。嚴謹的產品分析可以幫助企業改上使用者參與及轉換率，進而驅動更高的利潤這件事已經得到證實。在本章內容中，我們將探討什麼是產品分析，以及如何將其應用於不同的使用案例。

當我們熟悉產品分析的基本概念後，我們將使用 UCI Machine Learning Repository 的線上零售資料集作為程式設計練習。我們將從分析資料集中可觀察到的時間序列趨勢開始，然後檢視顧客對個別產品的參與與互動如何隨時間推移而有所變化，我們的最終目標是建立一個簡單的產品推薦邏輯或演算法。在 Python 練習中，我們主要使用 pandas 和 matplotlib 程式庫以供資料分析與視覺化。在 R 練習中，我們將使用 dplyr 和 ggplot2 程式庫並介紹兩個新的 R 程式庫：readxl 與 lubridate。

我們將在本章節介紹以下主題：

- 產品分析的重要性

- 以 Python 進行產品分析

- 以 R 進行產品分析

產品分析的重要性

產品分析是一種從資料中取得洞察的方法，可瞭解客戶如何與商家所提供的產品進行互動與參與、不同產品之間的效能差異，以及業務中某些可觀察到的弱勢和優勢。不過，產品分析可不僅僅停留在分析資料上。事實上，產品分析的終極目標是建立切實可行的洞察和報告，以便進一步優化和改進產品效能，並根據產品分析結果產生新的行銷或產品創意。

產品分析從追蹤事件開始。這些事件包括網站訪客次數、網頁流覽次數、瀏覽器歷史記錄、購買次數，或者是客戶可以使用你所提供的產品而進行的任何動作。接著，你可以開始分析和視覺化呈現這些事件中的任何可觀察模式，以便建立可行的洞察或報告。產品分析的一些常見目標如下：

- **提升顧客和產品留存率**：仔細分析顧客瀏覽與購買的內容，你可以辨識哪些商品經常被回購，以及哪些顧客屬於回頭客。此外，你也可以找出顧客不會購買的商品與存在流失風險的顧客。分析和瞭解回購商品和回頭客的常見屬性可以幫助你進一步改善使用者留存策略。

- **辨識人氣熱門產品**：身為零售業務的行銷人，清楚掌握人氣產品和熱門產品非常重要。這些暢銷產品為業務帶來主要金流收入，並提供了新的銷售機會，例如交叉銷售或搭配銷售。你可以利用產品分析，輕鬆辨識和追蹤這些人氣熱門產品，並使用這些最暢銷的產品建立全新銷售策略，探索不同的機會。

- **根據顧客和產品的關鍵屬性進行區隔**：掌握顧客資料和產品數據，您可以使用產品分析以特定屬性對顧客群和產品進行區隔，比如獲利率、銷售量、重新訂購量和退款數量。這些區隔可幫助你總結確實可行的洞察，找出在下一階段要鎖定的目標產品或客戶群。

■ **制定較高投資報酬率的行銷策略**：產品分析還可用於分析行銷策略的
投資報酬率（Return on Investment, ROI）。你可以對推廣某項商
品的行銷費用以及這些產品所產生的收入進行分析與評估，瞭解哪些
策略確實可行，哪些作法不符效益。利用產品分析進行行銷 ROI 分
析，可幫助你建立更高效的行銷策略。

目前為止我們討論了產品分析的內涵，以下的程式設計練習中將探討如何
運用零售業務資料，達成上述的產品分析目標。我們將討論如何使用這些
資料來分析回頭客的模式及其對總體收入的貢獻。此外，我們也會介紹如
何使用產品分析來分析暢銷產品的行為。具體而言，我們將討論如何追蹤
流行商品隨時間變化的趨勢，並簡要敘述如何在行銷策略中利用此趨勢產
品的資料進行產品推薦。

以 Python 進行產品分析

本節將探討如何使用 Python 的 `pandas` 和 `matplotlib` 套件來執行產品分
析。想要使用 R 語言的讀者，請跳至下一節內容。首先，我們將分析收入
與購買量的時間序列趨勢，以及回頭客的購買模式，最後我們將分析產品
的銷售趨勢。

在本練習中，我們會使用 UCI Maching Learning Repository 的公開資
料集，你可以在此查看：`http://archive.ics.uci.edu/ml/datasets/
online+retail#`。請下載名為 `Online Retail.xlsx` 的 Microsoft Excel
檔案，下載完成後，請使用下列指令將其載入至 Jupyter Notebook：

```
%matplotlib inline

import matplotlib.pyplot as plt
import pandas as pd

df = pd.read_excel(io='../data/Online Retail.xlsx', sheet_name='Online
Retail')
```

正如前幾章所進行的 Python 練習，我們使用 %matplotlib inline 指令，在 Jupyter Notebook 中顯示圖表。接著，我們匯入 pandas 和 matplotlib 套件，以利進行後續的產品分析。這段程式碼中另一個值得注意的地方是我們使用了新的函數，pandas 套件的 read_excel。此函數可讓你載入任何 Excel 檔案到 pandas DataFrame 中。如程式碼所示，我們傳遞了兩個引數到 read_excel 函數：描述檔案路徑的 io 與欲載入 Excel 工作表的檔案名稱 sheet_name。

當你將資料載入至 pandas DataFrame 中，應如以下擷取畫面所示：

```
df.shape

(541909, 8)

df.head()
```

	InvoiceNo	StockCode	Description	Quantity	InvoiceDate	UnitPrice	CustomerID	Country
0	536365	85123A	WHITE HANGING HEART T-LIGHT HOLDER	6	2010-12-01 08:26:00	2.55	17850.0	United Kingdom
1	536365	71053	WHITE METAL LANTERN	6	2010-12-01 08:26:00	3.39	17850.0	United Kingdom
2	536365	84406B	CREAM CUPID HEARTS COAT HANGER	8	2010-12-01 08:26:00	2.75	17850.0	United Kingdom
3	536365	84029G	KNITTED UNION FLAG HOT WATER BOTTLE	6	2010-12-01 08:26:00	3.39	17850.0	United Kingdom
4	536365	84029E	RED WOOLLY HOTTIE WHITE HEART.	6	2010-12-01 08:26:00	3.39	17850.0	United Kingdom

在進入下一步驟之前，我們必須先進行資料清理。快速看看 Quantity 欄位的資料分布情形，使用以下程式碼來視覺化呈現其資料：

```
ax = df['Quantity'].plot.box(
    showfliers=False,
    grid=True,
    figsize=(10, 7)
)

ax.set_ylabel('Order Quantity')
ax.set_title('Quantity Distribution')

plt.suptitle("")
plt.show()
```

我們以箱形圖呈現 Quantity 的資料分布情形，使用了 pandas DataFrame
的 plot.box 函數，結果如下圖：

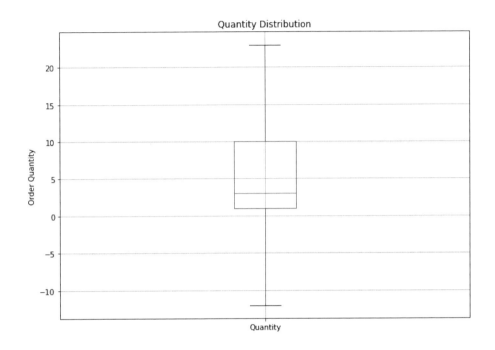

如圖所示，有一些訂單數量竟然是負數。這是因為在我們的資料集中，被
取消或退款的訂單在 Quantity 欄位以負數值表示。在本次練習中，我們將
忽略這些已取消訂單。我們可以利用以下程式碼，篩除 DataFrame 中所有
的已取消訂單：

```
df = df.loc[df['Quantity'] > 0]
```

現在，我們準備好深入瞭解資料，並執行產品分析了。

時間序列趨勢

在檢視產品層級的資料之前,身為一個電子商務的行銷人,掌握收入、訂單量或購買量的整體時間序列趨勢非常有益。如果能掌握某段時間內的整體銷售數字和訂單量,將有助於我們理解業務是否成長或衰退。

首先,我們要檢視一段時間內的訂單量,請閱讀以下程式碼:

```
monthly_orders_df =
df.set_index('InvoiceDate')['InvoiceNo'].resample('M').nunique()
```

這段程式碼中出現了前幾章不曾使用過的 resample 和 nunique 函數。resample 函數對資料重新採樣,並將時間序列資料轉換為我們所希望的頻率。在本範例中,我們將時間序列資料重新採樣為以月為單位的時間序列資料,指定 'M' 為目標頻率,並計算獨立或不重複的訂單數量。這麼一來,我們可以取得每月的不重複購買量或訂單量,而資料框如下圖所示:

```
InvoiceDate
2010-12-31    1629
2011-01-31    1120
2011-02-28    1126
2011-03-31    1531
2011-04-30    1318
2011-05-31    1731
2011-06-30    1576
2011-07-31    1540
2011-08-31    1409
2011-09-30    1896
2011-10-31    2129
2011-11-30    2884
2011-12-31     839
Freq: M, Name: InvoiceNo, dtype: int64
```

通常,時間序列資料以線圖進行視覺化呈現。讓我們看看以下程式碼,瞭解如何將這份每月資料以線圖呈現:

```
ax = pd.DataFrame(monthly_orders_df.values).plot(
    grid=True,
    figsize=(10,7),
    legend=False
```

```
)

ax.set_xlabel('date')
ax.set_ylabel('number of orders/invoices')
ax.set_title('Total Number of Orders Over Time')

plt.xticks(
    range(len(monthly_orders_df.index)),
    [x.strftime('%m.%Y') for x in monthly_orders_df.index],
    rotation=45
)

plt.show()
```

我們在 pandas DataFrame 中使用了 plot 函數。然後使用 matplotlib 套件的 xticks 函數,來自訂 X 座標軸的刻度標籤。請先看看下圖:

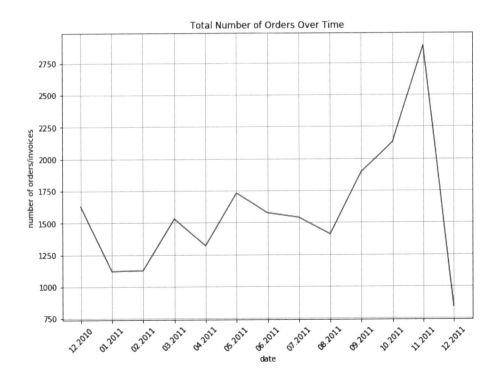

你可能發現圖中 X 軸的刻度標籤以月和年進行設定。再次閱讀之前的程式碼，我們使用 x.strftime('%m.%Y') 來設定格式，此處的 x 是 Python date 物件，%m 是月份值的佔位符，%Y 是年份值的佔位符。Python date 物件的 strftime 函數將日期以給定格式進行設定。

此圖表中值得特別留意的地方是，在 2011 年 12 月時訂單量急遽減少。如果仔細檢視資料，這是因為我們並不具備 2011 年 12 月的完整月份資料，可以透過以下程式碼確認這一點：

```
invoice_dates = df.loc[
    df['InvoiceDate'] >= '2011-12-01',
    'InvoiceDate'
]

print('Min date: %s\nMax date: %s' % (invoice_dates.min(),
invoice_dates.max()))
```

在這段程式碼中，我們取得從 2011 年 12 月 1 日開始的所有訂單日期，然後我們輸出日期最小值與最大值。當你運行此段程式碼，你將會看到如下輸出：

```
print('Min date: %s\nMax date: %s' % (invoice_dates.min(), invoice_dates.max()))
 Min date: 2011-12-01 08:33:00
 Max date: 2011-12-09 12:50:00
```

如輸出結果所示，我們只有 2011 年 12 月 1 日至 12 月 9 日的資料。如果我們僅使用這筆資料，將無法代表十二月的銷售量與收入。為了方便後續分析，我們將忽略 2011 年 12 月 1 日以後的資料，你可以使用以下程式碼移除這些資料點：

```
df = df.loc[df['InvoiceDate'] < '2011-12-01']
```

在篩除了 2011 年 12 月的不完整資料之後，我們可以使用之前的程式碼，重新繪製線圖。移除十二月份的資料點之後，新的線圖應如下所示：

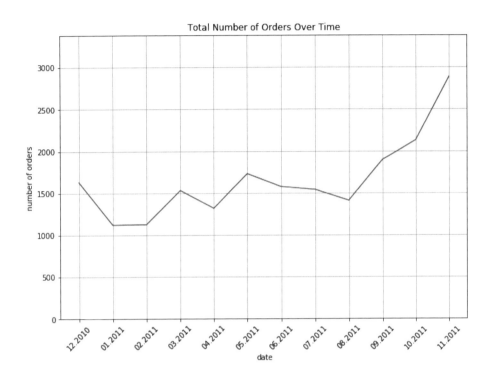

一起來仔細看看這張線圖。2010 年 10 月至 2011 年 8 月這段期間的每月訂單量在 1,500 上下浮動，然後從 2011 年 9 月開始顯著增加，在 2011 年 11 月成長將近一倍。關於訂單成長的解釋之一可能是業務從 2011 年 9 月開始大幅成長。另一種解釋可能是季節性影響。在電商業務中，在年末出現銷售高點這件事並不罕見。通常，許多電子商務的銷售收入在十月到一月之間會大幅成長，如果沒有前一年的銷售資料進行比對，很難將今年度的銷售高點歸結為業務成長或季節性影響。當你在分析今年度的資料時，我們建議你與前一年的資料進行比對。

讓我們來看看以下程式碼,快速查看每月收入資料:

```
df['Sales'] = df['Quantity'] * df['UnitPrice']

monthly_revenue_df =
df.set_index('InvoiceDate')['Sales'].resample('M').sum()
```

此處我們所做的第一件事是計算加總銷售量,也就是將 UnitPrice 乘以 Quantity。當我們完成計算並建立 Sales 欄位後,可以使用 resample 函數並寫入 'M' 標記,對時間序列資料重新採樣並轉換為每月資料。接著,以 sum 作為加總函數,我們可以取得每月銷售資料,運算結果如下所示:

```
monthly_revenue_df

InvoiceDate
2010-12-31      823746.140
2011-01-31      691364.560
2011-02-28      523631.890
2011-03-31      717639.360
2011-04-30      537808.621
2011-05-31      770536.020
2011-06-30      761739.900
2011-07-31      719221.191
2011-08-31      737014.260
2011-09-30     1058590.172
2011-10-31     1154979.300
2011-11-30     1509496.330
Freq: M, Name: Sales, dtype: float64
```

我們可以利用以下程式碼,將這筆資料以線圖呈現:

```
ax = pd.DataFrame(monthly_revenue_df.values).plot(
    grid=True,
    figsize=(10,7),
    legend=False
)

ax.set_xlabel('date')
ax.set_ylabel('sales')
ax.set_title('Total Revenue Over Time')

ax.set_ylim([0, max(monthly_revenue_df.values)+100000])
```

```
    plt.xticks(
    range(len(monthly_revenue_df.index)),
    [x.strftime('%m.%Y') for x in monthly_revenue_df.index],
    rotation=45
)

    plt.show()
```

如前所述，我們使用 pandas DataFrame 的繪圖函數建立線圖，並使用 matplotlib 套件的 xticks 函數重新命名 X 軸的刻度標籤，線圖應如下所示：

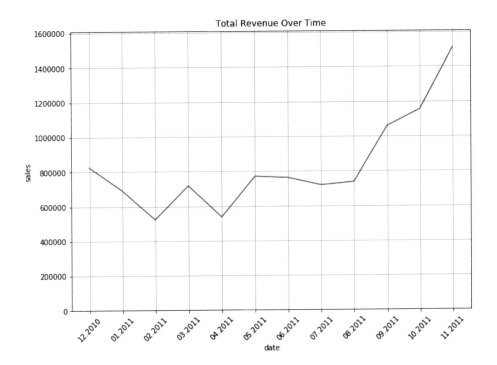

在這個每月收入圖中，我們可以看到與前一個 **Total Number of Orders Over Time** 相似的模式。從 2010 年 12 月至 2011 年 8 月，每月收入在 700,000 上下浮動，然後從 2011 年 9 月開始大幅成長。如前所述，為了檢驗此銷售收入的顯著增加是由於業務成長或季節性影響，我們必須回顧銷售歷史，與前一年的銷售紀錄進行比對。

這一類廣泛而通用的時間序列分析可幫助行銷人員針對整體業務表現取得更深刻的理解，並且辨識可能在業務中發生的任何潛在問題。通常，最好先執行大方向的廣泛分析，然後對更加精細的特定部分深入鑽研，以進行後續產品分析。

回頭客

成功業務的另一項重要因素在於留住顧客的心，以及該業務取得多少回購訂單與回頭客。在本節內容中，我們將要分析每月回購量，以及這些訂單與顧客佔每月銷售收入多少比例。一個穩健成長、蒸蒸日上的企業會擁有來自現有顧客的穩定銷售收入。我們來看看本章所分析的線上零售業務案例中，究竟有多少銷售收入來自回頭客與現有客戶。

我們將要檢視每月回購量，這意味著同一位顧客在同一個月內下了不只一次訂單。現在，看看我們手上的資料：

```
df.head()
```

	InvoiceNo	StockCode	Description	Quantity	InvoiceDate	UnitPrice	CustomerID	Country	Sales
0	536365	85123A	WHITE HANGING HEART T-LIGHT HOLDER	6	2010-12-01 08:26:00	2.55	17850.0	United Kingdom	15.30
1	536365	71053	WHITE METAL LANTERN	6	2010-12-01 08:26:00	3.39	17850.0	United Kingdom	20.34
2	536365	84406B	CREAM CUPID HEARTS COAT HANGER	8	2010-12-01 08:26:00	2.75	17850.0	United Kingdom	22.00
3	536365	84029G	KNITTED UNION FLAG HOT WATER BOTTLE	6	2010-12-01 08:26:00	3.39	17850.0	United Kingdom	20.34
4	536365	84029E	RED WOOLLY HOTTIE WHITE HEART.	6	2010-12-01 08:26:00	3.39	17850.0	United Kingdom	20.34

在上面這則資料摘要中，你可能會發現在同一筆訂單（InvoiceNo）中出現了多筆紀錄，不過我們需要的是總結了所有訂單的加總資料，DataFrame 的一筆紀錄代表一筆購買訂單。我們可以使用以下程式碼加總這份關於 InvoiceNo 的原始資料：

```
invoice_customer_df = df.groupby(
    by=['InvoiceNo', 'InvoiceDate']
).agg({
    'Sales': sum,
    'CustomerID': max,
    'Country': max,
}).reset_index()
```

如程式碼所示，我們以 InvoiceNo 和 InvoiceDate 對 df 這個 DataFrame 進行資料分組，然後加總所有的 Sales。如此一來，在新的 DataFrame：invoice_customer_df 中，每一筆購買訂單都各有一筆紀錄。此時，DataFrame 如下圖所示：

	InvoiceNo	InvoiceDate	Sales	CustomerID	Country
0	536365	2010-12-01 08:26:00	139.12	17850.0	United Kingdom
1	536366	2010-12-01 08:28:00	22.20	17850.0	United Kingdom
2	536367	2010-12-01 08:34:00	278.73	13047.0	United Kingdom
3	536368	2010-12-01 08:34:00	70.05	13047.0	United Kingdom
4	536369	2010-12-01 08:35:00	17.85	13047.0	United Kingdom

`invoice_customer_df.head()`

在 DataFrame 的每一筆紀錄都具有每一筆訂單我們所需的資訊。現在，我們需要分別加總每個月份的資料，並計算在給定月份中進行了不只一次購買的顧客數。請閱讀以下程式碼：

```
monthly_repeat_customers_df =
invoice_customer_df.set_index('InvoiceDate').groupby([
    pd.Grouper(freq='M'), 'CustomerID'
]).filter(lambda x: len(x) > 1).resample('M').nunique()['CustomerID']
```

請仔細閱讀程式碼中的 groupby 函數。在此處，我們以 pd.Grouper(freq='M') 與 CustomerID 這兩個條件對資料進行分組。第一個 groupby 條件是 pd.Grouper(freq='M')，利用 InvoiceDate 這個索引進行分組，以月份區分資料。接著，我們利用 CustomerID 對資料分組。利用 filter 函數，我們可以透過自訂規則對資料進行次選取。此處的篩選規則是 lambda x: len(x) > 1，這表示我們想要檢索在群組中擁有不只一筆紀錄的資料。換句話說，我們想要檢索那些在給定月份中進行了不只一次購買的顧客。最後，我們使用 resample('M') 與 nunique 對資料重新採樣，按月份加總資料，並計算每月份的不重複顧客數。

結果如下所示：

```
monthly_repeat_customers_df

InvoiceDate
2010-12-31     263
2011-01-31     153
2011-02-28     153
2011-03-31     203
2011-04-30     170
2011-05-31     281
2011-06-30     220
2011-07-31     227
2011-08-31     198
2011-09-30     272
2011-10-31     324
2011-11-30     541
Freq: M, Name: CustomerID, dtype: int64
```

現在，將這些數字與每月顧客總數進行比較。你可以使用以下程式碼來計算每月顧客數量：

```
monthly_unique_customers_df =
df.set_index('InvoiceDate')['CustomerID'].resample('M').nunique()
```

運算結果如下：

```
monthly_unique_customers_df

InvoiceDate
2010-12-31     885
2011-01-31     741
2011-02-28     758
2011-03-31     974
2011-04-30     856
2011-05-31    1056
2011-06-30     991
2011-07-31     949
2011-08-31     935
2011-09-30    1266
2011-10-31    1364
2011-11-30    1665
Freq: M, Name: CustomerID, dtype: int64
```

如果你比較這兩組數字，約有 20% 至 30% 的顧客屬於回頭客。你可以使
用以下程式碼來計算每月回頭客佔顧客總數之百分比：

```
monthly_repeat_percentage =
monthly_repeat_customers_df/monthly_unique_customers_df*100.0
```

將這筆資料以線圖呈現：

```
ax = pd.DataFrame(monthly_repeat_customers_df.values).plot(
    figsize=(10,7)
)

pd.DataFrame(monthly_unique_customers_df.values).plot(
    ax=ax,
    grid=True
)

ax2 = pd.DataFrame(monthly_repeat_percentage.values).plot.bar(
    ax=ax,
    grid=True,
    secondary_y=True,
    color='green',
    alpha=0.2
)

ax.set_xlabel('date')
ax.set_ylabel('number of customers')
ax.set_title('Number of All vs. Repeat Customers Over Time')

ax2.set_ylabel('percentage (%)')

ax.legend(['Repeat Customers', 'All Customers'])
ax2.legend(['Percentage of Repeat'], loc='upper right')

ax.set_ylim([0, monthly_unique_customers_df.values.max()+100])
ax2.set_ylim([0, 100])

plt.xticks(
    range(len(monthly_repeat_customers_df.index)),
    [x.strftime('%m.%Y') for x in monthly_repeat_customers_df.index],
    rotation=45
)

plt.show()
```

在這段程式碼中，你將注意到 plot 函數內多了一個新的標記：secondary_y=True。如果你將 secondary_y 的值設定為 True，則會在線圖的右側建立一個新的 Y 軸。當你想要視覺化呈現兩組不同尺度的資料時，這個標記相當實用。在我們的案例中，其中一組資料的尺度是顧客數量，而另一組資料的衡量尺度則是百分比。使用 secondary_y 標記，我們可以輕鬆地在同一份圖表中將不同尺度的資料視覺化呈現。

運行程式碼後，你將會看到以下圖表：

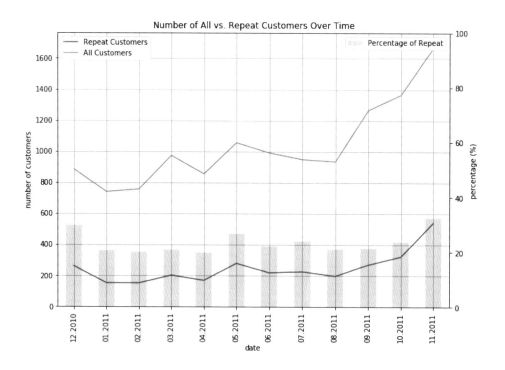

如圖所示，回頭客數量與顧客總數從 2011 年 9 月開始向上成長。**Repeat Customer** 的百分比約介於 20% 至 30% 之間。這個線上零售業務將得益於來自 **Repeat Customer** 的穩定流量，因為這些顧客能幫助該業務產生穩定的銷售收入。現在，一起來分析看看共有多少每月銷售收入來自這些 **Repeat Customer**。

以下程式碼可用來計算來自 **Repeat Customer** 的每月銷售收入：

```
monthly_rev_repeat_customers_df =
invoice_customer_df.set_index('InvoiceDate').groupby([
    pd.Grouper(freq='M'), 'CustomerID'
]).filter(lambda x: len(x) > 1).resample('M').sum()['Sales']

monthly_rev_perc_repeat_customers_df =
monthly_rev_repeat_customers_df/monthly_revenue_df * 100.0
```

與此前的程式碼的唯一差異在於接續在 resample('M') 之後的加總函數 sum。在計算每月回頭客數量的例子中，我們使用了 nunique 函數。不過，這次我們使用了 sum 函數來加總給定月份中來自回頭客的所有銷售量。如果想要將資料視覺化呈現，你可以使用以下程式碼：

```
ax = pd.DataFrame(monthly_revenue_df.values).plot(figsize=(12,9))

pd.DataFrame(monthly_rev_repeat_customers_df.values).plot(
    ax=ax,
    grid=True,
)

ax.set_xlabel('date')
ax.set_ylabel('sales')
ax.set_title('Total Revenue vs. Revenue from Repeat Customers')

ax.legend(['Total Revenue', 'Repeat Customer Revenue'])

ax.set_ylim([0, max(monthly_revenue_df.values)+100000])

ax2 = ax.twinx()

pd.DataFrame(monthly_rev_perc_repeat_customers_df.values).plot(
```

```
    ax=ax2,
    kind='bar',
    color='g',
    alpha=0.2
)

ax2.set_ylim([0, max(monthly_rev_perc_repeat_customers_df.values)+30])
ax2.set_ylabel('percentage (%)')
ax2.legend(['Repeat Revenue Percentage'])

ax2.set_xticklabels([
    x.strftime('%m.%Y') for x in monthly_rev_perc_repeat_customers_df.index
])

plt.show()
```

在這則程式碼中值得注意的一行是 ax2 = ax.twin()。基本上這一行程式碼與 secondary_y 標記的功能相同，twin 函數會建立共享同一個 X 軸的兩個 Y 軸。運行這則程式碼所產生的圖表如下所示：

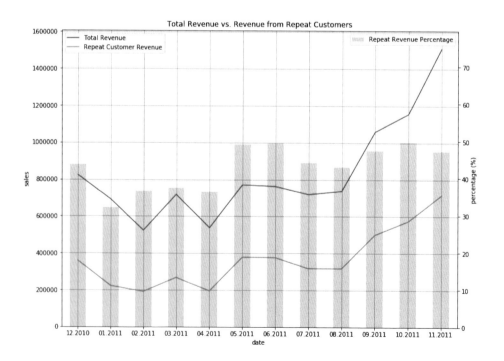

在這張圖表中，我們觀察到與先前相似的模式，從 2011 年 9 月開始銷售收入開始大幅增漲。另一個值得注意的地方是來自回頭客的每月銷售收入之百分比。我們知道約有 20% 至 30% 的顧客屬於回頭客，不過，在這張圖表中，我們發現約有 40% 至 50% 的 **Total Revenue** 來自回頭客的購買行為。換句話說，回頭客帶來了大約一半的銷售收入，而回頭客只佔所有顧客的 20% 至 30%。這顯示留住老主顧非常重要。

某段時間內的熱門商品

到目前為止，我們分析了整體時間序列的模式，以及顧客在整體業務中的參與情形，但尚未分析顧客在個別產品的參與行為。在本節內容中，我們將要探索與分析顧客如何與個別銷售產品進行互動。更具體一點，我們將會檢視某段時間內前五項暢銷商品的趨勢。

關於特定時間序列的熱門商品分析，我們來算算每一段時間內每一項商品的銷售數量。請看看下列程式碼：

```
date_item_df = df.set_index('InvoiceDate').groupby([
    pd.Grouper(freq='M'), 'StockCode'
])['Quantity'].sum()
```

如上所示，我們以 StockCode，也就是每項產品的特定編號，按月份對 df 資料框進行分組，然後加總得出每月與各 StockCode 的銷售數量。運算結果的前九筆紀錄如下所示：

InvoiceDate	StockCode	Quantity
2010-12-31	10002	251
	10120	16
	10125	154
	10133	130
	10135	411
	11001	74
	15034	45
	15036	161
	15039	20

準備好 `data_item_df` 的資料後，我們來看看在 2011 年 11 月 30 日哪項產品的銷售量最高，請閱讀以下程式碼：

```
# Rank items by the last month sales
last_month_sorted_df = date_item_df.loc['2011-11-30'].sort_values(
    by='Quantity', ascending=False
).reset_index()
```

如程式碼所示，我們可以使用 `sort_values` 函數，以任何我們指定的欄位對 pandas Dataframe 進行排序，只要在輸入引數 `by` 內提供欄位名稱。此處，我們以 `Quantity` 一欄對資料進行排序，將 `ascending` 標記設定為 `False`，將資料由大至小排序（降序），結果如下所示：

	InvoiceDate	StockCode	Quantity
0	2011-11-30	23084	14954
1	2011-11-30	84826	12551
2	2011-11-30	22197	12460
3	2011-11-30	22086	7908
4	2011-11-30	85099B	5909
5	2011-11-30	22578	5366
6	2011-11-30	84879	5254
7	2011-11-30	22577	5003
8	2011-11-30	85123A	4910
9	2011-11-30	84077	4559

如結果所示，編號為 **23084**、**84826**、**22197**、**22086** 和 **85099B** 的商品是 2011 年 9 月份最暢銷的前五項商品。

現在，我們掌握 2011 年 9 月份最暢銷的前五項商品後，讓我們對這五項商品的每月銷售資料進行加總。請閱讀以下程式碼：

```
date_item_df = df.loc[
    df['StockCode'].isin([23084, 84826, 22197, 22086, '85099B'])
].set_index('InvoiceDate').groupby([
    pd.Grouper(freq='M'), 'StockCode'
])['Quantity'].sum()
```

我們同樣使用 StockCode，按月份對資料進行分組，然後加總銷售數量。不過，此處的 isin 運算子值得注意。位於 loc 運算子內部的 isin 運算子會檢查每一筆紀錄是否與陣列中的要素相符。在我們的例子中，我們要檢查的是每一筆資料的 StockCode 是否符合前五項暢銷商品的商品編號。透過這則程式碼，我們可以按月份並按產品加總資料，找出 2011 年 11 月的前五項暢銷產品。運算結果中的前幾筆紀錄如下所示：

		Quantity
InvoiceDate	**StockCode**	
2010-12-31	**22086**	2460
	22197	2738
	84826	366
	85099B	2152
2011-01-31	**22086**	24
	22197	1824
	84826	480
	85099B	2747
2011-02-28	**22086**	5
	22197	2666
	84826	66
	85099B	3080

擁有前五項商品的每月銷售資料之後，現在我們必須將這筆資料轉換為表格，表格中的欄為個別商品編號，表格列索引是訂單日期，而表格中的值則是產品的銷售數量，方便我們將這份資料視覺化呈現為時間序列圖表。以下程式碼顯示如何將資料轉換為表格：

```
trending_itmes_df =
date_item_df.reset_index().pivot('InvoiceDate','StockCode').fillna(0)

trending_itmes_df = trending_itmes_df.reset_index()
trending_itmes_df = trending_itmes_df.set_index('InvoiceDate')
trending_itmes_df.columns = trending_itmes_df.columns.droplevel(0)
```

我們使用 pivot 函數對 DataFrame 進行樞紐分析，此時的索引是 InvoiceDate，而資料欄是 StockCode 欄內的個別編號，運算結果如下圖所示：

StockCode InvoiceDate	22086	22197	23084	84826	85099B
2010-12-31	2460.0	2738.0	0.0	366.0	2152.0
2011-01-31	24.0	1824.0	0.0	480.0	2747.0
2011-02-28	5.0	2666.0	0.0	66.0	3080.0
2011-03-31	87.0	2803.0	0.0	60.0	5282.0
2011-04-30	13.0	1869.0	0.0	1.0	2456.0
2011-05-31	17.0	6849.0	1131.0	0.0	3621.0
2011-06-30	344.0	2095.0	1713.0	4.0	3682.0
2011-07-31	383.0	1876.0	318.0	2.0	3129.0
2011-08-31	490.0	5421.0	2267.0	72.0	5502.0
2011-09-30	2106.0	4196.0	680.0	0.0	4401.0
2011-10-31	3429.0	5907.0	6348.0	11.0	5412.0
2011-11-30	7908.0	12460.0	14954.0	12551.0	5909.0

準備好這份時間序列資料後，我們可以視覺化呈現隨時間推移的趨勢。你可以使用以下程式碼來建立熱門商品的時間序列圖表：

```
ax = pd.DataFrame(trending_itmes_df.values).plot(
    figsize=(10,7),
    grid=True,
)

ax.set_ylabel('number of purchases')
ax.set_xlabel('date')
ax.set_title('Item Trends over Time')

ax.legend(trending_itmes_df.columns, loc='upper left')

plt.xticks(
    range(len(trending_itmes_df.index)),
    [x.strftime('%m.%Y') for x in trending_itmes_df.index],
    rotation=45
)

plt.show()
```

當你運行這段程式碼後，你將看到以下圖表：

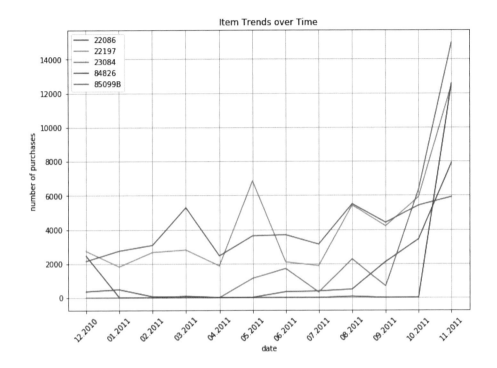

讓我們一起仔細看看這張時間序列圖。這五項產品的銷售量在 2011 年 11 月創下銷售高峰，尤其是產品編號為 **85099B** 的商品，這個商品在 2011 年 2 月至 10 月之間的銷售量趨近於 **0**，在 2011 年 11 月的銷售量卻陡然飆升。究竟什麼因素推動了這一高峰值得我們仔細研究，這可能是一個高度季節性的商品，因此這項產品在 11 月變得非常受歡迎，或者它也可能歸因於銷售趨勢的真實變化，導致這個產品突然變得比以前更受青睞。

22086、**22197**、**23084**、**84826** 等其他熱門產品的受歡迎程度似乎在 2011 年 11 月之前逐步累積。身為一位行銷人，你可以仔細檢視這些商品逐漸受到歡迎的潛在驅動因素。你可以檢視這些商品是否在較寒冷的季節中較受青睞，或者在市場中是否出現了購買這些特定商品的趨勢。

分析趨勢與產品受歡迎程度的變化不僅有助於理解顧客偏好與最常購買的
項目，還能幫助你為顧客量身打造行銷訊息。舉例來說，你可以在行銷郵
件、電話或廣告中推薦這些富有人氣的產品，進而提升用戶參與度。因為
此前的資料分析證明了顧客對這些產品更感興趣且更有意願購買，如果推
廣這些人氣產品，那麼你可望從顧客中獲得更高的行銷參與度，最後獲得
更高的轉換率。運用這些人氣暢銷商品是建立產品推薦引擎的一種方法，
我們將在下一章內容中展開充分討論與試驗。

你可以透過以下連結檢視並下載本節所使用的完整版 Python 程
式碼：`https://github.com/yoonhwang/hands-on-data-science-for-marketing/blob/master/ch.5/python/Product%20Analytics.ipynb`

以 R 進行產品分析

本節將探討如何使用 R 的 `dplyr` 和 `ggplot2` 套件來執行產品分析。想要使
用 Python 進行練習的讀者，可以略過本節，只要參考上一節的內容就可
以了。首先，我們將分析收入與購買量的時間序列趨勢，以及回頭客的購
買模式，最後我們將分析產品的銷售趨勢。

在本練習中，我們會使用 UCI Maching Learning Repository 的公開資
料集，你可以在此查看：`http://archive.ics.uci.edu/ml/datasets/online+retail#`。請下載名為 `Online Retail.xlsx` 的 **Microsoft Excel**
檔案，完成下載後，請使用下列指令載入資料：

```
# install.packages("readxl")
library(readxl)

#### 1. Load Data ####
df <- read_excel(
  path="~/Documents/research/data-science-marketing/ch.5/data/Online
Retail.xlsx",
  sheet="Online Retail"
)
```

你可能會從上述程式碼發現與前幾章的不同之處，我們在此處使用了 `readxl` 程式庫和 `read_excel` 函數。因為我們的檔案是 Excel 格式，因此無法使用此前的 `read.csv` 函數。為了匯入 Excel 格式的資料集，我們需要使用 `readxl` 程式庫，請在 **RStudio** 中使用 `install.packages("readxl")` 指令進行安裝。在 `readxl` 程式庫中，有一個名為 `read_excel` 的函數，可讓你輕鬆匯入 Excel 檔案。

當你將資料載入至 `DataFrame` 中，應如以下擷取畫面所示：

	InvoiceNo	StockCode	Description	Quantity	InvoiceDate	UnitPrice	CustomerID	Country	Sales
1	536365	85123A	WHITE HANGING HEART T-LIGHT HOLDER	6	2010-12-01 08:26:00	2.55	17850	United Kingdom	15.30
2	536365	71053	WHITE METAL LANTERN	6	2010-12-01 08:26:00	3.39	17850	United Kingdom	20.34
3	536365	84406B	CREAM CUPID HEARTS COAT HANGER	8	2010-12-01 08:26:00	2.75	17850	United Kingdom	22.00
4	536365	84029G	KNITTED UNION FLAG HOT WATER BOTTLE	6	2010-12-01 08:26:00	3.39	17850	United Kingdom	20.34
5	536365	84029E	RED WOOLLY HOTTIE WHITE HEART.	6	2010-12-01 08:26:00	3.39	17850	United Kingdom	20.34
6	536365	22752	SET 7 BABUSHKA NESTING BOXES	2	2010-12-01 08:26:00	7.65	17850	United Kingdom	15.30
7	536365	21730	GLASS STAR FROSTED T-LIGHT HOLDER	6	2010-12-01 08:26:00	4.25	17850	United Kingdom	25.50
8	536366	22633	HAND WARMER UNION JACK	6	2010-12-01 08:28:00	1.85	17850	United Kingdom	11.10
9	536366	22632	HAND WARMER RED POLKA DOT	6	2010-12-01 08:28:00	1.85	17850	United Kingdom	11.10
10	536367	84879	ASSORTED COLOUR BIRD ORNAMENT	32	2010-12-01 08:34:00	1.69	13047	United Kingdom	54.08

在進入下一步驟之前，我們必須先進行資料清理。快速看看 `Quantity` 欄位的資料分布情形，使用以下程式碼來視覺化呈現其資料：

```
ggplot(df, aes(x="", y=Quantity)) +
  geom_boxplot(outlier.shape = NA) +
  ylim(c(-15, 25))+
  ylab("order quantity") +
  xlab("") +
  ggtitle("Quantity Distribution") +
  theme(plot.title=element_text(hjust=0.5))
```

我們使用了 `geom_boxplot` 函數，以箱形圖呈現 Quantity 的資料分布情形，結果如下列擷取畫面：

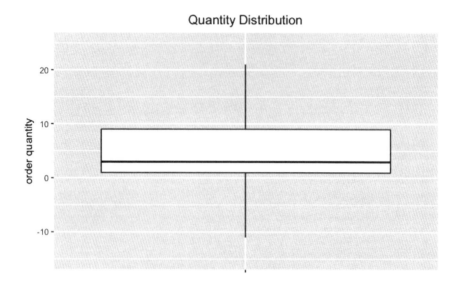

如圖所示，有一些訂單數量竟然是負數。這是因為在我們的資料集中，被取消或退款的訂單在 Quantity 欄位以負數值表示。在本次練習中，我們將忽略這些已取消訂單。我們可以利用以下程式碼，篩除 DataFrame 中所有的已取消訂單：

```
# filter out orders with negative quantity (cancel orders)
df <- df[which(df$Quantity > 0),]
```

現在，我們準備好深入瞭解資料，並執行產品分析了。

時間序列趨勢

在檢視產品層級的資料之前，身為一個電子商務的行銷人，掌握收入、訂單量或購買量的整體時間序列趨勢非常有益。如果能掌握某段時間內的整體銷售數字和訂單量，將有助於我們理解業務是否成長或衰退。

首先，我們要檢視一段時間內的訂單量，請閱讀以下程式碼：

```
# install.packages("lubridate")
library(lubridate)

timeSeriesNumInvoices <- df %>%
  group_by(InvoiceDate=floor_date(InvoiceDate, "month")) %>%
  summarise(NumOrders=n_distinct(InvoiceNo))
```

在這段程式碼中，我們使用 group_by 函數按月份對資料進行分組。為了將資料依月份分組，我們要利用 lubridate 程式庫中的 floor_date 函數。如果你還沒準備好這個程式庫，你可以使用 install.packages("lubridate") 指令。floor_date 函數擷取日期並將其無條件捨去至給定單位。在本範例中，我們對 InvocieDate 欄的值無條件捨去至每月第一天。然後，針對每一月份，我們對 InvocieNo 欄使用 n_distinct 函數以計算不重複購買訂單的總數量。此時輸出的資料框如下圖：

	InvoiceDate	NumOrders
1	2010-12-01	1629
2	2011-01-01	1120
3	2011-02-01	1126
4	2011-03-01	1531
5	2011-04-01	1318
6	2011-05-01	1731
7	2011-06-01	1576
8	2011-07-01	1540
9	2011-08-01	1409
10	2011-09-01	1896
11	2011-10-01	2129
12	2011-11-01	2884

通常，時間序列資料以線圖進行視覺化呈現。讓我們看看以下程式碼，瞭解如何將這份每月資料以線圖呈現：

```
ggplot(timeSeriesNumInvoices, aes(x=InvoiceDate, y=NumOrders)) +
  geom_line() +
  ylim(c(0, max(timeSeriesNumInvoices$NumOrders) + 1000)) +
  ylab("number of orders") +
  xlab("date") +
  ggtitle("Number of Orders over Time") +
  theme(plot.title=element_text(hjust=0.5))
```

我們在使用了 ggplot2 程式庫的 ggplot 函數，並搭配 geom_line 函數，以線圖來顯示資料，請看下圖：

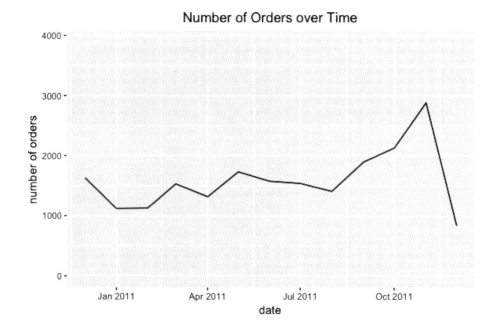

此圖表中值得特別留意的地方是，在 2011 年 12 月時訂單量急遽減少。如果仔細檢視資料，這是因為我們並不具備 2011 年 12 月的完整月份資料，可以透過以下程式碼確認這一點：

```
summary(df[which(df$InvoiceDate >= as.Date("2011-12-01")),"InvoiceDate"])
```

在這段程式碼中，我們取得包含自 2011 年 12 月 1 日起的所有訂單日期，摘要如下：

```
> summary(df[which(df$InvoiceDate >= as.Date("2011-12-01")),"InvoiceDate"])
  InvoiceDate
 Min.   :2011-12-01 08:33:00
 1st Qu.:2011-12-04 12:32:00
 Median :2011-12-05 17:28:00
 Mean   :2011-12-05 20:37:49
 3rd Qu.:2011-12-08 09:20:00
 Max.   :2011-12-09 12:50:00
```

如輸出結果所示，我們只有 2011 年 12 月 1 日至 12 月 9 日的資料。如果我們僅使用這筆資料，將無法代表十二月的銷售量與收入。為了方便後續分析，我們將忽略 2011 年 12 月 1 日以後的資料，你可以使用以下程式碼移除這些資料點：

```
df <- df[which(df$InvoiceDate < as.Date("2011-12-01")),]
```

在篩除了 2011 年 12 月的不完整資料之後，我們可以使用之前的程式碼，重新繪製線圖。移除十二月份的資料點之後，新的線圖應如下所示：

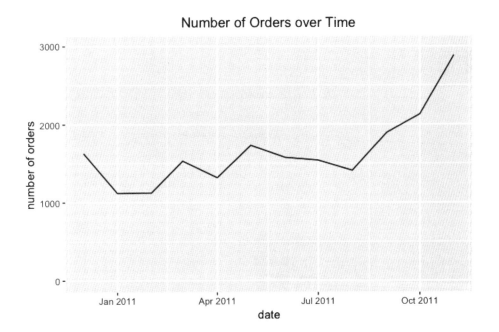

一起來仔細看看這張線圖。2010 年 10 月至 2011 年 8 月這段期間的每月訂單量在 1,500 上下浮動，然後從 2011 年 9 月開始顯著增加，在 2011 年 11 月成長將近一倍。關於訂單成長的解釋之一可能是業務從 2011 年 9 月開始大幅成長。另一種解釋可能是季節性影響。在電商業務中，在年末出現銷售高點這件事並不罕見。通常，許多電子商務的銷售收入在十月到一月之間會大幅成長，如果沒有前一年的銷售資料進行比對，很難將今年度的銷售高點歸結為業務成長或季節性影響。當你在分析今年度的資料時，我們建議你與前一年的資料進行比對。

讓我們來看看以下程式碼，快速檢視每月收入的資料：

```
df$Sales <- df$Quantity * df$UnitPrice

timeSeriesRevenue <- df %>%
  group_by(InvoiceDate=floor_date(InvoiceDate, "month")) %>%
  summarise(Sales=sum(Sales))
```

此處我們所做的第一件事是計算加總銷售量，也就是將 UnitPrice 乘以 Quantity。當我們完成計算並建立 Sales 欄位後，可以使用 group_by 函數與 floor_date 函數，將資料區分為每月銷售資料。接著，使用 summarise 函數中的 sum 作為加總函數，我們可以取得每月銷售資料，運算結果如下所示：

	InvoiceDate	Sales
1	2010-12-01	823746.1
2	2011-01-01	691364.6
3	2011-02-01	523631.9
4	2011-03-01	717639.4
5	2011-04-01	537808.6
6	2011-05-01	770536.0
7	2011-06-01	761739.9
8	2011-07-01	719221.2
9	2011-08-01	737014.3
10	2011-09-01	1058590.2
11	2011-10-01	1154979.3
12	2011-11-01	1509496.3

我們可以利用以下程式碼,將這筆資料以線圖呈現:

```
ggplot(timeSeriesRevenue, aes(x=InvoiceDate, y=Sales)) +
  geom_line() +
  ylim(c(0, max(timeSeriesRevenue$Sales) + 10000)) +
  ylab("sales") +
  xlab("date") +
  ggtitle("Revenue over Time") +
  theme(plot.title=element_text(hjust=0.5))
```

如前所述,我們使用 `geom_line` 函數建立線圖,此時,每月銷售收入的線圖應如下所示:

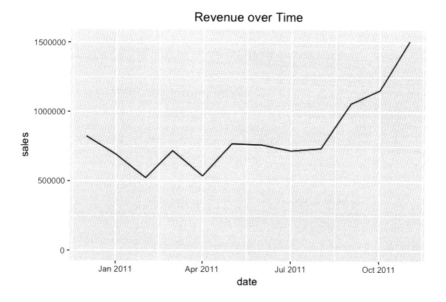

在這個每月 **Revenue over Time** 圖表中,我們可以看到與前一個 **Total Number of Orders Over Time** 相似的模式。從 2010 年 12 月至 2011 年 8 月,每月收入在 700,000 上下浮動,然後從 2011 年 9 月開始大幅成長。如前所述,為了檢驗此銷售收入的顯著增加是由於業務成長或季節性影響,我們必須回顧銷售歷史,與前一年的銷售紀錄進行比對。

這一類廣泛而通用的時間序列分析可幫助行銷人員針對整體業務表現取得更深刻的理解,並且辨識可能在業務中發生的任何潛在問題。通常,最好先執行大方向的廣泛分析,然後對更加精細的特定部分深入鑽研,以進行後續產品分析。

回頭客

成功業務的另一項重要因素在於如何留住顧客的心,以及該業務取得多少回購訂單與回頭客。在本節內容中,我們將要分析每月回購量,以及這些訂單與顧客佔每月銷售收入多少比例。一個穩健成長、蒸蒸日上的企業會擁有來自現有顧客的穩定銷售收入。我們來看看本章所分析的線上零售業務案例中,究竟有多少銷售收入來自回頭客與現有客戶。

我們將要檢視每月回購量,這意味著同一位顧客在同一個月內下了不只一次訂單。現在,看看我們手上的資料:

	InvoiceNo	StockCode	Description	Quantity	InvoiceDate	UnitPrice	CustomerID	Country	Sales
1	536365	85123A	WHITE HANGING HEART T-LIGHT HOLDER	6	2010-12-01 08:26:00	2.55	17850	United Kingdom	15.30
2	536365	71053	WHITE METAL LANTERN	6	2010-12-01 08:26:00	3.39	17850	United Kingdom	20.34
3	536365	84406B	CREAM CUPID HEARTS COAT HANGER	8	2010-12-01 08:26:00	2.75	17850	United Kingdom	22.00
4	536365	84029G	KNITTED UNION FLAG HOT WATER BOTTLE	6	2010-12-01 08:26:00	3.39	17850	United Kingdom	20.34
5	536365	84029E	RED WOOLLY HOTTIE WHITE HEART.	6	2010-12-01 08:26:00	3.39	17850	United Kingdom	20.34
6	536365	22752	SET 7 BABUSHKA NESTING BOXES	2	2010-12-01 08:26:00	7.65	17850	United Kingdom	15.30
7	536365	21730	GLASS STAR FROSTED T-LIGHT HOLDER	6	2010-12-01 08:26:00	4.25	17850	United Kingdom	25.50
8	536366	22633	HAND WARMER UNION JACK	6	2010-12-01 08:28:00	1.85	17850	United Kingdom	11.10
9	536366	22632	HAND WARMER RED POLKA DOT	6	2010-12-01 08:28:00	1.85	17850	United Kingdom	11.10
10	536367	84879	ASSORTED COLOUR BIRD ORNAMENT	32	2010-12-01 08:34:00	1.69	13047	United Kingdom	54.08

在上面這則資料摘要中,你可能會發現在同一筆訂單(InvoiceNo)中出現了多筆紀錄,不過我們需要的是總結了所有訂單的加總資料,DataFrame的一筆紀錄代表一筆購買訂單。我們可以使用以下程式碼加總這份關於InvoiceNo 的原始資料:

```
invoiceCustomerDF <- df %>%
  group_by(InvoiceNo, InvoiceDate) %>%
  summarise(CustomerID=max(CustomerID), Sales=sum(Sales))
```

如程式碼所示,我們以 InvoiceNo 和 InvoiceDate 對 df 這個 DataFrame 進行資料分組,然後加總所有的 Sales,同時取 CustomerID 值。如此一來,在新的 DataFrame:invoiceCustomerDf 中,每一筆購買訂單都各有一筆紀錄。此時的 DataFrame 如下圖所示:

	InvoiceNo	InvoiceDate	CustomerID	Sales
1	536365	2010-12-01 08:26:00	17850	139.12
2	536366	2010-12-01 08:28:00	17850	22.20
3	536367	2010-12-01 08:34:00	13047	278.73
4	536368	2010-12-01 08:34:00	13047	70.05
5	536369	2010-12-01 08:35:00	13047	17.85
6	536370	2010-12-01 08:45:00	12583	855.86
7	536371	2010-12-01 09:00:00	13748	204.00
8	536372	2010-12-01 09:01:00	17850	22.20
9	536373	2010-12-01 09:02:00	17850	259.86
10	536374	2010-12-01 09:09:00	15100	350.40

在這個 DataFrame 的每一筆紀錄都具有每一筆訂單中所需的所有資訊。現在，我們需要分別加總每個月份的資料，並計算在給定月份中進行了不只一次購買的顧客數。請閱讀以下程式碼：

```
timeSeriesCustomerDF <- invoiceCustomerDF %>%
  group_by(InvoiceDate=floor_date(InvoiceDate, "month"), CustomerID) %>%
  summarise(Count=n_distinct(InvoiceNo), Sales=sum(Sales))
```

正如前一節內容，我們使用 group_by 和 floor_date 函數來按月份加總資料。我們同時按 CustomerID 對資料進行分組，以便我們計算在每一月份中每一位顧客共帶來多少銷售收入。結果如下所示：

	InvoiceDate	CustomerID	Count	Sales
1	2010-12-01	12347	1	711.79
2	2010-12-01	12348	1	892.80
3	2010-12-01	12370	2	1868.02
4	2010-12-01	12377	1	1001.52
5	2010-12-01	12383	1	600.72
6	2010-12-01	12386	1	258.90
7	2010-12-01	12395	2	679.92
8	2010-12-01	12417	1	291.34
9	2010-12-01	12423	1	237.93
10	2010-12-01	12427	1	303.50

現在，如果想取得回頭客的數量，我們只需要篩除在 **Count** 欄中值為 **1** 的顧客。執行此次運算的程式碼如下所示：

```
repeatCustomers <-
na.omit(timeSeriesCustomerDF[which(timeSeriesCustomerDF$Count > 1),])
```

這時新建的 `repeatCustomers` 資料框，現在包含了每一月份中進行不只一次購買的所有顧客。為了取得每月回頭客的加總數量，我們將運行以下程式碼：

```
timeSeriesRepeatCustomers <- repeatCustomers %>%
  group_by(InvoiceDate) %>%
  summarise(Count=n_distinct(CustomerID), Sales=sum(Sales))
```

我們以 `InvoiceDate` 對資料進行分組，將日期無條件捨去至每月第一天，接著計算不重複顧客的數量並加總總銷售量，結果如下所示：

	InvoiceDate	Count	Sales
1	2010-12-01	263	359170.6
2	2011-01-01	149	219339.8
3	2011-02-01	150	190084.8
4	2011-03-01	201	266773.7
5	2011-04-01	168	194860.1
6	2011-05-01	279	377802.3
7	2011-06-01	219	376084.2
8	2011-07-01	227	317475.0
9	2011-08-01	196	316278.3
10	2011-09-01	271	496818.5
11	2011-10-01	323	573221.8
12	2011-11-01	540	713522.2

現在，將這些數字與每月顧客總數進行比較。你可以使用以下程式碼來計算每月顧客數量：

```
# Unique Customers
timeSeriesUniqCustomers <- df %>%
  group_by(InvoiceDate=floor_date(InvoiceDate, "month")) %>%
  summarise(Count=n_distinct(CustomerID))
```

運算結果如下：

	InvoiceDate	Count
1	2010-12-01	886
2	2011-01-01	742
3	2011-02-01	759
4	2011-03-01	975
5	2011-04-01	857
6	2011-05-01	1057
7	2011-06-01	992
8	2011-07-01	950
9	2011-08-01	936
10	2011-09-01	1267
11	2011-10-01	1365
12	2011-11-01	1666

最後，我們將分析回頭客所帶來的收入佔每月銷售收入的百分比，請看以下程式碼：

```
timeSeriesRepeatCustomers$Perc <- timeSeriesRepeatCustomers$Sales /
timeSeriesRevenue$Sales*100.0
timeSeriesRepeatCustomers$Total <- timeSeriesUniqCustomers$Count
```

如程式碼所示，我們將 timeSeriesRepeatCustomers Dataframe 的 Sales 欄位除以 timeSeriesRevenue Dataframe 的 Sales 欄位。接著，我們將每月不重複顧客的數量添加至 timeSeriesRepeatCustomers Dataframe 的 Total 這個新欄位中。

我們可以將這筆資料以線圖視覺化呈現，利用以下程式碼：

```
ggplot(timeSeriesRepeatCustomers) +
  geom_line(aes(x=InvoiceDate, y=Total), stat="identity", color="navy") +
  geom_line(aes(x=InvoiceDate, y=Count), stat="identity", color="orange") +
  geom_bar(aes(x=InvoiceDate, y=Perc*20), stat="identity", fill='gray',
alpha=0.5) +
  scale_y_continuous(sec.axis = sec_axis(~./20, name="Percentage (%)")) +
  ggtitle("Number of Unique vs. Repeat & Revenue from Repeat Customers") +
  theme(plot.title=element_text(hjust=0.5))
```

在這段程式碼中，我們使用 ggplot2 程式庫的 geom_line 與 geom_bar 函數建立了兩個線圖與一個柱狀圖。第一個線圖代表每月顧客總數 Total，以深藍色呈現。第二個線圖代表每月回頭客的數量 Count，以橘色呈現。最後，我們以灰色繪製柱狀圖，表示來自回頭客的銷售收入佔總銷售收入之百分比 Perc。圖中第二個 Y 軸的尺度係數 20 值得留意，sec_axis 函數定義了第二個 Y 軸的尺度計算公式。此時我們使用了 ~./20，表示第二個 Y 軸的尺度範圍介於 0 至第一個 Y 軸中最大值的二十分之一。因為我們將第二個 Y 軸的尺度縮小了 20 倍，我們在 geom_bar 函數中將 20 乘以 Perc，以便符合第二個 Y 軸的資料範圍。運算結果如下圖所示：

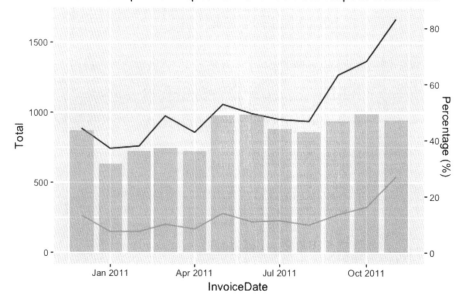

在我們所編寫的程式碼，我們在同一份圖表中繪製了三張圖：一條代表每月顧客總數的藍線、一條代表每月回頭客數量的橘色線，而灰色長柱代表回頭客帶來的銷售收入。標籤為 **Percentage(%)** 的第二個 Y 軸之尺度係數為 **20**，其值範圍介於 **0** 到標籤為 **Total** 的第一個 Y 軸之最大值。

在這張圖表中，從 2011 年 9 月開始，每月顧客總數與回頭客數量呈現上漲趨勢，約有 20% 至 30% 的顧客屬於回頭客，不過，在這張圖表中，我們發現約有 40% 至 50% 的 Total Revenue 來自回頭客的購買行為。換句話說，回頭客帶來了大約一半的銷售收入，而回頭客只佔所有顧客的 20% 至 30%。因為線上零售業務的銷售收入有很大部分來自回頭客，這顯示留住老主顧非常重要。身為一位行銷人，瞭解如何留住顧客的心，妥善經營回頭客群體是相當關鍵的任務。

某段時間內的熱門商品

到目前為止，我們分析了整體時間序列的模式，以及顧客在整體業務中的參與情形，但尚未分析顧客在個別產品的參與行為。在本節內容中，我們將要探索與分析顧客如何與個別銷售產品進行互動。更具體一點，我們將會檢視某段時間內前五項暢銷商品的趨勢。

關於特定時間序列的熱門商品分析，我們來算算每一段時間內每一項商品的銷售數量。請看看下列程式碼：

```
popularItems <- df %>%
  group_by(InvoiceDate=floor_date(InvoiceDate, "month"), StockCode) %>%
  summarise(Quantity=sum(Quantity))
```

如上所示，我們以 StockCode，也就是每項產品的特定編號，並且按月份對資料進行分組，然後使用 summarise 函數內的 sum 函數，對 Quantity 內的數量進行加總，得出每月與各產品的銷售數量。

我們想找出前五項暢銷產品，所以我們只需要從 pupularItems 這個 DataFrame 中選出前五項產品，請閱讀以下程式碼：

```
top5Items <- popularItems[
    which(popularItems$InvoiceDate == as.Date("2011-11-01")),
  ] %>%
  arrange(desc(Quantity)) %>%
  head(5)
```

```
timeSeriesTop5 <- popularItems[
  which(popularItems$StockCode %in% top5Items$StockCode),
]
```

在此段程式碼中，我們對 2011 年 11 月所售出的產品數量 `Quantity` 由大到小進行排序。使用 `which` 函數，我們可以在 `popularItems` 中選取 2011 年 11 月的資料，然後使用 `arrange` 函數，對 `Quantity` 的資料進行排序。在 `arrange` 函數輸入 `desc`，由大到小排序資料。最後，我們使用 `head` 函數得出前五個項目。現在，新建變數 `top5Items` 有了 2011 年 11 月的前五項暢銷商品。我們要做的最後一件事是檢索這五項產品的時間序列資料。利用 `which` 函數和 `%in%` 運算子，可以在 `top5Items` 中按 `StockCode` 選出我們想要的資料。

如果想要視覺化呈現這五項產品的時間序列趨勢，可以使用以下程式碼：

```
ggplot(timeSeriesTop5, aes(x=InvoiceDate, y=Quantity, color=StockCode)) +
  geom_line() +
  ylab("number of purchases") +
  xlab("date") +
  ggtitle("Top 5 Popular Items over Time") +
  theme(plot.title=element_text(hjust=0.5))
```

圖表應如下所示：

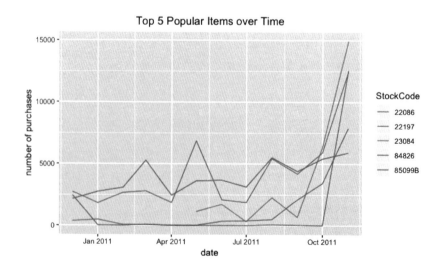

我們來仔細看看這份時間序列圖表。在 2011 年 11 月這五項產品的銷售量攀上高峰，特別是產品編號為 **85099B** 的商品。這個商品在 2011 年 2 月至 10 月之間的銷售量趨近於 **0**，在 2011 年 11 月的銷售量卻陡然飆升。究竟什麼因素推動了這一銷售高峰值得我們仔細研究，這可能是一個高度季節性的商品，因此這項產品在 11 月變得非常受歡迎，或者它也可能歸因於銷售趨勢的真實變化，使得這個產品突然變得比以前更受青睞。

22086、**22197**、**23084**、**84826** 等其他熱門產品的受歡迎程度似乎在 2011 年 11 月之前逐步累積。身為一位行銷人，你可以仔細檢視這些商品逐漸受到歡迎的潛在驅動因素。你可以檢視這些商品是否在較寒冷的季節中較受青睞，或者在市場中是否出現了購買這些特定商品的趨勢。

分析趨勢與產品受歡迎程度的變化不僅有助於理解顧客偏好與最常購買的項目，還能幫助你為顧客量身打造行銷訊息。舉例來說，你可以在行銷郵件、電話或廣告中推薦這些富有人氣的產品，進而提升用戶參與度。因為此前的資料分析證明了顧客對這些產品更感興趣且更有意願購買，如果推廣這些人氣產品，那麼你可望從顧客中獲得更高的行銷參與度，最後獲得更高的轉換率。運用這些人氣暢銷商品是建立產品推薦引擎的方法之一，我們將在下一章內容中展開充分討論與試驗。

你可以透過以下連結檢視並下載本節所使用的完整版 R 程式碼：
`https://github.com/yoonhwang/hands-on-data-science-`
`for-marketing/blob/master/ch.5/R/ProductAnalytics.R`

本章小結

本章探討產品分析的概念與其重要性,我們簡述了如何透過追蹤事件與顧客活動,例如網站或應用程式造訪次數、網頁瀏覽量及購買量來開展產品分析的第一步。接著,我們討論了產品分析的常見目標,以及如何運用產品分析取得切實可行的行銷洞察與報告。基於這些關於產品分析的討論內容,我們使用電商業務的資料作為程式設計練習,研究如何運用產品分析觀察顧客與產品留存度。首先,我們分析了銷售收入中的時間序列趨勢與購買訂單數量。接著,我們深入鑽研資料,辨識每月回頭客的模式,儘管每月回頭客僅佔總顧客群的一小部分,他們卻能帶來將近一半的每月總銷售收入。這顯示了我們應該正視如何確實留住顧客的心,研擬顧客留存策略。最後,我們還討論了如何分析一段時間內的暢銷熱門產品,在該節內容中,我們也提到了不同季節所帶來的潛在影響,以及暢銷產品分析如何在行銷策略與產品推薦中發揮功效。

在下一章節,我們將要拓展並活用此章所習得的知識,建立產品推薦引擎。我們將會學習協同過濾演算法(collaborative filtering algorithm),瞭解它如何用在產品推薦上。

## chapter 6

推薦對的產品

本章將深入研究如何建立產品推薦系統,採用針對顧客量身定制的產品推薦,更準確地找出潛在顧客。許多研究顯示個人化的產品推薦可提升轉換率與顧客留存率。當我們擁有更多資料,以資料科學與機器學習來精準行銷時,在行銷訊息中,客製化產品推薦的有效性與重要性不言而喻。本章將探討建立協同過濾的推薦系統時常用的機器學習演算法,以及在產品推薦時應用協同過濾演算法的兩種方式。

我們將在本章節介紹以下主題:

- 協同過濾與產品推薦

- 以 Python 建立產品推薦演算法

- 以 R 建立產品推薦演算法

協同過濾與產品推薦

Salesforce 的一項研究表明，接收個人化產品推薦的顧客帶來了 24% 訂單，以及 26% 的銷售收入。這證明了產品推薦對訂單量與整體銷售量有著極大的影響力。在 Salesforce 所發表的研究中，他們也發現了產品推薦會帶來回頭客，購買推薦產品會帶來更高的訂單價格，而且顧客們確實會購買推薦商品。你可以在此閱讀這份報告：`https://www.salesforce.com/blog/2017/11/personalized-product-recommendations-drive-just-7-visits-26-revenue`。

產品推薦系統

產品推薦系統是一種預測系統，旨在產出一份顧客傾向購買的產品清單。近年來，推薦系統廣受歡迎，常應用於各式各樣的商業情境。舉例來說，音樂串流服務 Pandora 利用推薦系統為聽眾推薦音樂。電商巨頭 Amazon 利用推薦系統來預測並顯示顧客可能購買的產品清單。Netflix 使用推薦系統為每一位使用者推薦電影或電視節目。推薦系統應用不僅於此。它還可應用於向使用者推薦相關文章、新聞報導或書籍。推薦系統擁有應用於眾多領域的非凡潛力，在許多企業中，特別是在電子商務和媒體業務中，它們扮演著至關重要的角色，直接影響到銷售收入和使用者參與度。

通常，產出一份推薦清單的方法有以下兩種：

- 協同過濾（Collaborative filtering）
- 內容導向過濾（Content-based filtering）

協同過濾法是根據過去的使用者行為，例如使用者曾經瀏覽過的網頁、購買過的產品，或是對不同商品給出的評分等資料來找出使用者或產品之間的相似度，然後向使用者推薦最為相似的商品或內容。協同過濾背後的基本假設是，那些曾經瀏覽過或購買的相似內容或產品的使用者，在未來很可能會瀏覽或購買相似內容或產品。因此，根據這個假設，如果第一位顧客曾經購買了 A 商品、B 商品與 C 商品，而另一位顧客曾購買了 A 商品、B 商品與 D 商品，那麼第一位顧客很可能會購買 D 商品，而另一位顧客也可能會購買 C 商品，因為這兩位顧客的相似度非常高。

內容導向過濾則是根據商品或顧客的特質來產出推薦清單，這一類推薦系統通常會檢視描述產品的關鍵字。內容導向過濾的基本假設是，當顧客曾經瀏覽或購買某項場品，則他們會傾向於瀏覽或購買與其相似的產品。舉例來說，如果有一位使用者曾經聆聽某一首歌曲，那麼內容導向過濾法則會推薦類似曲風的歌曲，因為推薦歌曲與使用者曾經收聽過的歌曲共享了相似的風格或類型。

本章將使用協同過濾演算法來建立一個產品推薦系統。閱讀下節內容，瞭解如何打造協同過濾演算法。

協同過濾

如上所述，協同過濾演算法可根據使用者行為的歷程紀錄與使用者之間的相似度來推薦產品。打造一個用於產品推薦系統的協同過濾演算法的第一步驟，就是建立一個**使用者對產品矩陣（user-to-item matrix）**，由使用者列與產品欄組成。用範例進行說明更易於理解，請看以下矩陣：

		Items				
		A	B	C	D	E
Users	1	0	1	0	1	0
	2	1	1	1	0	1
	3	0	0	1	0	0
	4	1	0	1	0	1
	5	0	1	0	0	1

矩陣中的資料列表示每一位使用者，資料欄則代表每一個產品。每一個資料格中的值表示某給定使用是否購買該產品。舉例來說，使用者 **1** 購買了 **B** 產品與 **D** 產品，而使用者 **2** 購買了 **A** 產品、**B 產品**、**C** 產品與 **E** 產品。為了根據協同過濾法建立產品推薦系統，我們首先必須建立像這樣的使用者對產品矩陣。我們將在下一節內容的程式練習中，利用範例好好討論如何以程式建立這種矩陣。

準備好這個使用者對產品矩陣之後，下一步是運算使用者之間的相似度。**餘絃相似度（cosine similarity）**是資訊檢索中常用的相似度計算方式，其等式如下所示：

$$\cos(U_1, U_2) = \frac{\sum_{i=1}^{n} P_{1i} P_{2i}}{\sqrt{\sum_{i=1}^{n} P_{1i}^2 \sum_{i=1}^{n} P_{2i}^2}}$$

在這個等式中，U_1 和 U_2 代表使用者 **1** 和使用者 **2**。P_{1i} 和 P_{2i} 表示使用者 **1** 和使用者 **2** 購買的各產品 i。對上述例子套用等式，則使用者 **1** 和使用者 **2** 的餘絃相似度的值為 `0.353553`，而使用者 **2** 和使用者 **4** 的餘絃相似度的值為 `0.866025`。當餘絃相似度越大，兩位使用者之間的相似度就越高。我們將在接下來的程式練習中，使用 Python 和 R 來運算使用者之間的餘絃相似度。

最後，在根據協同過濾法建立產品推薦系統時，有兩個方法供你使用——使用者導向法與產品導向法。正如其名，採用使用者導向法的協同過濾側重使用者之間的相似度，而產品導向法則側重產品之間的相似度。這意味著當我們在計算兩位使用者之間的相似度時，我們需要建立使用者對產品矩陣。然而，為了計算兩項產品之間的相似度，此時則需建立產品對使用者矩陣，我們可以轉置使用者對產品矩陣來做到這一點。在後續的程式練習章節中，我們將會探討兩種方法的差異，並學習如何使用 Python 與 R，以這兩種方法來建立推薦系統。

以 Python 建立產品推薦演算法

在本節內容中，我們將使用 Python 打造產品推薦系統。我們將學習如何在 Python 中使用 `scikit-learn` 機器學習程式庫，實作一個協同過濾演算法。希望使用 R 語言進行練習的讀者，你可以跳至下一節。我們將從分析電商業務的資料開始，然後討論兩種用於打造產品推薦系統的協同過濾方式。

在本練習中我們將使用 UCI Machine Learning Repository 的公開資料集，你可以在此查看：http://archive.ics.uci.edu/ml/datasets/online+retail#。請下載名為 Online Retail.xlsx 的 Microsoft Excel 檔案，完成下載後，請使用下列指令載入資料至 Jupyter Notebook：

```
import pandas as pd

df = pd.read_excel(io='../data/Online Retail.xlsx', sheet_name='Online Retail')
```

和第 5 章「產品分析」的練習如出一轍，我們使用 pandas 套件的 `read_excel` 函數來載入格式為 Excel 的資料。對 `io=` 引數提供資料路徑，並對 `sheet_name` 引數提供 Excel 表單的名稱。

當你將此資料載入至 pandas DataFrame 之後，應如下擷取畫面所示：

```
df = pd.read_excel(io='../data/Online Retail.xlsx', sheet_name='Online Retail')
```

```
df.shape
```

```
(541909, 8)
```

```
df.head()
```

	InvoiceNo	StockCode	Description	Quantity	InvoiceDate	UnitPrice	CustomerID	Country
0	536365	85123A	WHITE HANGING HEART T-LIGHT HOLDER	6	2010-12-01 08:26:00	2.55	17850.0	United Kingdom
1	536365	71053	WHITE METAL LANTERN	6	2010-12-01 08:26:00	3.39	17850.0	United Kingdom
2	536365	84406B	CREAM CUPID HEARTS COAT HANGER	8	2010-12-01 08:26:00	2.75	17850.0	United Kingdom
3	536365	84029G	KNITTED UNION FLAG HOT WATER BOTTLE	6	2010-12-01 08:26:00	3.39	17850.0	United Kingdom
4	536365	84029E	RED WOOLLY HOTTIE WHITE HEART.	6	2010-12-01 08:26:00	3.39	17850.0	United Kingdom

如果你還記到上一章的內容，在 Quantity 欄位中有幾筆紀錄為負值，代表已取消的訂單。我們將忽略並移除這些紀錄，使用以下程式碼來篩除 DataFrame 中的這些紀錄：

```
df = df.loc[df['Quantity'] > 0]
```

資料準備

在使用協同過濾演算法打造產品推薦引擎之前，我們需要處理以下事項：

- 處理資料集中的 NaN 值
- 建立顧客對產品矩陣

首先，我們需要處理資料集中的 NaN 值，特別是存在於 CustomerID 欄位的 NaN 值。如果在 CustomerID 欄位沒有正確的值，那麼就無法建立合適的推薦系統，因為協同過濾演算法所採用的資料來自每一位顧客的商品購買歷史資料。

其次，我們還需要建立顧客對產品矩陣。這個矩陣是一個表格資料，每一個資料欄代表各產品或項目，而每一個資料列則代表顧客，資料格的值表示某顧客是否購買該產品。

處理 CustomerID 欄位的 NAN 值

仔細查看資料，你將發現有幾筆記錄缺少了 CustomerID。由於我們必須建立顧客對產品矩陣，此矩陣的每一行必須對應個別顧客，因此我們無法納入這些缺乏 CustomerID 的這些紀錄。先來看看有多少筆紀錄沒有 CustomerID。

請閱讀以下程式碼：

```
df['CustomerID'].isna().sum()
```

此處所用的 isna 函數會偵測闕漏值，並對每一個闕漏值返回 True。加總這些值，我們可計算出有多少筆紀錄缺少了 CustomerID，結果如下所示：

```
df['CustomerID'].isna().sum()
133361
```

共有 133,361 筆紀錄沒有 CustomerID，而少了 CustomerID 的部分資料如下圖所示：

```
df.loc[df['CustomerID'].isna()].head()
```

	InvoiceNo	StockCode	Description	Quantity	InvoiceDate	UnitPrice	CustomerID	Country
622	536414	22139	NaN	56	2010-12-01 11:52:00	0.00	NaN	United Kingdom
1443	536544	21773	DECORATIVE ROSE BATHROOM BOTTLE	1	2010-12-01 14:32:00	2.51	NaN	United Kingdom
1444	536544	21774	DECORATIVE CATS BATHROOM BOTTLE	2	2010-12-01 14:32:00	2.51	NaN	United Kingdom
1445	536544	21786	POLKADOT RAIN HAT	4	2010-12-01 14:32:00	0.85	NaN	United Kingdom
1446	536544	21787	RAIN PONCHO RETROSPOT	2	2010-12-01 14:32:00	1.66	NaN	United Kingdom

我們必須排除這些缺少 CustomerID 的紀錄，以利後續分析。可以使用 dropna 函數將這些紀錄排除於 DataFrame 之外：

```
df = df.dropna(subset=['CustomerID'])
```

pandas 套件中的 dropna 函數為給定資料框篩除具有缺漏值的紀錄。如程式碼所示，我們可以使用 subset 參數，根據特定欄位進行排除。此處，我們要排除的是少了 CustomerID 的紀錄。當你運行這則程式碼後，在 df 資料框內的所有資料都具有 CustomerID 值。排除闕漏值前後，df 資料框的資料量大小如下圖所示：

```
df.shape
(531285, 8)

df = df.dropna(subset=['CustomerID'])

df.shape
(397924, 8)
```

如輸出結果所示，從原始 DataFrame 中共排除了 133361 筆沒有 CustomerID 的紀錄。

建立顧客對產品矩陣

現在我們手邊的資料表示顧客所購買的各產品。為了根據協同過濾演算法打造產品推薦系統，我們需要一筆資料，其中每一筆紀錄表示每一位顧客購買了哪一項產品。在本小節，我們將資料轉換為一個顧客對產品矩陣，每一個資料列表示一位顧客，而資料欄對應不同的產品。

請閱讀以下程式碼：

```
customer_item_matrix = df.pivot_table(
    index='CustomerID',
    columns='StockCode',
    values='Quantity',
    aggfunc='sum'
)
```

如程式碼所示，我們使用了 pivot_table 函數，將資料轉換為顧客對產品矩陣。在此處，我們將 index 定義為 CustomerID，並使用 columns 來表示每一個 StockCode。我們利用 sum 作為 aggfunc，將 values 指定為 Quantity，加總所有產品的數量。經運算的 customer_item_matrix 如下圖所示：

StockCode	10002	10080	10120	10125	10133	10135	11001	15030	15034	15036
CustomerID										
12481.0	NaN	NaN	NaN	NaN	NaN	NaN	NaN	NaN	NaN	36.0
12483.0	NaN	NaN	NaN	NaN	NaN	NaN	NaN	NaN	NaN	NaN
12484.0	NaN	NaN	NaN	NaN	NaN	NaN	16.0	NaN	NaN	NaN
12488.0	NaN	NaN	NaN	NaN	NaN	10.0	NaN	NaN	NaN	NaN
12489.0	NaN	NaN	NaN	NaN	NaN	NaN	NaN	NaN	NaN	NaN

仔細看看這份資料。CustomerID 為 12481 的顧客購買了 36 項 StockCode 為 15036 的產品。同樣地，CustomerID 為 12484 的顧客購買了 16 項 StockCode 為 11001 的產品，而 CustomerID 為 12488 的顧客購買了 10 項 StockCode 為 10135 的產品。我們製作了一個矩陣，其中每一資料列表示每一位顧客所購買各產品的總數量。

現在，對資料以 0 和 1 進行編碼。當值為 1，表示某顧客購買了某產品，當值為 0，則表示某顧客不曾購買某產品。請閱讀以下程式碼：

```
customer_item_matrix = customer_item_matrix.applymap(lambda x: 1 if x > 0
else 0)
```

我們使用了 applymap 函數，對資料框的所有元素套用某給定函數。這則程式碼所使用的 Lambda 函數將所有大於 0 的元素編碼為 1，其餘則為 0。經過轉換的資料框如下所示：

StockCode	10002	10080	10120	10125	10133	10135	11001	15030	15034	15036
CustomerID										
12481.0	0	0	0	0	0	0	0	0	0	1
12483.0	0	0	0	0	0	0	0	0	0	0
12484.0	0	0	0	0	0	0	1	0	0	0
12488.0	0	0	0	0	0	1	0	0	0	0
12489.0	0	0	0	0	0	0	0	0	0	0

現在我們準備好顧客對產品矩陣了，接下來，一起學習打造產品推薦系統。

協同過濾

在本節內容中，我們將探索兩種用來打造產品推薦引擎的方法──使用者導向與產品導向。在使用者導向法中，我們根據使用者的產品購買紀錄來計算使用者之間的相似度。在產品導向法中，則根據哪些產品經常一起被購買，來計算產品之間的相似度。

為了衡量產品或使用者之間的相似度，我們將會使用 scikit_learn 套件中的 cosine_similarity 方法。你可以使用以下程式碼匯入此函數：

```
from sklearn.metrics.pairwise import cosine_similarity
```

scikit_learn 套件中的 cosine_similarity 函數會計算給定資料中的成對餘弦相似度。現在，就讓我們開始吧！

使用者導向協同過濾與推薦系統

為了打造一個使用者導向的協同過濾演算法，我們必須計算使用者之間的餘弦相似度，請看以下程式碼：

```
user_user_sim_matrix = pd.DataFrame(
    cosine_similarity(customer_item_matrix)
)
```

我 們 使 用 了 scikit_learn 套 件 metrics.pairwise 模 組 的 cosine_similarity 函數。此函數會計算樣本之間的成對餘弦相似度，並將結果輸出為 array 資料類型。接著，我們利用這個輸出陣列建立一個 pandas DataFrame，並將其儲存至一個名為 user_user_sim_matrix 的變數中，此變數名稱意即 *user-to-user similarity matrix*（使用者對使用者相似度矩陣）。輸出結果應如下圖所示：

user_user_sim_matrix.head()																	
	0	1	2	3	4	5	6	7	8	9	...	4329	4330	4331	4332	4333	4334	4335
0	1.0	0.000000	0.000000	0.000000	0.000000	0.000000	0.0	0.000000	0.000000	0.000000	...	0.0	0.000000	0.000000	0.0	0.000000	0.000000	0.0	0.
1	0.0	1.000000	0.063022	0.046130	0.047795	0.038484	0.0	0.025876	0.136641	0.094742	...	0.0	0.029709	0.052668	0.0	0.032844	0.062318	0.0	0.
2	0.0	0.063022	1.000000	0.024953	0.051709	0.027756	0.0	0.027995	0.118262	0.146427	...	0.0	0.064282	0.113961	0.0	0.000000	0.000000	0.0	0.
3	0.0	0.046130	0.024953	1.000000	0.056773	0.137137	0.0	0.030737	0.032461	0.144692	...	0.0	0.105868	0.000000	0.0	0.039014	0.000000	0.0	0.
4	0.0	0.047795	0.051709	0.056773	1.000000	0.031575	0.0	0.000000	0.000000	0.033315	...	0.0	0.000000	0.000000	0.0	0.000000	0.000000	0.0	0.

5 rows × 4339 columns

這個使用者對使用者相似度矩陣的索引和欄位名稱並不簡單易懂。既然每一個資料欄與資料列索引代表個別顧客，我們將利用以下程式碼來重新命名索引與資料欄：

```
user_user_sim_matrix.columns = customer_item_matrix.index

user_user_sim_matrix['CustomerID'] = customer_item_matrix.index
user_user_sim_matrix = user_user_sim_matrix.set_index('CustomerID')
```

運算結果如下所示：

```
user_user_sim_matrix.head()
```

CustomerID	12346.0	12347.0	12348.0	12349.0	12350.0	12352.0	12353.0	12354.0	12355.0	12356.0	...	18273.0	18274.0	18276.0	18277.0	182
CustomerID																
12346.0	1.0	0.000000	0.000000	0.000000	0.000000	0.000000	0.0	0.000000	0.000000	0.000000	...	0.0	0.000000	0.000000	0.0	0.000
12347.0	0.0	1.000000	0.063022	0.046130	0.047795	0.038484	0.0	0.025876	0.136641	0.094742	...	0.0	0.029709	0.052668	0.0	0.032
12348.0	0.0	0.063022	1.000000	0.024953	0.051709	0.027756	0.0	0.027995	0.118262	0.146427	...	0.0	0.064282	0.113961	0.0	0.000
12349.0	0.0	0.046130	0.024953	1.000000	0.056773	0.137137	0.0	0.030737	0.032461	0.144692	...	0.0	0.105868	0.000000	0.0	0.039
12350.0	0.0	0.047795	0.051709	0.056773	1.000000	0.031575	0.0	0.000000	0.000000	0.033315	...	0.0	0.000000	0.000000	0.0	0.000

5 rows × 4339 columns

讓我們仔細看看這個使用者對使用者相似度矩陣。每一位使用者對自己的餘弦相似度為 1，這是我們可以從相似度矩陣觀察到的第一件事。在此矩陣的對角線中，元素的值皆為 1，而其餘的元素值則代表兩位使用者之間的成對餘弦相似度。舉例來說，12347 和 12348 這兩位顧客的餘弦相似度為 0.063022，而 12347 和 12349 這兩位顧客的餘弦相似度則為 0.046130。這表明根據這幾位顧客所購買的產品，12348 顧客與 12347 顧客的相似度大於 12349 顧客與 12347 顧客的相似度。這麼一來，我們就能清楚掌握哪一位顧客與誰相似，以及哪些顧客與其他人購買了相似產品。

這些成對餘弦相似度正是準備用於產品推薦的資料。先來挑選一位顧客作為範例，我們將利用以下程式碼，找出並排序與 ID 為 12350 的顧客最為相似的顧客們：

```
user_user_sim_matrix.loc[12350.0].sort_values(ascending=False)
```

運行程式碼後，將出現以下輸出結果：

```
user_user_sim_matrix.loc[12350.0].sort_values(ascending=False)
CustomerID
12350.0    1.000000
17935.0    0.183340
12414.0    0.181902
12652.0    0.175035
16692.0    0.171499
16754.0    0.171499
12814.0    0.171499
12791.0    0.171499
16426.0    0.166968
16333.0    0.161690
12475.0    0.161690
```

圖中列出了前十位與顧客 12350 最為相似的顧客。以顧客 17935 作為目標顧客，我們來討論如何使用這些結果來推薦產品。我們的推薦策略：首先，找出顧客 12350 和顧客 17935 曾經購買過的產品。然後，我們要找出在顧客 12350 曾經購買過的產品中，顧客 17935 尚未購買的產品。因為這兩位顧客在過去曾經購買了相似產品，我們預設顧客 17935 有很高機率會購入那些顧客 12350 已經購買過，但他（她）尚未添購的產品。最後，我們將產出一份產品清單，並將清單中的產品推薦給顧客 17935。

首先來看看如何檢索那些顧客 12350 曾經購買過的商品。程式碼如下所示：

```
items_bought_by_A = set(customer_item_matrix.loc[12350.0].iloc[
    customer_item_matrix.loc[12350.0].nonzero()
].index)
```

我們使用了 pandas 套件的 nonzero 函數。這個函數將返回元素中不為零的整數索引值。對 customer_item_matrix 中的顧客 12350 使用此函數，我們可以獲得一份該顧客曾購買過的產品清單。同理，我們可對目標顧客 17935 套用相同程式碼，具體如下：

```
items_bought_by_B = set(customer_item_matrix.loc[17935.0].iloc[
    customer_item_matrix.loc[17935.0].nonzero()
].index)
```

現在，我們得到了兩組產品清單，分別是顧客 12350 和顧客 17935 曾經購買過的產品。利用一個簡單運算式，找出那些顧客 12350 曾經購買過，而顧客 17935 尚未購買的產品：

```
items_to_recommend_to_B = items_bought_by_A - items_bought_by_B
```

現在，`items_to_recommend_to_B` 變數中的產品，就是那些顧客 12350 曾經購買過，而顧客 17935 尚未購買的產品。根據我們的預測，這些產品是顧客 17935 很可能購買的產品。向顧客 17935 推薦的產品清單如下所示：

```
items_to_recommend_to_B

{20615,
 20652,
 21171,
 21832,
 21864,
 21908,
 21915,
 22348,
 22412,
 22620,
 '79066K',
 '79191C',
 '84086C'}
```

如欲取得關於這些產品的描述，你可以輸入以下程式碼：

```
df.loc[
    df['StockCode'].isin(items_to_recommend_to_B),
    ['StockCode', 'Description']
].drop_duplicates().set_index('StockCode')
```

我們使用了 isin 運算子來取得符合 `items_to_recommend_to_B` 變數中出現的產品的紀錄。

運行程式碼後，你會得到以下輸出結果：

```
df.loc[
    df['StockCode'].isin(items_to_recommend_to_B),
    ['StockCode', 'Description']
].drop_duplicates().set_index('StockCode')
```

StockCode	Description
21832	CHOCOLATE CALCULATOR
21915	RED HARMONICA IN BOX
22620	4 TRADITIONAL SPINNING TOPS
79066K	RETRO MOD TRAY
21864	UNION JACK FLAG PASSPORT COVER
79191C	RETRO PLASTIC ELEPHANT TRAY
21908	CHOCOLATE THIS WAY METAL SIGN
20615	BLUE POLKADOT PASSPORT COVER
20652	BLUE POLKADOT LUGGAGE TAG
22348	TEA BAG PLATE RED RETROSPOT
22412	METAL SIGN NEIGHBOURHOOD WITCH
21171	BATHROOM METAL SIGN
84086C	PINK/PURPLE RETRO RADIO

我們探討了如何以使用者導向的協同過濾，對個別顧客推薦目標產品。你可以客製化並在行銷訊息中納入顧客傾向購買的產品，刺激更高的轉換率。綜上所述，透過使用者導向的協同過濾演算法，你可以針對個別顧客進行產品推薦。

話雖如此，使用者導向的協同過濾存在一個重大劣勢：產品推薦基於個別使用者的購買紀錄。我們並不具備關於新顧客的足夠資料，與其他顧客進行比對。我們可以利用下一節內容介紹的產品導向的協同過濾來解決這個問題。

產品導向協同過濾與推薦系統

產品導向協同過濾與使用者導向法相當雷同，它衡量的是產品之間的相似度，而不是使用者或顧客之間的相似度。此前，我們計算過使用者之間的餘弦相似度，現在，我們要計算的是產品之間的餘弦相似度。請看一下這則程式碼：

```
item_item_sim_matrix = pd.DataFrame(
    cosine_similarity(customer_item_matrix.T)
)
```

與之前用來運算使用者對使用者相似度矩陣的程式碼相比，兩者之間的唯一差異在於我們在此轉置 customer_item_matrix，讓資料列索引代表個別產品，而資料欄代表顧客。我們照樣使用 scikit_learn 套件 metrics.pairwise 模組的 cosine_similarity 函數。為了以產品編號正確命名索引與資料欄，你可以輸入以下程式碼：

```
item_item_sim_matrix.columns = customer_item_matrix.T.index

item_item_sim_matrix['StockCode'] = customer_item_matrix.T.index
item_item_sim_matrix = item_item_sim_matrix.set_index('StockCode')
```

現在，輸出結果如下所示：

item_item_sim_matrix														
StockCode	10002	10080	10120	10125	10133	10135	11001	15030	15034	15036	...	90214V	90214W	90214Y	90214Z
StockCode															
10002	1.000000	0.000000	0.094868	0.090351	0.062932	0.098907	0.095346	0.047673	0.075593	0.090815	...	0.000000	0.000000	0.000000	0.000000
10080	0.000000	1.000000	0.000000	0.032774	0.045655	0.047836	0.000000	0.000000	0.082261	0.049413	...	0.000000	0.000000	0.000000	0.000000
10120	0.094868	0.000000	1.000000	0.057143	0.059702	0.041703	0.060302	0.060302	0.095618	0.028718	...	0.000000	0.000000	0.000000	0.000000
10125	0.090351	0.032774	0.057143	1.000000	0.042644	0.044682	0.043073	0.000000	0.051224	0.030770	...	0.000000	0.000000	0.000000	0.000000
10133	0.062932	0.045655	0.059702	0.042644	1.000000	0.280097	0.045002	0.060003	0.071358	0.057152	...	0.000000	0.000000	0.000000	0.000000
10135	0.098907	0.047836	0.041703	0.044682	0.280097	1.000000	0.094304	0.062869	0.074767	0.044911	...	0.073721	0.000000	0.060193	0.000000
11001	0.095346	0.000000	0.060302	0.043073	0.045002	0.094304	1.000000	0.045455	0.072075	0.075765	...	0.000000	0.000000	0.000000	0.000000
15030	0.047673	0.000000	0.060302	0.000000	0.060003	0.062869	0.045455	1.000000	0.108112	0.129884	...	0.000000	0.000000	0.000000	0.000000
15034	0.075593	0.082261	0.095618	0.051224	0.071358	0.074767	0.072075	0.108112	1.000000	0.231694	...	0.000000	0.000000	0.000000	0.000000
15036	0.090815	0.049413	0.028718	0.030770	0.057152	0.044911	0.075765	0.129884	0.231694	1.000000	...	0.000000	0.000000	0.000000	0.000000
15039	0.062284	0.030124	0.026261	0.056274	0.052262	0.054759	0.019795	0.158362	0.235412	0.207400	...	0.000000	0.000000	0.000000	0.000000
16008	0.043033	0.062439	0.027217	0.077762	0.121867	0.014188	0.041030	0.123091	0.081325	0.078161	...	0.000000	0.000000	0.000000	0.000000

和之前一樣，對角線中的元素，其值都為 1。這是因為某產品與自身的相似度為 1。其餘的元素值則表示兩項產品之間的餘弦相似度。舉例來說，在上圖中，StockCode 為 10002 的產品與 StockCode 為 10120 的產品之餘弦相似度為 0.094868。此外，StockCode 為 10002 的產品與 StockCode 為 10125 的產品之餘弦相似度為 0.090351。這表示 StockCode 為 10120 的產品相較於 StockCode 為 10125 的產品，其與 StockCode 為 10002 的相似度較高。

使用產品對產品相似度矩陣進行產品推薦的策略與上一節的使用者導向法非常相似。首先，針對某目標顧客曾經購買的某給定商品，我們將從產品對產品相似度矩陣中，找出與其最相似的產品。接著，我們將對目標顧客推薦這些相似產品，因為購買過這些產品的顧客，也曾購買某給定商品。

假設有一位新顧客訂購了 StockCode 為 23166 的產品，而我們想要在行銷電子郵件中加入一些他（她）很可能購買的商品。首先我們要做的就是找出那些與 StockCode 為 23166 的產品最為相似的產品。你可以輸入以下程式碼，找出與 StockCode 為 23166 的產品最相似的前十項產品：

```
top_10_similar_items = list(
  item_item_sim_matrix\
      .loc[23166]\
      .sort_values(ascending=False)\
      .iloc[:10]\
  .index
)
```

輸出結果如下所示：

```
top_10_similar_items

[23166, 23165, 23167, 22993, 23307, 22722, 22720, 22666, 23243, 22961]
```

可以利用以下程式碼，取得關於這些相似產品的描述：

```
df.loc[
    df['StockCode'].isin(top_10_similar_items),
    ['StockCode', 'Description']
].drop_duplicates().set_index('StockCode').loc[top_10_similar_items]
```

我們使用了 isin 運算子來篩選產品，找出符合 top_10_similar_items 變數中所出現的產品。運行程式碼後，你會得到以下輸出結果：

	Description
StockCode	
23166	MEDIUM CERAMIC TOP STORAGE JAR
23165	LARGE CERAMIC TOP STORAGE JAR
23167	SMALL CERAMIC TOP STORAGE JAR
22993	SET OF 4 PANTRY JELLY MOULDS
23307	SET OF 60 PANTRY DESIGN CAKE CASES
22722	SET OF 6 SPICE TINS PANTRY DESIGN
22720	SET OF 3 CAKE TINS PANTRY DESIGN
22666	RECIPE BOX PANTRY YELLOW DESIGN
23243	SET OF TEA COFFEE SUGAR TINS PANTRY
22961	JAM MAKING SET PRINTED

圖中第一項產品是目標顧客剛剛購買的產品，而其他九項產品則是購買過第一項產品的其他顧客也經常添購的產品。那些購買陶瓷蓋儲存罐（ceramic top storage jars）的顧客也經常添購果凍模具（jelly moulds）、香料罐（spice tins）與蛋糕模具（cake tins）。有了這份資料，你就能行銷訊息中向目標顧客推薦這些產品。個人化的行銷內容與精準的產品推薦通常能帶來更多的轉換率。產品導向協同過濾演算法，可以幫助你向新顧客與老顧客推薦產品。

你可以透過以下連結檢視並下載本節所使用的完整版 R 程式碼：https://github.com/yoonhwang/hands-on-data-science-for-marketing/blob/master/ch.6/python/ProductRecommendation.ipynb

以 R 建立產品推薦演算法

在本節內容中，我們將使用 R 打造產品推薦系統。我們將學習如何在 R 中使用 dplyr、reshape2 和 coop 等套件，實作一個協同過濾演算法。希望使用 **Python** 語言進行練習的讀者，你可以翻至上一節。我們將從分析電商業務的資料開始，然後討論兩種用於打造產品推薦系統的協同過濾方式。

在本練習中我們將使用 UCI Machine Learning Repository 的公開資料集，你可以在此查看：`http://archive.ics.uci.edu/ml/datasets/online+retail#`。請下載名為 `Online Retail.xlsx` 的 **Microsoft Excel** 檔案，完成下載後，請使用下列指令載入資料至 Rstudio：

```
library(dplyr)
library(readxl)

df <- read_excel(
  path="~/Documents/research/data-science-marketing/ch.6/data/Online
Retail.xlsx",
  sheet="Online Retail"
)
```

和上章練習如出一轍，我們使用 readxl 套件的 read_excel 函數來載入格式為 **Excel** 的資料。對 path 引數提供資料路徑，並對 sheet 引數提供 **Excel** 表單的名稱。

當你將此資料載入至 DataFrame 之後，應如下擷取畫面所示：

	InvoiceNo	StockCode	Description	Quantity	InvoiceDate	UnitPrice	CustomerID	Country
1	536365	85123A	WHITE HANGING HEART T-LIGHT HOLDER	6	2010-12-01 08:26:00	2.55	17850	United Kingdom
2	536365	71053	WHITE METAL LANTERN	6	2010-12-01 08:26:00	3.39	17850	United Kingdom
3	536365	84406B	CREAM CUPID HEARTS COAT HANGER	8	2010-12-01 08:26:00	2.75	17850	United Kingdom
4	536365	84029G	KNITTED UNION FLAG HOT WATER BOTTLE	6	2010-12-01 08:26:00	3.39	17850	United Kingdom
5	536365	84029E	RED WOOLLY HOTTIE WHITE HEART.	6	2010-12-01 08:26:00	3.39	17850	United Kingdom
6	536365	22752	SET 7 BABUSHKA NESTING BOXES	2	2010-12-01 08:26:00	7.65	17850	United Kingdom
7	536365	21730	GLASS STAR FROSTED T-LIGHT HOLDER	6	2010-12-01 08:26:00	4.25	17850	United Kingdom
8	536366	22633	HAND WARMER UNION JACK	6	2010-12-01 08:28:00	1.85	17850	United Kingdom
9	536366	22632	HAND WARMER RED POLKA DOT	6	2010-12-01 08:28:00	1.85	17850	United Kingdom
10	536367	84879	ASSORTED COLOUR BIRD ORNAMENT	32	2010-12-01 08:34:00	1.69	13047	United Kingdom

如果你還記到上一章的內容，在 Quantity 欄位中有幾筆紀錄為負值，代表已取消的訂單。我們將忽略並移除這些紀錄，使用以下程式碼來篩除 DataFrame 中的這些紀錄：

```
# ignore cancel orders
df <- df[which(df$Quantity > 0),]
```

資料準備

在使用協同過濾演算法打造產品推薦引擎之前，我們需要處理一些問題。首先，我們需要處理資料集中的 NaN 值，特別是存在於 CustomerID 欄位的 NaN 值。如果在 CustomerID 欄位沒有正確的值，那麼就無法建立合適的推薦系統，因為協同過濾演算法所採用的資料來自每一位顧客的商品購買歷史資料。其次，我們還需要建立顧客對產品矩陣。這個矩陣是一個表格資料，每一個資料欄代表各產品或項目，而每一個資料列則代表顧客，資料格的值表示某顧客是否購買該產品。

處理 CUSTOMERID 欄位的 NAN 值

仔細查看資料，你將發現有幾筆記錄缺少了 CustomerID。由於我們必須建立顧客對產品矩陣，此矩陣的每一行必須對應個別顧客，因此我們無法納入這些缺乏 CustomerID 的這些紀錄。先來看看有多少筆紀錄沒有 CustomerID。

請閱讀以下程式碼：

```
# there are 133,361 records with no CustomerID
sum(is.na(df$CustomerID))
```

此處所用的 is.na 函數會偵測闕漏值，並對每一個闕漏值返回 True。加總這些值，我們可計算出有多少筆紀錄缺少了 CustomerID，結果如下所示：

```
> sum(is.na(df$CustomerID))
[1] 133361
```

共有 133,361 筆紀錄沒有 CustomerID。為了查看這些少了 CustomerID 的資料，你可以輸入以下程式碼：

```
# sneak peek at records with no CustomerID
head(df[which(is.na(df$CustomerID)),])
```

輸出結果如下所示：

```
> head(df[which(is.na(df$CustomerID)),])
# A tibble: 6 x 8
  InvoiceNo StockCode                     Description Quantity       InvoiceDate UnitPrice CustomerID        Country
      <chr>     <chr>                           <chr>    <dbl>            <dttm>     <dbl>      <dbl>          <chr>
1    536414     22139                            <NA>       56 2010-12-01 11:52:00      0.00         NA United Kingdom
2    536544     21773 DECORATIVE ROSE BATHROOM BOTTLE        1 2010-12-01 14:32:00      2.51         NA United Kingdom
3    536544     21774 DECORATIVE CATS BATHROOM BOTTLE        2 2010-12-01 14:32:00      2.51         NA United Kingdom
4    536544     21786                 POLKADOT RAIN HAT       4 2010-12-01 14:32:00      0.85         NA United Kingdom
5    536544     21787             RAIN PONCHO RETROSPOT       2 2010-12-01 14:32:00      1.66         NA United Kingdom
6    536544     21790                VINTAGE SNAP CARDS       9 2010-12-01 14:32:00      1.66         NA United Kingdom
```

我們必須排除這些缺少 CustomerID 的紀錄，以利後續分析。可以使用 na.omit 函數將這些紀錄排除於 DataFrame 之外：

```
# remove records with NA
df <- na.omit(df)
```

R 語言的 na.omit 函數為給定資料框篩除具有缺漏值（NA）的紀錄。當你運行這則程式碼後，此時 df 資料框內的所有資料都具有 CustomerID 值。排除闕漏值前後，df 資料框的資料量大小如下圖所示：

```
> # current DataFrame shape
> dim(df)
[1] 531285        8
>
> # remove records with NA
> df <- na.omit(df)
> dim(df)
[1] 397924        8
```

在 dim(df) 指令從原始 DataFrame 中排除了 133,361 筆缺少 CustomerID 的紀錄。

建立顧客對產品矩陣

現在我們手邊的資料表示顧客所購買的各產品。為了根據協同過濾演算法打造產品推薦系統，我們需要一筆資料，其中每一筆紀錄表示每一位顧客購買了哪一項產品。在本小節，我們將資料轉換為一個顧客對產品矩陣，每一個資料列表示一位顧客，而資料欄對應不同的產品。

為了將資料轉換為顧客對產品矩陣，我們將使用 reshape2 套件的 dcast 函數。如果你尚未安裝這個套件到 R 環境中，可以運行以下指令：

```
install.packages("reshape2")

library(reshape2)
```

現在，一起來看看這則程式碼：

```
customerItemMatrix <- dcast(
   df, CustomerID ~ StockCode, value.var="Quantity"
)
```

reshape2 套件的 dcast 函數使用了一則公式將 Dataframe 重新設定，轉換為另一個形式的 Dataframe。在我們的例子中，我們想讓資料列代表個別顧客，讓資料欄表示不同的產品。將公式定義為 CustomerID ~ StockCode，dcast 函數將會重設資料，讓個別的 StockCode 對應到資料欄，讓資料列表示個別顧客。value.var 引數定義應該取用哪一個值，在此處，我們告訴 dcast 函數取用 Quantity 欄位的值作為經過重新設定的 Dataframe 當中的元素值。輸出結果如下所示：

	CustomerID	10002	10080	10120	10123C	10124A	10124G	10125	10133	10135	11001	15030	15034	15036	15039
315	12731	1	0	0	0	0	0	1	0	0	0	0	0	0	0
316	12732	0	0	0	0	0	0	0	0	0	0	0	0	0	0
317	12733	0	0	0	0	0	0	0	0	0	0	0	0	0	0
318	12734	0	0	0	0	0	0	0	0	0	0	0	0	0	0
319	12735	0	0	0	0	0	0	1	0	0	0	0	0	0	0
320	12736	0	0	0	0	0	0	0	0	0	0	0	0	0	0
321	12738	0	0	0	0	0	0	0	0	0	0	0	0	0	0
322	12739	0	0	0	0	0	0	0	0	0	0	0	0	0	0
323	12740	0	0	0	0	0	0	0	0	0	0	0	0	0	0
324	12743	0	0	0	0	0	0	0	0	0	0	0	0	0	0
325	12744	0	0	0	0	0	0	0	0	0	0	0	0	0	0
326	12747	0	0	0	0	0	0	0	0	0	0	0	0	0	0
327	12748	1	0	1	0	0	0	0	1	1	1	1	1	1	1

仔細看看這份資料。CustomerID 為 12371 的顧客購買了 3 項 StockCode 為 10002 的產品。同樣地，CustomerID 為 12748 的顧客購買了 2 項 StockCode 為 10080 的產品，而 CustomerID 為 12735 的顧客購買了 1 項 StockCode 為 10125 的產品。我們製作了一個矩陣，其中每一資料列表示每一位顧客所購買各產品的總數量。

現在，對資料以 0 和 1 進行編碼。當值為 1，表示某給定顧客購買了某給定產品，當值為 0，則表示某給定顧客不曾購買某產品。請閱讀以下程式碼：

```
# 0-1 encode
encode_fn <- function(x) {as.integer(x > 0)}

customerItemMatrix <- customerItemMatrix %>%
  mutate_at(vars(-CustomerID), funs(encode_fn))
```

我們首先定義了編碼函數 encode_fn，這個函數會將所有大於 0 的值編碼為 1，其餘則為 0。接著，我們使用 dplyr 套件的 muate_at 函數，對矩陣中除了 CustomerID 之外的所有元素套用 encode_fn 編碼函數，運算結果應如下所示：

	CustomerID	10002	10080	10120	10123C	10124A	10124G	10125	10133	10135	11001	15030	15034	15036	15039
315	12731	3	0	0	0	0	0	5	0	0	0	0	0	0	0
316	12732	0	0	0	0	0	0	0	0	0	0	0	0	0	0
317	12733	0	0	0	0	0	0	0	0	0	0	0	0	0	0
318	12734	0	0	0	0	0	0	0	0	0	0	0	0	0	0
319	12735	0	0	0	0	0	0	1	0	0	0	0	0	0	0
320	12736	0	0	0	0	0	0	0	0	0	0	0	0	0	0
321	12738	0	0	0	0	0	0	0	0	0	0	0	0	0	0
322	12739	0	0	0	0	0	0	0	0	0	0	0	0	0	0
323	12740	0	0	0	0	0	0	0	0	0	0	0	0	0	0
324	12743	0	0	0	0	0	0	0	0	0	0	0	0	0	0
325	12744	0	0	0	0	0	0	0	0	0	0	0	0	0	0
326	12747	0	0	0	0	0	0	0	0	0	0	0	0	0	0
327	12748	1	0	2	0	0	0	0	5	1	2	1	5	5	2

現在我們準備好顧客對產品矩陣了，接下來，一起學習打造產品推薦系統。

協同過濾

在本節內容中,我們將探索兩種用來打造產品推薦引擎的方法:使用者導向與產品導向。在使用者導向法中,我們根據使用者的產品購買紀錄來計算使用者之間的相似度。在產品導向法中,則根據哪些產品經常一起被購買,來計算產品之間的相似度。為了衡量產品或使用者之間的相似度,我們將會使用 coop 程式庫中的 cosine 函數,coop 程式庫是在 R 中快速實作餘弦相似度運算的程式庫。你可以使用以下程式碼匯入這個 R 程式庫:

```
install.packages("coop")
library(coop)
```

coop 程式庫中的 cosine 函數會計算給定資料中的成對餘弦相似度。現在,就讓我們開始吧!

使用者導向協同過濾與推薦系統

為了打造一個使用者導向的協同過濾演算法,我們必須計算使用者之間的餘弦相似度,請看以下程式碼:

```
# User-to-User Similarity Matrix
userToUserSimMatrix <- cosine(
  as.matrix(
    # excluding CustomerID column
    t(customerItemMatrix[, 2:dim(customerItemMatrix)[2]])
  )
)
colnames(userToUserSimMatrix) <- customerItemMatrix$CustomerID
```

我們使用了 coop 程式庫中的 cosine 函數,計算並建立一個餘弦相似度矩陣。在這段程式碼中值得注意的一點是,在計算餘弦相似度之前,我們先轉置了 customerItemMatrix,這麼做是為了計算使用者對使用者的相似度。如果不進行轉置,餘弦函數將會計算品項之間的相似度。最後,我們在最後一行程式碼將資料欄以顧客 ID 重新命名。

結果應如下圖所示：

	12346	12347	12348	12349	12350	12352	12353	12354	12355	12356	12357
1	1.00000000	0.000000000	0.00000000	0.00000000	0.00000000	0.00000000	0.00000000	0.00000000	0.00000000	0.00000000	0.00000000
2	0.00000000	1.000000000	0.06302187	0.04612963	0.04779549	0.03848368	0.00000000	0.02587601	0.13664059	0.09474177	0.06026203
3	0.00000000	0.063021872	1.00000000	0.02495326	0.05170877	0.02775637	0.00000000	0.02799463	0.11826248	0.14642685	0.00000000
4	0.00000000	0.046129628	0.02495326	1.00000000	0.05677330	0.13713714	0.00000000	0.03073651	0.03246137	0.14469154	0.15338899
5	0.00000000	0.047795490	0.05170877	0.05677330	1.00000000	0.03157545	0.00000000	0.00000000	0.00000000	0.03331483	0.02119044
6	0.00000000	0.038483684	0.02775637	0.13713714	0.03157545	1.00000000	0.00000000	0.10256785	0.03610791	0.08941411	0.06824795
7	0.00000000	0.000000000	0.00000000	0.00000000	0.00000000	0.00000000	1.00000000	0.13867505	0.06868028	0.13105561
8	0.00000000	0.025876015	0.02799463	0.03073651	0.00000000	0.10256785	0.00000000	1.00000000	0.00000000	0.05410898	0.06883378
9	0.00000000	0.136640586	0.11826248	0.03246137	0.00000000	0.03610791	0.13867505	0.00000000	1.00000000	0.15238786	0.07269657
10	0.00000000	0.094741770	0.14642685	0.14469154	0.03331483	0.08941411	0.06868028	0.05410898	0.15238786	1.00000000	0.09600999
11	0.00000000	0.060262033	0.00000000	0.15338899	0.02119044	0.06824795	0.13105561	0.06883378	0.07269657	0.09600999	1.00000000
12	0.00000000	0.000000000	0.05913124	0.12984549	0.06726728	0.10832372	0.13867505	0.00000000	0.00000000	0.15238786	0.14539314
13	0.00000000	0.141447018	0.01457410	0.13601306	0.00000000	0.13349296	0.00000000	0.05385554	0.07583705	0.03755910	0.10153281
14	0.00000000	0.057694975	0.02080626	0.09137637	0.07100716	0.05082055	0.00000000	0.25628391	0.02706660	0.08043011	0.08526479

讓我們仔細看看這個使用者對使用者相似度矩陣。每一位使用者對自己的餘弦相似度為 1，這是我們可以從相似度矩陣觀察到的第一件事。在此矩陣的對角線中，元素的值皆為 1，而其餘的元素值則代表兩位使用者之間的成對餘弦相似度。

舉例來說，12347 和 12348 這兩位顧客的餘弦相似度為 0.06302187，而 12347 和 12349 這兩位顧客的餘弦相似度則為 0.04612963。這表明根據這幾位顧客所購買的產品，12348 顧客與 12347 顧客的相似度大於 12349 顧客與 12347 顧客的相似度。這麼一來，我們就能清楚掌握哪一位顧客與誰相似，以及哪些顧客與其他人購買了相似產品。

這些成對餘弦相似度正是準備用於產品推薦的資料。先來挑選一位顧客作為範例，我們將利用以下程式碼，找出並排序與 ID 為 12350 的顧客最為相似的顧客們：

```
top10SimilarCustomersTo12350 <- customerItemMatrix$CustomerID[
 order(userToUserSimMatrix[,"12350"], decreasing = TRUE)[1:11]
 ]
```

我們使用了 order 函數對 userToUserSimMatrix 中的 12350 資料欄內的
值進行排序。利用 decreasing = TRUE 標記，我們可以由大到小（降序）
排列這些值。

運行程式碼後，將出現以下輸出結果：

```
> top10SimilarCustomersTo12350
 [1] 12350 17935 12414 12652 12791 12814 16692 16754 16426 12475 16333
```

輸出結果列出了前十位與顧客 12350 最為相似的顧客。以顧客 17935 作為
目標顧客，我們來討論如何使用這些結果來推薦產品。我們的推薦策略如
下：首先，找出顧客 12350 和顧客 17935 曾經購買過的產品。然後，我們
要找出在顧客 12350 曾經購買過的產品中，顧客 17935 尚未購買的產品。
因為這兩位顧客在過去曾經購買了相似產品，我們預設顧客 17935 有很高
機率會購入那些顧客 12350 已經購買過、但他（她）尚未添購的產品。最
後，我們將產出一份產品清單，並將清單中的產品推薦給顧客 17935。

首先來看看如何檢索那些顧客 12350 曾經購買過的商品。程式碼如下所示：

```
itemsBoughtByA <- customerItemMatrix[
  which(customerItemMatrix$CustomerID == "12350"),
]
itemsBoughtByA <- colnames(customerItemMatrix)[which(itemsBoughtByA != 0)]
```

我們使用了 which 運算子，尋找元素中不為零的資料欄索引。程式碼運算
結果如下：

```
> itemsBoughtByA
 [1] "CustomerID" "20615"      "20652"      "21171"      "21832"      "21864"      "21866"
 [8] "21908"      "21915"      "22348"      "22412"      "22551"      "22557"      "22620"
[15] "79066K"     "79191C"     "84086C"     "POST"
```

接著使用以下程式碼，取得顧客 17935 曾經購買過的產品清單：

```
itemsBoughtByB <- customerItemMatrix[
  which(customerItemMatrix$CustomerID == "17935"),
]

itemsBoughtByB <- colnames(customerItemMatrix)[which(itemsBoughtByB != 0)]
```

以下是顧客 17935 曾經購買過的產品：

```
> itemsBoughtByB
 [1] "CustomerID" "20657"     "20659"     "20828"     "20856"     "21051"     "21866"
 [8] "21867"     "22208"     "22209"     "22210"     "22211"     "22449"     "22450"
[15] "22551"     "22553"     "22557"     "22640"     "22659"     "22749"     "22752"
[22] "22753"     "22754"     "22755"     "23290"     "23292"     "23309"     "85099B"
[29] "POST"
```

現在，我們得到了兩組產品清單，分別是顧客 12350 和顧客 17935 曾經購買過的產品。利用一個簡單運算式，找出那些顧客 12350 曾經購買過，而顧客 17935 尚未購買的產品：

```
itemsToRecommendToB <- setdiff(itemsBoughtByA, itemsBoughtByB)
```

現在，itemsToRecommendToB 變數中的產品，就是那些顧客 12350 曾經購買過、而顧客 17935 尚未購買的產品。根據我們的預測，這些產品是顧客 17935 很可能購買的產品。向顧客 17935 推薦的產品清單如下：

```
> itemsToRecommendToB
 [1] "20615" "20652" "21171" "21832" "21864" "21908" "21915" "22348" "22412" "22620"
[11] "79066K" "79191C" "84086C"
```

如欲取得關於這些產品的描述，你可以輸入以下程式碼：

```
itemsToRecommendToBDescriptions <- unique(
  df[
    which(df$StockCode %in% itemsToRecommendToB),
    c("StockCode", "Description")
    ]
)
itemsToRecommendToBDescriptions <- itemsToRecommendToBDescriptions[
  match(itemsToRecommendToB, itemsToRecommendToBDescriptions$StockCode),
]
```

我們使用了 `%in%` 運算子來取得符合 `itemsToRecommendToB` 變數中出現的
產品的紀錄。運行程式碼後，你會得到如下關於推薦產品的描述：

	StockCode	Description
1	20615	BLUE POLKADOT PASSPORT COVER
2	20652	BLUE POLKADOT LUGGAGE TAG
3	21171	BATHROOM METAL SIGN
4	21832	CHOCOLATE CALCULATOR
5	21864	UNION JACK FLAG PASSPORT COVER
6	21908	CHOCOLATE THIS WAY METAL SIGN
7	21915	RED HARMONICA IN BOX
8	22348	TEA BAG PLATE RED RETROSPOT
9	22412	METAL SIGN NEIGHBOURHOOD WITCH
10	22620	4 TRADITIONAL SPINNING TOPS
11	79066K	RETRO MOD TRAY
12	79191C	RETRO PLASTIC ELEPHANT TRAY
13	84086C	PINK/PURPLE RETRO RADIO

我們探討了如何以使用者導向的協同過濾，對個別顧客推薦目標產品。你
可以客製化並在行銷訊息中納入顧客傾向購買的產品，刺激更高的轉換
率。綜上所述，透過使用者導向的協同過濾演算法，你可以針對個別顧客
進行產品推薦。

話雖如此，使用者導向的協同過濾存在一個重大劣勢：產品推薦基於個別
使用者的購買紀錄。我們並沒有足以與其他顧客進行比對的新顧客資料。
我們可以利用下一節內容介紹的產品導向的協同過濾來解決這個問題。

產品導向協同過濾與推薦系統

產品導向協同過濾與使用者導向法相當雷同，它衡量的是產品之間的相似
度，而不是使用者或顧客之間的相似度。此前，我們計算過使用者之間的
餘弦相似度，現在，我們要計算的是產品之間的餘弦相似度。請看一下這
則程式碼：

```
# Item-to-Item Similarity Matrix
itemToItemSimMatrix <- cosine(
  as.matrix(
    # excluding CustomerID column
    customerItemMatrix[, 2:dim(customerItemMatrix)[2]]
  )
)
```

與之前用來運算使用者對使用者相似度矩陣的程式碼相比，兩者之間的唯一差異在於我們在此不需轉置 customerItemMatrix。我們照樣使用 coop 程式庫中的 cosine 函數。

輸出結果如下所示：

	10002	10080	10120	10123C	10124A	10124G	10125	10133	10135	11001	15030	15034
10002	1.00000000	0.00000000	0.09486833	0.09128709	0.00000000	0.00000000	0.09035079	0.06293168	0.09890707	0.09534626	0.04767313	0.07559289
10080	0.00000000	1.00000000	0.00000000	0.00000000	0.00000000	0.00000000	0.03277368	0.04565544	0.04783649	0.00000000	0.00000000	0.08226127
10120	0.09486833	0.00000000	1.00000000	0.11547005	0.00000000	0.00000000	0.05714286	0.05970223	0.04170288	0.06030227	0.06030227	0.09561829
10123C	0.09128709	0.00000000	0.11547005	1.00000000	0.00000000	0.00000000	0.16495722	0.00000000	0.00000000	0.00000000	0.00000000	0.00000000
10124A	0.00000000	0.00000000	0.00000000	0.00000000	1.00000000	0.44721360	0.06388766	0.04449942	0.00000000	0.00000000	0.00000000	0.00000000
10124G	0.00000000	0.00000000	0.00000000	0.00000000	0.44721360	1.00000000	0.07142857	0.04975186	0.00000000	0.00000000	0.00000000	0.00000000
10125	0.09035079	0.03277368	0.05714286	0.16495722	0.06388766	0.07142857	1.00000000	0.04264445	0.04468166	0.04307305	0.00000000	0.05122408
10133	0.06293168	0.04565544	0.05970223	0.00000000	0.04449942	0.04975186	0.04264445	1.00000000	0.28009746	0.04500225	0.06000300	0.07135782
10135	0.09890707	0.04783649	0.04170288	0.00000000	0.00000000	0.00000000	0.04468166	0.28009746	1.00000000	0.09430419	0.06286946	0.07476672
11001	0.09534626	0.00000000	0.06030227	0.00000000	0.00000000	0.00000000	0.04307305	0.04500225	0.09430419	1.00000000	0.04545455	0.07207500
15030	0.04767313	0.00000000	0.06030227	0.00000000	0.00000000	0.00000000	0.00000000	0.06000300	0.06286946	0.04545455	1.00000000	0.10811250
15034	0.07559289	0.08226127	0.09561829	0.00000000	0.00000000	0.00000000	0.05122408	0.07135782	0.07476672	0.07207500	0.10811250	1.00000000
15036	0.09081532	0.04941327	0.02871833	0.00000000	0.06421613	0.03589791	0.03076964	0.05715161	0.04491139	0.07576539	0.12988352	0.23169352
15039	0.06228411	0.03012376	0.02626129	0.00000000	0.05872202	0.00000000	0.05627419	0.05226191	0.05475857	0.01979519	0.15836152	0.23541181
15044A	0.04343722	0.00000000	0.00000000	0.00000000	0.06142951	0.06868028	0.00000000	0.06833943	0.07160414	0.02070788	0.04141577	0.13134182
15044B	0.07905694	0.00000000	0.00000000	0.00000000	0.00000000	0.00000000	0.00000000	0.03316791	0.03475240	0.02512595	0.05025189	0.11952286
15044C	0.07233642	0.00000000	0.00000000	0.00000000	0.00000000	0.00000000	0.06535653	0.06069670	0.04769723	0.02299002	0.04598005	0.12758946

和之前一樣，對角線中的元素，其值都為 1。這是因為某產品與自身的相似度為 1。其餘的元素值則表示兩項產品之間的餘弦相似度。舉例來說，在上圖中，StockCode 為 10002 的產品與 StockCode 為 10120 的產品之餘弦相似度為 0.09486833。此外，StockCode 為 10002 的產品與 StockCode 為 10125 的產品之餘弦相似度為 0.09035079。這表示 StockCode 為 10120 的產品相較於 StockCode 為 10125 的產品，其與 StockCode 為 10002 的相似度較高。

使用產品對產品相似度矩陣進行產品推薦的策略與上一節的使用者導向法非常相似。首先，針對某目標顧客曾經購買的某給定商品，我們將從產品對產品相似度矩陣中，找出與其最相似的產品。接著，我們將對目標顧客推薦這些相似產品，因為購買過這些產品的顧客，也曾購買某給定商品。

假設有一位新顧客訂購了 StockCode 為 23166 的產品，而我們想要在行銷電子郵件中加入一些他（她）很可能購買的商品。首先我們要做的就是找出那些與 StockCode 為 23166 的產品最為相似的產品。你可以輸入以下程式碼，找出與 StockCode 為 23166 的產品最相似的前十項產品：

```
top10SimilarItemsTo23166 <- colnames(itemToItemSimMatrix)[
  order(itemToItemSimMatrix[,"23166"], decreasing = TRUE)[1:11]
]
```

使用 order 函數及 decreasing = TRUE 標記，我們可以由大到小（降序）排列這些相似產品。接著，有了這個反向排序的索引清單，我們就能取得與 StockCode 為 23166 的產品最相似的前十項產品。

運算結果如下所示：

```
> top10SimilarItemsTo23166
 [1] "23166" "23165" "23167" "22993" "23307" "22722" "22720" "22666" "23243" "22961"
[11] "23306"
```

可以利用以下程式碼，取得關於這些相似產品的描述：

```
top10SimilarItemDescriptions <- unique(
  df[
    which(df$StockCode %in% top10SimilarItemsTo23166),
    c("StockCode", "Description")
  ]
)
top10SimilarItemDescriptions <- top10SimilarItemDescriptions[
  match(top10SimilarItemsTo23166, top10SimilarItemDescriptions$StockCode),
]
```

我們使用 `%in%` 運算子來篩選產品，找出符合 `top10SimilarItemsTo23166`
變數中所出現的產品。運行程式碼後，你會得到以下輸出結果：

	StockCode	Description
1	23166	MEDIUM CERAMIC TOP STORAGE JAR
2	23165	LARGE CERAMIC TOP STORAGE JAR
3	23167	SMALL CERAMIC TOP STORAGE JAR
4	22993	SET OF 4 PANTRY JELLY MOULDS
5	23307	SET OF 60 PANTRY DESIGN CAKE CASES
6	22722	SET OF 6 SPICE TINS PANTRY DESIGN
7	22720	SET OF 3 CAKE TINS PANTRY DESIGN
8	22666	RECIPE BOX PANTRY YELLOW DESIGN
9	23243	SET OF TEA COFFEE SUGAR TINS PANTRY
10	22961	JAM MAKING SET PRINTED
11	23306	SET OF 36 DOILIES PANTRY DESIGN

圖中第一項產品是目標顧客剛剛購買的產品，而其他九項產品則是購
買過第一項產品的其他顧客也經常添購的產品。那些購買陶瓷蓋儲
存罐（ceramic top storage jars）的顧客也經常添購果凍模具（jelly
moulds）、香料罐（spice tins）與蛋糕模具（cake tins）。有了這份資
料，你就能行銷訊息中向目標顧客推薦這些產品。個人化的行銷內容與精
準的產品推薦通常能帶來更多的轉換率。產品導向協同過濾演算法，可以
幫助你向新顧客與老顧客推薦產品。

你可以透過以下連結檢視並下載本節所使用的完整版 R 程式碼：
https://github.com/yoonhwang/hands-on-data-science-for-
marketing/blob/master/ch.6/R/ProductRecommendation.R

本章小結

本章主題為產品推薦系統。從 Salesforce 的研究報告中，我們知道了個人化的產品推薦如何提升轉換率與顧客留存率。我們介紹了協同過濾與內容導向過濾這兩個方法，可用於打造產品推薦系統，並介紹了兩者的差異及各自的假設。接著，我們深入探討如何打造一個基於協同過濾演算法的推薦系統。如果你還記得，第一步驟是建立一個使用者對產品矩陣，然後下一步是使用餘弦相似度來計算使用者之間的相似度。我們也討論了兩種應用協同過濾演算法到產品推薦系統的方法——使用者導向與產品導向。

下一章將聚焦於如何善用使用者行為資料來改善行銷策略，我們將探討執行客戶分析的種種好處與重要性。

個人化行銷

在本節內容中，你將學習如何善用資料更好地掌握消費者行為、如何使用機器學習來預測行銷參與度的可能性與個別顧客終身價值，以及如何利用資料科學創造更高的顧客留存率。

本節包含以下章節：

- 第 7 章「消費者行為的探索式分析」
- 第 8 章「預測行銷參與度的可能性」
- 第 9 章「顧客終身價值」
- 第 10 章「以資料驅動的顧客區隔」
- 第 11 章「留住顧客」

消費者行為的探索式分析

第 7 章是探討後續章節主題的基礎，我們將會學習什麼是客戶分析，分析與掌握消費者群體的重要性與種種好處，以及在行銷領域中客戶分析的使用案例。當我們採集並追蹤更多關於消費者的資料，以及消費者在個別銷售、行銷平台及渠道的表現等資料，行銷人員可以更容易地分析並掌握不同的消費者會對各式行銷策略做出何種回應。客戶分析可幫助行銷人員善用資料，更加瞭解他們的顧客。此外，客戶分析也有助於打造更好的行銷策略，改善參與度、留存度以及轉換率。

本章內容將涵蓋以下內容：

- 客戶分析：瞭解消費者行為

- 以 Python 執行客戶分析

- 以 R 執行客戶分析

客戶分析：瞭解消費者行為

客戶分析是透過資料分析，瞭解消費者行為並取得洞察的過程。客戶分析可以是簡單的資料分析與視覺化，或者是更進階的顧客區隔及預測性分析。透過客戶分析過程而得的資訊與洞察，可用於形塑行銷策略、最佳化銷售渠道，並有助於關鍵商業問題的決策。

客戶分析的重要性正在崛起。對企業來說，取得消費者資料這件事變得更加容易，另一方面，消費者也能夠輕鬆地取得由其他公司提供的相似產品或內容的資料，所以就許多企業的立場來看，瞭解並預測他們的客戶傾向購買或瀏覽的內容變得至關重要。越瞭解客戶，你就能比其他競爭者擁有更好的優勢。

客戶分析的使用案例

行銷流程中客戶分析的應用範疇非常廣泛，它可以用來監控並追蹤客戶如何與產品進行互動，或是客戶如何回應不同的行銷策略。這通常涉及資料分析與視覺化技法，建立可以清楚顯示**關鍵績效指標（KPI）** 的成果報告或儀表板。

銷售漏斗分析

銷售漏斗分析是客戶分析的常見用例之一。我們可以藉由分析銷售漏斗資料，監控與追蹤客戶的生命週期，觀察客戶從哪一個行銷渠道註冊、登入系統的頻率、客戶瀏覽和購買了哪類型的產品，或者在漏斗模型中各環節的客戶流失情形。

顧客區隔

客戶分析也可以根據消費者各自的行為，辨識不同的消費者群體，**顧客區隔**就是一個應用客戶分析的絕佳例子。辨識相似客戶群中的子群組，你可以更瞭解目標受眾。舉例來說，針對低參與客戶的行銷策略應該異於針對高參與客戶的行銷策略。根據參與度高低，對消費者群體執行有效區隔，你可以更抓住客戶的心，瞭解不同的消費者群體如何回應不同的行銷策略。

預測性分析

針對客戶資料執行預測性分析，也是客戶分析的另一個絕佳用例。你可以更加瞭解客戶哪一些屬性或特徵與你的行銷目標高度相關。舉例來說，如果你想要改善回應率與參與度，那麼可以分析資料，找出那些有高回應率與參與度的客戶特徵。接著，你可以建立預測模型，預測你的客戶回應行銷訊息的可能性究竟有多大。

行銷渠道最佳化也是預測性分析其中一種的應用情境。你可以加以善用從客戶分析得到的洞察，建立預測分析模型，將行銷渠道最佳化。在不同的行銷渠道中，客戶的互動方式也不一樣。舉例來說，比任何世代都熟悉智慧型手機的年輕人，更傾向透過智慧型手機接受行銷訊息。另一方面，中老年人可能更傾向接收來自傳統媒體的行銷訊息，例如電視或新聞廣告。你可以利用客戶分析，找出特定客戶屬性與不同行銷渠道成效之間的關聯性。

誠如上述，客戶分析的應用範疇廣泛而多樣化，適用行銷過程的任何時點。在接下來的程式練習中，我們將討論如何使用客戶分析來監控與追蹤不同的行銷策略，並學習區隔與分析消費者群體以獲得洞察的一些方法。在本書後續章節中，我們準備探索客戶分析的其他應用案例，例如最佳化參與度與留存率，還有顧客區隔。

以 Python 執行客戶分析

在本節內容中，我們將會探討如何以 Python 執行客戶分析，主要使用 pandas 和 matplotlib 套件來分析並視覺化呈現資料集中可觀察到到消費者行為。想要使用 R 進行練習的讀者，你可以跳至下一節。我們將從分析並瞭解參與用戶的行為開始，然後討論一種利用特定標準來區隔消費者群體的簡單方法。

在本次練習中，我們將會使用 IBM 提供的公開資料集，你可以在此查看：https://www.ibm.com/communities/analytics/watson-analytics-blog/marketing-customer-value-analysis/。請前往以上連結並下載名為 WA_Fn UseC_Marketing Customer Value Analysis.csv 的 CSV 檔案。完成下載後，你可以透過以下指令將資料載入至 Jupyter Notebook。

```
import pandas as pd

df = pd.read_csv('../data/WA_Fn-UseC_-Marketing-Customer-Value-
Analysis.csv')
```

和第 6 章「推薦對的產品」的練習一樣，我們使用 pandas 套件中的 read_csv 函數載入這個格式為 CSV 檔案的資料。當你將資料載入至 pandas DataFrame 中，應該會看到類似如下擷取畫面：

```
df = pd.read_csv('../data/WA_Fn-UseC_-Marketing-Customer-Value-Analysis.csv')

df.shape

(9134, 24)

df.head()
```

	Customer	State	Customer Lifetime Value	Response	Coverage	Education	Effective To Date	EmploymentStatus	Gender	Income	...	Months Since Policy Inception	Number of Open Complaints	Number of Policies
0	BU79786	Washington	2763.519279	No	Basic	Bachelor	2/24/11	Employed	F	56274	...	5	0	1
1	QZ44356	Arizona	6979.535903	No	Extended	Bachelor	1/31/11	Unemployed	F	0	...	42	0	8
2	AI49188	Nevada	12887.431650	No	Premium	Bachelor	2/19/11	Employed	F	48767	...	38	0	2
3	WW63253	California	7645.861827	No	Basic	Bachelor	1/20/11	Unemployed	M	0	...	65	0	7
4	HB64268	Washington	2813.692575	No	Basic	Bachelor	2/3/11	Employed	M	43836	...	44	0	1

5 rows × 24 columns

資料中有一個 Response 欄,這個資料欄紀錄了客戶是否對行銷活動做出回應的資訊。Renew Offer Type 和 Sales Channel 欄位分別表示某顧客接收到的續約優惠類型,以及用來聯繫該顧客的行銷渠道。這筆資料中,有許多欄位用來描述客戶的社經背景與客戶目前擁有的保險給付類型。運用這些資訊來分析消費者行為,我們將聚焦在客戶對行銷與銷售活動的回應與參與,旨在更加瞭解客戶。

對參與客戶進行分析

將資料載入至 Python 環境後,我們可以開始資料分析,瞭解不同的客戶對於不同行銷策略會做出什麼樣的回應。我們將依序參照這些步驟:

1. 整體參與率

2. 按優惠類型的參與率

3. 按優惠類型與車輛等級的參與率

4. 按銷售渠道的參與率

5. 按銷售渠道與車輛大小的參與率

整體參與率

首先,我們必須了解整體行銷回應率或參與率為多少。利用以下程式碼,取得確實回應的客戶總數量:

```
df.groupby('Response').count()['Customer']
```

如資料所示,Response 欄紀錄了客戶是否對行銷電話作出回應的資訊,Yes 表示客戶回應了行銷電話,No 代表客戶沒有回應。我們我們使用 dplyr 程式庫的 group_by 函數對這一欄的資料進行分組,然後用 n() 函數計算每一類別中的客戶數量。接著,在 mutate 函數中,將 Count 除以 DataFrame 中的記錄總數。

計算結果如下：

```
df.groupby('Response').count()['Customer']
Response
No     7826
Yes    1308
Name: Customer, dtype: int64
```

你可以輸入以下程式碼，將這筆資料以圖表呈現：

```
ax = df.groupby('Response').count()['Customer'].plot(
    kind='bar',
    color='skyblue',
    grid=True,
    figsize=(10, 7),
    title='Marketing Engagment'
)

ax.set_xlabel('Engaged')
ax.set_ylabel('Count')

plt.show()
```

此時「參與率」圖表應如下所示：

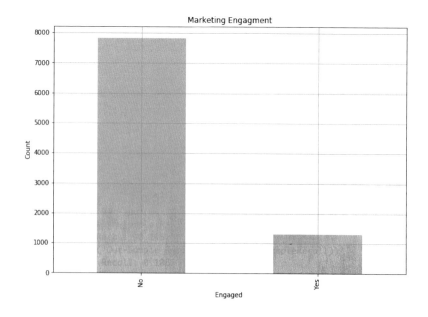

如你所見，大多數客戶並未回應行銷電話。使用以下程式碼，將這些數字以百分比呈現：

```
df.groupby('Response').count()['Customer']/df.shape[0]
```

運行程式碼後，結果如下所示：

```
df.groupby('Response').count()['Customer']/df.shape[0]

Response
No      0.856799
Yes     0.143201
Name: Customer, dtype: float64
```

大多數客戶並未回應行銷電話。而且結果顯示，大約只有 14% 的客戶回應了行銷電話。讓我們深入瞭解這些客戶，瞭解哪些東西能打動他們。

按優惠類型的參與率

不同類型的優惠可以打動不同的消費者。在本小節中，我們將會檢視哪些優惠類型最能吸引參與客戶。請閱讀以下程式碼：

```
by_offer_type_df = df.loc[
    df['Response'] == 'Yes'
].groupby([
    'Renew Offer Type'
]).count()['Customer'] / df.groupby('Renew Offer Type').count()
['Customer']
```

在這一段程式碼中，我們按 Renew.Offer.Type 欄對資料進行分組。在 summarise 函數中，我們使用 n() 函數計算總紀錄量，然後加總 Engaged 欄位的值，得出參與用戶的數量。最後，我們在 mutate 函數中，將 NumEngaged 除以 Count 並乘以 100.0，計算出 EngagedmentRate。計算結果如下：

```
by_offer_type_df = df.loc[
    df['Response'] == 'Yes'
].groupby([
    'Renew Offer Type'
]).count()['Customer']/df.groupby('Renew Offer Type').count()['Customer']

by_offer_type_df
```
```
Renew Offer Type
Offer1    0.158316
Offer2    0.233766
Offer3    0.020950
Offer4         NaN
Name: Customer, dtype: float64
```

你可以使用以下程式碼，以長條圖表呈現結果：

```
ax = (by_offer_type_df*100.0).plot(
    kind='bar',
    figsize=(7, 7),
    color='skyblue',
    grid=True
)

ax.set_ylabel('Engagement Rate (%)')

plt.show()
```

運行程式碼後，會得到以下「按優惠類型的參與率」長條圖：

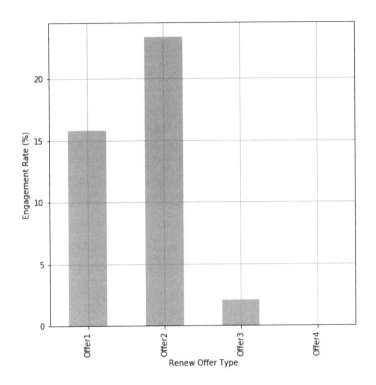

如圖所示，Offer2 擁有最高的客戶參與率。在執行客戶分析時，我們通常想知道在各行銷活動中客戶的統計人口指數與屬性，以便探索如何打動特定客戶群。這些分析可用來改善未來的行銷活動，更精準地找出顧客群體中的目標受眾。讓我們更深入分析這筆資料吧。

按優惠類型與車輛等級的參與率

我們知道了 Renewal Offer Type 2 擁有最佳成效。這個發現對行銷人員很有幫助，因為它提供了哪一類優惠效果最好，能夠獲得最高的顧客回應率的行銷洞察。不過，我們還可以從資料中瞭解更多洞察，比如不同背景或特徵的客戶對各優惠類型的回應是否有所不同。本小節將展示一則範例，告訴身為行銷人的你，如何瞭解不同屬性的客戶對於不同的行銷策略所做的回應有何差異。

我們來看看在不同的車輛等級中,針對各優惠類型的顧客回應率是否有任何明顯差異。利用以下程式碼,我們將檢視按優惠類型與 Vehicle Class(車輛等級)的參與率:

```
by_offer_type_df = df.loc[
    df['Response'] == 'Yes'
].groupby([
    'Renew Offer Type', 'Vehicle Class'
]).count()['Customer']/df.groupby('Renew Offer Type').count()
['Customer']
```

在這段程式碼中,我們按 Renew Offer Type 和 Vehicle Class 這兩欄對資料進行分組,並計算每一組的參與率。

結果如下所示:

```
by_offer_type_df = df.loc[
    df['Response'] == 'Yes'
].groupby([
    'Renew Offer Type', 'Vehicle Class'
]).count()['Customer']/df.groupby('Renew Offer Type').count()['Customer']

by_offer_type_df
```

```
Renew Offer Type  Vehicle Class
Offer1            Four-Door Car     0.070362
                 Luxury Car        0.001599
                 Luxury SUV        0.004797
                 SUV               0.044776
                 Sports Car        0.011194
                 Two-Door Car      0.025586
Offer2           Four-Door Car     0.114833
                 Luxury Car        0.002051
                 Luxury SUV        0.004101
                 SUV               0.041012
                 Sports Car        0.016405
                 Two-Door Car      0.055366
Offer3           Four-Door Car     0.016760
                 Two-Door Car      0.004190
Name: Customer, dtype: float64
```

為了方便閱讀，我們使用以下程式碼來轉換資料：

```
by_offer_type_df = by_offer_type_df.unstack().fillna(0)
```

我們對這個 pandas DataFrame 使用了 unstack 函數以進行樞紐分析，然後提取並將內層群組轉換為資料欄。直接觀看運算結果更容易理解，如下所示：

```
by_offer_type_df = by_offer_type_df.unstack().fillna(0)
by_offer_type_df
```

Vehicle Class	Four-Door Car	Luxury Car	Luxury SUV	SUV	Sports Car	Two-Door Car
Renew Offer Type						
Offer1	0.070362	0.001599	0.004797	0.044776	0.011194	0.025586
Offer2	0.114833	0.002051	0.004101	0.041012	0.016405	0.055366
Offer3	0.016760	0.000000	0.000000	0.000000	0.000000	0.004190

在套用 unstack 函數之後，Vehicle Class 現在轉換為資料欄。我們可以使用以下程式碼，以長條圖呈現資料：

```
ax = (by_offer_type_df*100.0).plot(
    kind='bar',
    figsize=(10, 7),
    grid=True
)

ax.set_ylabel('Engagement Rate (%)')

plt.show()
```

長條圖如下所示：

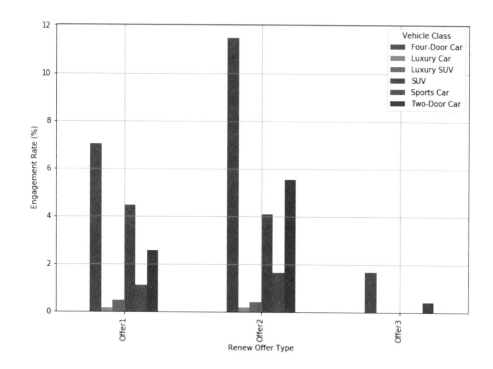

仔細閱讀這個圖表。Offer2 擁有最高的顧客回應率，此處，我們可以看到
擁有不同車輛等級的客戶如何參與其他類型的續約優惠時。舉例來說，擁
有 Four-Door Car 的顧客在參與優惠活動這件事上回應率最高。擁有 SUV
的客戶回應 Offer1 的機率比 Offer2 還要高。這些結果顯示了妥善分析顧
客的統計人口指數可以幫助我們取得更多洞察。如果在不同的顧客區隔中
發現了明顯的回應率差異，那麼我們可以精準調整應該向哪些客戶提供不
同的優惠。在這個例子中，如果我們相信比起 Offer2，擁有 SUV 的客戶
對 Offer1 的參與度較高，則可以針對 SUV 客戶推廣 Offer1 優惠。另一方
面，如果我們相信 Two-Door Car 客戶對 Offer2 的參與度明顯優於其他優
惠，則可以向 Two-Door Car 客戶提供 Offer2 優惠。

按銷售渠道的參與率

來看看另一個例子吧。我們將分析在不同行銷渠道中的參與度差異，請閱讀以下程式碼：

```
by_sales_channel_df = df.loc[
    df['Response'] == 'Yes'
].groupby([
    'Sales Channel'
]).count()['Customer']/df.groupby('Sales Channel').count()['Customer']
```

運算結果如下：

```
by_sales_channel_df = df.loc[
    df['Response'] == 'Yes'
].groupby([
    'Sales Channel'
]).count()['Customer']/df.groupby('Sales Channel').count()['Customer']

by_sales_channel_df

Sales Channel
Agent          0.191544
Branch         0.114531
Call Center    0.108782
Web            0.117736
Name: Customer, dtype: float64
```

視覺化呈現的資料更利於解讀結果。你可以輸入以下程式碼，將資料視覺化呈現：

```
ax = (by_sales_channel_df*100.0).plot(
    kind='bar',
    figsize=(7, 7),
    color='skyblue',
    grid=True
)

ax.set_ylabel('Engagement Rate (%)')

plt.show()
```

圖表應如下所示：

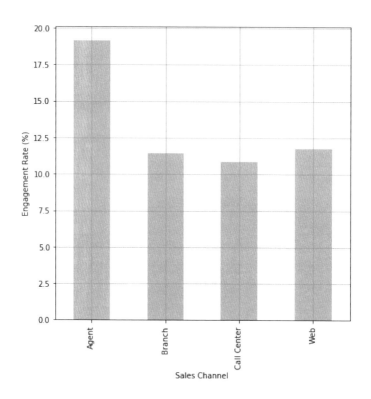

如圖表所示，Agent 在刺激顧客回應率上成效最好，來自 Web 的銷售則居於次位。讓我們對這份結果加以拆解分析，瞭解擁有不同特徵的客戶是否有不同的行為表現。

按銷售渠道與車輛大小的參與率

本小節將探索不同的車輛大小是否會造成各銷售渠道中顧客的回應差異。請使用以下程式碼，計算按銷售渠道與車輛大小的參與率：

```
by_sales_channel_df = df.loc[
    df['Response'] == 'Yes'
].groupby([
    'Sales Channel', 'Vehicle Size'
]).count()['Customer']/df.groupby('Sales Channel').count()['Customer']
```

計算結果如下：

```
by_sales_channel_df = df.loc[
    df['Response'] == 'Yes'
].groupby([
    'Sales Channel', 'Vehicle Size'
]).count()['Customer']/df.groupby('Sales Channel').count()['Customer']

by_sales_channel_df

Sales Channel  Vehicle Size
Agent          Large          0.020708
               Medsize        0.144953
               Small          0.025884
Branch         Large          0.021036
               Medsize        0.074795
               Small          0.018699
Call Center    Large          0.013598
               Medsize        0.067989
               Small          0.027195
Web            Large          0.013585
               Medsize        0.095094
               Small          0.009057
Name: Customer, dtype: float64
```

和之前一樣，我們可以輸入這行程式碼，利用 unstack 函數，將資料轉換成更利於觀察的格式：

```
by_sales_channel_df = by_sales_channel_df.unstack().fillna(0)
```

結果應如下所示：

使用以下程式碼，將運算結果以長條圖視覺化呈現：

```
ax = (by_sales_channel_df*100.0).plot(
    kind='bar',
    figsize=(10, 7),
    grid=True
)

ax.set_ylabel('Engagement Rate (%)')

plt.show()
```

長條圖應如下所示：

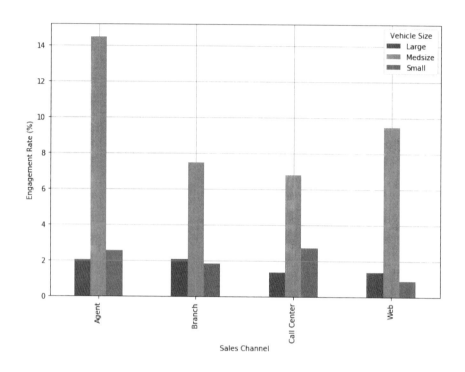

如圖所示，擁有 Medsize 車輛的顧客在所有銷售渠道的回應率最佳。對於擁有 Large 和 Small 車輛的顧客，不同的銷售渠道的參與率各有消長。舉例來說，擁有 Small 車輛的客戶在 Agent 和 Call Center 這兩個渠道中的回應率最好，而擁有 Large 車輛的客戶在 Branch 和 Web 這兩個渠道中的回應率高於其他。我們可以在未來的行銷活動中妥善運用這項洞察，舉例來說，我們可以多多利用 Agent 和 Call Center 這兩個渠道來觸及擁有 Small 車輛的客戶。

區隔消費者群體

本小節內容將討論如何區隔消費者群體，並且在第 10 章「以資料驅動的顧客區隔」中延伸此概念，深入探討如何應用機器學習。本節內容將帶你認識什麼是消費者區隔。

在本節內容中，我們準備按 Customer Lifetime Value 和 Months Since Policy Inception 對消費者群體進行區隔。你也可以自由使用其他特徵進行區隔。請先看看 Customer Lifetime Value（顧客終身價值，CLV）欄位的資料分佈情形：

```
df['Customer Lifetime Value'].describe()

count    9134.000000
mean     8004.940475
std      6870.967608
min      1898.007675
25%      3994.251794
50%      5780.182197
75%      8962.167041
max     83325.381190
Name: Customer Lifetime Value, dtype: float64
```

根據上述資訊，我們將那些高於 Customer Lifetime Value 平均值的顧客定義為「高 CLV 顧客」，而低於此平均值的顧客則定義為「低 CLV 顧客」。你可以利用以下程式碼進行編碼：

```
df['CLV Segment'] = df['Customer Lifetime Value'].apply(
    lambda x: 'High' if x > df['Customer Lifetime Value'].median() else
'Low'
)
```

我們要對 Months Since Policy Inception 欄位進行相同操作。請先看看 Months Since Policy Inception 的資料分布情形：

```
df['Months Since Policy Inception'].describe()

count    9134.000000
mean       48.064594
std        27.905991
min         0.000000
25%        24.000000
50%        48.000000
75%        71.000000
max        99.000000
Name: Months Since Policy Inception, dtype: float64
```

同理，我們將那些高於 Months Since Policy Inception 平均值的顧客
定義為高 Policy Age Segment 顧客，而低於此平均值的顧客則定義為低
Policy Age Segment 顧客。你可以利用以下程式碼進行編碼：

```
df['Policy Age Segment'] = df['Months Since Policy Inception'].apply(
    lambda x: 'High' if x > df['Months Since Policy Inception'].median()
    else 'Low'
)
```

利用以下程式碼，將這些區隔視覺化呈現：

```
ax = df.loc[
    (df['CLV Segment'] == 'High') & (df['Policy Age Segment'] == 'High')
].plot.scatter(
    x='Months Since Policy Inception',
    y='Customer Lifetime Value',
    logy=True,
    color='red'
)

df.loc[
    (df['CLV Segment'] == 'Low') & (df['Policy Age Segment'] == 'High')
].plot.scatter(
    ax=ax,
    x='Months Since Policy Inception',
    y='Customer Lifetime Value',
    logy=True,
    color='blue'
)

df.loc[
    (df['CLV Segment'] == 'High') & (df['Policy Age Segment'] == 'Low')
].plot.scatter(
    ax=ax,
    x='Months Since Policy Inception',
    y='Customer Lifetime Value',
    logy=True,
    color='orange'
)

df.loc[
    (df['CLV Segment'] == 'Low') & (df['Policy Age Segment'] == 'Low')
```

```
].plot.scatter(
    ax=ax,
    x='Months Since Policy Inception',
    y='Customer Lifetime Value',
    logy=True,
    color='green',
    grid=True,
    figsize=(10, 7)
)

ax.set_ylabel('CLV (in log scale)')
ax.set_xlabel('Months Since Policy Inception')

ax.set_title('Segments by CLV and Policy Age')

plt.show()
```

仔細看看這一大段程式碼。在第一段程式碼中，我們使用 `plot.scatter`
函數為高 CLV 和高 Policy Age 區隔中的顧客建立一張散佈圖。透過
`logy=True` 標記，我們可以將原本的資料尺度轉換為對數尺度。對數尺度
（log scale）常用於貨幣值，因為這類型的數值經常出現高偏斜度。在剩
下的程式碼區段中，我們對其餘顧客區隔重複相同步驟。

運行程式碼後，我們會得到以下「按 CLV 與 Policy Age 的區隔」散佈圖：

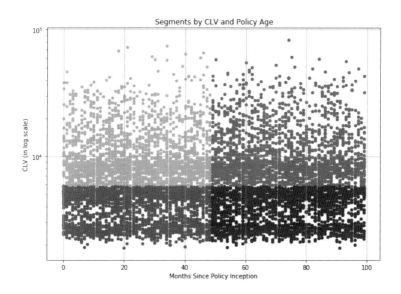

從這張資料散佈圖中可以得知，紅色的資料點代表位於 High CLV 和 High Policy Age 區隔的客戶。橘色的資料點代表位於 High CLV 和 Low Policy Age 區隔的客戶，而藍色的資料點表示位於 Low CLV 和 High Policy Age 區隔的客戶，最後，綠色的資料點則表示位於 Low CLV 和 Low Policy Age 區隔的客戶。

建立好這四個區隔之後，我們來觀察看看參與度在這些區隔中是否存在明顯差別。請閱讀以下程式碼：

```
engagment_rates_by_segment_df = df.loc[
    df['Response'] == 'Yes'
].groupby(
    ['CLV Segment', 'Policy Age Segment']
).count()['Customer']/df.groupby(
    ['CLV Segment', 'Policy Age Segment']
).count()['Customer']
```

我們按 CLV Segment 和 Policy Age Segment 這兩個新建欄位對資料進行分組，並且一一計算這四個區隔的參與率。計算結果如下：

```
engagment_rates_by_segment_df = df.loc[
    df['Response'] == 'Yes'
].groupby(
    ['CLV Segment', 'Policy Age Segment']
).count()['Customer']/df.groupby(
    ['CLV Segment', 'Policy Age Segment']
).count()['Customer']

engagment_rates_by_segment_df

CLV Segment  Policy Age Segment
High         High                  0.138728
             Low                   0.132067
Low          High                  0.162450
             Low                   0.139957
Name: Customer, dtype: float64
```

以圖表顯示更便於檢視差異，你可以使用以下程式碼，為這筆資料建立一個長條圖：

```
ax = (engagment_rates_by_segment_df.unstack()*100.0).plot(
    kind='bar',
    figsize=(10, 7),
```

```
      grid=True
)

ax.set_ylabel('Engagement Rate (%)')
ax.set_title('Engagement Rates by Customer Segments')

plt.show()
```

此時,「按顧客區隔的參與率」長條圖如下所示:

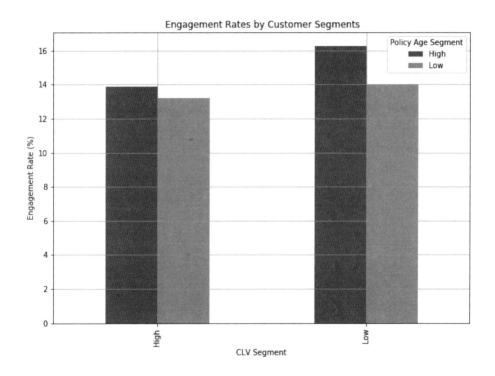

如圖所示,High Policy Age Segment 比起 Low Policy Age Segment 有
更高的參與率。這意味著長期投保於這間公司的顧客,其回應率較佳。在
四個區隔之中,High Policy Age 與 Low CLV 這一區隔內的顧客,他們的
參與率最高。根據顧客屬性建立不同的顧客區隔,我們能夠更好地瞭解不
同群組內的消費者行為。第 9 章「顧客終身價值」將會更深入地探究消費
者區隔的概念。

你可以透過以下連結檢視並下載本節所使用的完整版 Python 程式碼：`https://github.com/yoonhwang/hands-on-data-science-for-marketing/blob/master/ch.7/python/CustomerBehaviors.ipynb`

以 R 執行客戶分析

在本節內容中，我們將會探討如何以 R 執行客戶分析，主要使用 dplyr 和 ggplot2 程式庫來分析並視覺化呈現資料集中可觀察到的消費者行為。想要使用 Python 進行練習的讀者，你可以翻閱上一節。我們將從分析並瞭解參與用戶的行為開始，然後討論一種利用特定標準來區隔消費者群體的簡單方法。

在本次練習中，我們將會使用 **IBM** 提供的公開資料集，你可以在此查看：`https://www.ibm.com/communities/analytics/watson-analytics-blog/marketing-customer-value-analysis/`。請前往以上連結並下載名為 WA_Fn UseC_Marketing Customer Value Analysis.csv 的 CSV 檔案。完成下載後，你可以透過以下指令將資料載入至 RStudio。

```
library(dplyr)
library(ggplot2)

#### 1. Load Data ####
df <- read.csv(
  file="~/Documents/data-science-for-marketing/ch.7/data/WA_Fn-UseC_-
Marketing-Customer-Value-Analysis.csv",
  header=TRUE
)
```

和上一章的程式練習相仿，我們會使用 R 的 `read.csv` 函數載入這個格式為 CSV 檔案的資料。當你將資料載入至 `DataFrame` 中，應該會看到類似如下的擷取畫面：

	Customer	State	Customer.Lifetime.Value	Response	Coverage	Education	Effective.To.Date	EmploymentStatus	Gender	Income
1	BU79786	Washington	2763.519	No	Basic	Bachelor	2/24/11	Employed	F	56274
2	QZ44356	Arizona	6979.536	No	Extended	Bachelor	1/31/11	Unemployed	F	0
3	AI49188	Nevada	12887.432	No	Premium	Bachelor	2/19/11	Employed	F	48767
4	WW63253	California	7645.862	No	Basic	Bachelor	1/20/11	Unemployed	M	0
5	HB64268	Washington	2813.693	No	Basic	Bachelor	2/3/11	Employed	M	43836
6	OC83172	Oregon	8256.298	Yes	Basic	Bachelor	1/25/11	Employed	F	62902
7	XZ87318	Oregon	5380.899	Yes	Basic	College	2/24/11	Employed	F	55350
8	CF85061	Arizona	7216.100	No	Premium	Master	1/18/11	Unemployed	M	0
9	DY87989	Oregon	24127.504	Yes	Basic	Bachelor	1/26/11	Medical Leave	M	14072
10	BQ94931	Oregon	7388.178	No	Extended	College	2/17/11	Employed	F	28812
11	SX51350	California	4738.992	No	Basic	College	2/21/11	Unemployed	M	0
12	VQ65197	California	8197.197	No	Basic	College	1/6/11	Unemployed	F	0
13	DP39365	California	8798.797	No	Premium	Master	2/6/11	Employed	M	77026
14	SJ95423	Arizona	8819.019	Yes	Basic	High School or Below	1/10/11	Employed	M	99845
15	IL66569	California	5384.432	No	Basic	College	1/18/11	Employed	M	83689

資料中有一個 Response 欄，這個資料欄紀錄了客戶是否對行銷活動做出回應的資訊。`Renew.Offer.Type` 和 `Sales.Channel` 欄位分別表示某顧客接收到的續約優惠類型，以及用來聯繫該顧客的行銷渠道。這筆資料中，有許多欄位用來描述客戶的社經背景與客戶目前擁有的保險給付類型。運用這些資訊來分析消費者行為，我們將聚焦在客戶對行銷與銷售活動的回應與參與，旨在更加瞭解客戶。

在開始分析資料之前，我們要將 Response 欄的值編碼為數值：0 代表 No，1 代表 Yes。這麼做可以讓接下來資料分析的運算過程變得更簡單。你可以利用以下程式碼進行編碼：

```
# Encode engaged customers as 0s and 1s
df$Engaged <- as.integer(df$Response) - 1
```

對參與客戶進行分析

將資料載入至 Python 環境後，我們可以開始資料分析，瞭解不同的客戶對於不同行銷策略會做出什麼樣的回應。我們將依序參照這些步驟：

1. 整體參與率

2. 按優惠類型的參與率

3. 按優惠類型與車輛等級的參與率

4. 按銷售渠道的參與率

5. 按銷售渠道與車輛大小的參與率

整體參與率

首先，我們必須了解整體行銷回應率或參與率為多少。利用以下程式碼，取得確實回應的客戶總數量：

```
## - Overall Engagement Rates ##
engagementRate <- df %>% group_by(Response) %>%
  summarise(Count=n()) %>%
  mutate(EngagementRate=Count/nrow(df)*100.0)
```

如資料所示，`Response` 欄紀錄了客戶是否對行銷電話作出回應的資訊，`Yes` 表示客戶回應了行銷電話，`No` 代表客戶沒有回應。我們使用 `dplyr` 程式庫的 `group_by` 函數對這一欄的資料進行分組，然後用 `n()` 函數計算每一類別中的客戶數量。接著，使用 `mutate` 函數計算參與度，將 `Count` 除以 `DataFrame` 中的記錄總數。

計算結果如下：

	Response	Count	EngagementRate
1	No	7826	85.67988
2	Yes	1308	14.32012

你可以輸入以下程式碼，將這筆資料以圖表呈現：

```
ggplot(engagementRate, aes(x=Response, y=EngagementRate)) +
  geom_bar(width=0.5, stat="identity") +
  ggtitle('Engagement Rate') +
  xlab("Engaged") +
  ylab("Percentage (%)") +
  theme(plot.title = element_text(hjust = 0.5))
```

此時「參與度」圖表應如下所示：

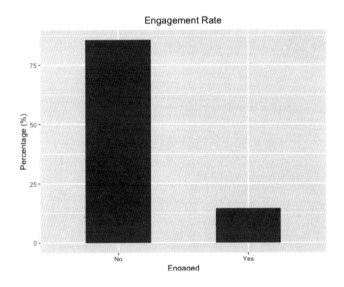

大多數客戶並未回應行銷電話。結果顯示，大約只有 14% 的客戶回應了行銷電話。讓我們深入瞭解這些客戶，瞭解哪些東西能打動他們。

按優惠類型的參與率

不同類型的優惠可以打動不同的消費者。在本小節中，我們將會檢視哪些優惠類型最能吸引參與客戶。請閱讀以下程式碼：

```
## - Engagement Rates by Offer Type ##
engagementRateByOfferType <- df %>%
  group_by(Renew.Offer.Type) %>%
  summarise(Count=n(), NumEngaged=sum(Engaged)) %>%
  mutate(EngagementRate=NumEngaged/Count*100.0)
```

在這一段程式碼中，我們按 `Renew.Offer.Type` 欄對資料進行分組，將資料分為四組。接著，在 summarise 函數中，使用 n() 函數計算紀錄總數，然後加總 Engaged 欄位的值，計算出參與用戶的數量。最後，在 mutate 函數中，將 NumEngaged 除以 Count 並乘以 100.0，算出 EngagementRate。

計算結果如下：

	Renew.Offer.Type	Count	NumEngaged	EngagementRate
1	Offer1	3752	594	15.831557
2	Offer2	2926	684	23.376623
3	Offer3	1432	30	2.094972
4	Offer4	1024	0	0.000000

使用以下程式碼，以長條圖呈現結果。

```
ggplot(engagementRateByOfferType, aes(x=Renew.Offer.Type,
y=EngagementRate)) +
  geom_bar(width=0.5, stat="identity") +
  ggtitle('Engagement Rates by Offer Type') +
  xlab("Offer Type") +
  ylab("Engagement Rate (%)") +
  theme(plot.title = element_text(hjust = 0.5))
```

此時，「按優惠類型的參與率」長條圖如下所示：

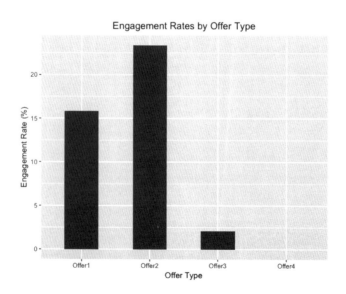

如圖所示，Offer2 擁有最高的客戶參與率。在執行客戶分析時，我們通常想知道在各行銷活動中客戶的統計人口指數與屬性，以便探索如何打動特定客戶群。這些分析可用來改善未來的行銷活動，更精準地找出顧客群體中的目標受眾。讓我們更深入分析這筆資料吧。

按優惠類型與車輛等級的參與率

我們知道了 Renewal Offer Type 2 擁有最佳成效。這個發現對行銷人員很有幫助，因為它提供了哪一類優惠效果最好，能夠獲得最高的顧客回應率的行銷洞察。不過，我們還可以從資料中瞭解更多洞察，比如不同背景或特徵的客戶對各優惠類型的回應是否有所不同。本小節將展示一則範例，告訴身為行銷人的你，如何瞭解不同屬性的客戶對於不同的行銷訊息所做的回應有何差異。

我們來看看在不同的車輛等級中，針對各優惠類型的顧客回應率是否有任何明顯差異。利用以下程式碼，我們將檢視按優惠類型與車輛等級的參與率：

```
## - Offer Type & Vehicle Class ##
engagementRateByOfferTypeVehicleClass <- df %>%
  group_by(Renew.Offer.Type, Vehicle.Class) %>%
  summarise(NumEngaged=sum(Engaged)) %>%
  left_join(engagementRateByOfferType[,c("Renew.Offer.Type", "Count")],
by="Renew.Offer.Type") %>%
  mutate(EngagementRate=NumEngaged/Count*100.0)
```

在這段程式碼中，我們按 Renew.Offer.Type 和 Vehicle.Class 這兩欄對資料進行分組，並計算每一組的參與率。接著，我們按 Renew.Offer.Type 來連接這筆資料和 engagementRateByOfferType 變數，以取得每一類優惠中參與用戶的總數。最後，我們在 mutate 函數中計算參與率。

結果如下所示：

	Renew.Offer.Type	Vehicle.Class	NumEngaged	Count	EngagementRate
1	Offer1	Four-Door Car	264	3752	7.0362473
2	Offer1	Luxury Car	6	3752	0.1599147
3	Offer1	Luxury SUV	18	3752	0.4797441
4	Offer1	Sports Car	42	3752	1.1194030
5	Offer1	SUV	168	3752	4.4776119
6	Offer1	Two-Door Car	96	3752	2.5586354
7	Offer2	Four-Door Car	336	2926	11.4832536
8	Offer2	Luxury Car	6	2926	0.2050581
9	Offer2	Luxury SUV	12	2926	0.4101162
10	Offer2	Sports Car	48	2926	1.6404648
11	Offer2	SUV	120	2926	4.1011620
12	Offer2	Two-Door Car	162	2926	5.5365687
13	Offer3	Four-Door Car	24	1432	1.6759777
14	Offer3	Luxury Car	0	1432	0.0000000
15	Offer3	Luxury SUV	0	1432	0.0000000
16	Offer3	Sports Car	0	1432	0.0000000
17	Offer3	SUV	0	1432	0.0000000
18	Offer3	Two-Door Car	6	1432	0.4189944
19	Offer4	Four-Door Car	0	1024	0.0000000
20	Offer4	Luxury Car	0	1024	0.0000000
21	Offer4	Luxury SUV	0	1024	0.0000000
22	Offer4	Sports Car	0	1024	0.0000000
23	Offer4	SUV	0	1024	0.0000000
24	Offer4	Two-Door Car	0	1024	0.0000000

為了方便閱讀，我們使用以下程式碼，以直條圖呈現這筆資料。請閱讀以下程式碼：

```
ggplot(engagementRateByOfferTypeVehicleClass, aes(x=Renew.Offer.Type,
y=EngagementRate, fill=Vehicle.Class)) +
  geom_bar(width=0.5, stat="identity", position = "dodge") +
  ggtitle('Engagement Rates by Offer Type & Vehicle Class') +
  xlab("Offer Type") +
  ylab("Engagement Rate (%)") +
  theme(plot.title = element_text(hjust = 0.5))
```

這段程式碼可以建立如下「按優惠類型和車輛等級的參與率」長條圖：

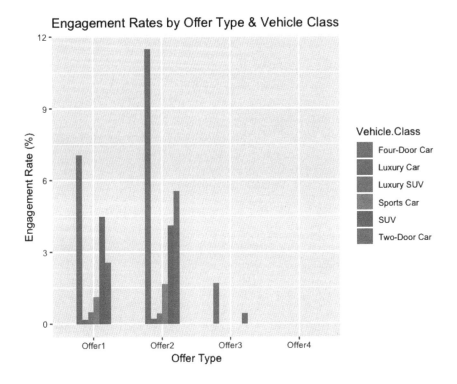

仔細閱讀這個圖表。Offer2 擁有最高的顧客回應率，此處，我們可以看到擁有不同車輛等級的客戶如何參與其他類型的續約優惠。舉例來說，擁有 Four-Door Car 的顧客在參與優惠活動這件事上回應率最高。擁有 SUV 的客戶回應 Offer1 的機率比 Offer2 還要高。這些結果顯示了妥善分析顧客的統計人口指數可以幫助我們取得更多洞察。如果在不同的顧客區隔中發現了明顯的回應率差異，那麼我們可以精準調整應該向哪些客戶提供不同的優惠。在這個例子中，如果我們相信比起 Offer2，擁有 SUV 的客戶對 Offer1 的參與度較高，則可以針對 SUV 客戶推廣 Offer1 優惠。另一方面，如果我們相信 Two-Door Car 客戶對 Offer2 的參與程度明顯優於其他優惠，則可以向 Two-Door Car 客戶提供 Offer2 優惠。

按銷售渠道的參與率

來看看另一個例子吧。我們將分析在不同行銷渠道中的參與度差異,請閱讀以下程式碼:

```
## - Engagement Rates by Sales Channel ##
engagementRateBySalesChannel <- df %>%
  group_by(Sales.Channel) %>%
  summarise(Count=n(), NumEngaged=sum(Engaged)) %>%
  mutate(EngagementRate=NumEngaged/Count*100.0)
```

運算結果如下:

	Sales.Channel	Count	NumEngaged	EngagementRate
1	Agent	3477	666	19.15444
2	Branch	2567	294	11.45306
3	Call Center	1765	192	10.87819
4	Web	1325	156	11.77358

視覺化呈現的資料更利於解讀結果。你可以輸入以下程式碼,將資料視覺化呈現:

```
ggplot(engagementRateBySalesChannel, aes(x=Sales.Channel,
y=EngagementRate)) +
  geom_bar(width=0.5, stat="identity") +
  ggtitle('Engagement Rates by Sales Channel') +
  xlab("Sales Channel") +
  ylab("Engagement Rate (%)") +
  theme(plot.title = element_text(hjust = 0.5))
```

「按銷售渠道的參與率」長條圖應如下所示：

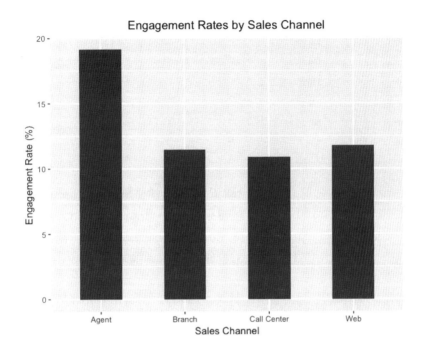

如圖表所示，Agent 在刺激顧客回應率上成效最好，來自 Web 的銷售則居於次位。讓我們對這份結果加以拆解分析，瞭解擁有不同特徵的客戶是否有不同的行為表現。

按銷售渠道與車輛大小的參與率

本小節將探索不同的車輛大小是否會造成各銷售渠道中顧客的回應差異。請使用以下程式碼，根據銷售渠道與車輛大小計算參與率：

```
## - Sales Channel & Vehicle Size ##
engagementRateBySalesChannelVehicleSize <- df %>%
  group_by(Sales.Channel, Vehicle.Size) %>%
  summarise(NumEngaged=sum(Engaged)) %>%
  left_join(engagementRateBySalesChannel[,c("Sales.Channel", "Count")],
by="Sales.Channel") %>%
  mutate(EngagementRate=NumEngaged/Count*100.0)
```

計算結果如下：

	Sales.Channel	Vehicle.Size	NumEngaged	Count	EngagementRate
1	Agent	Large	72	3477	2.0707506
2	Agent	Medsize	504	3477	14.4952545
3	Agent	Small	90	3477	2.5884383
4	Branch	Large	54	2567	2.1036229
5	Branch	Medsize	192	2567	7.4795481
6	Branch	Small	48	2567	1.8698870
7	Call Center	Large	24	1765	1.3597734
8	Call Center	Medsize	120	1765	6.7988669
9	Call Center	Small	48	1765	2.7195467
10	Web	Large	18	1325	1.3584906
11	Web	Medsize	126	1325	9.5094340
12	Web	Small	12	1325	0.9056604

和之前一樣，我們可以輸入這行程式碼，將資料視覺化呈現：

```
ggplot(engagementRateBySalesChannelVehicleSize, aes(x=Sales.Channel,
y=EngagementRate, fill=Vehicle.Size)) +
  geom_bar(width=0.5, stat="identity", position = "dodge") +
  ggtitle('Engagement Rates by Sales Channel & Vehicle Size') +
  xlab("Sales Channel") +
  ylab("Engagement Rate (%)") +
  theme(plot.title = element_text(hjust = 0.5))
```

長條圖應如下所示：

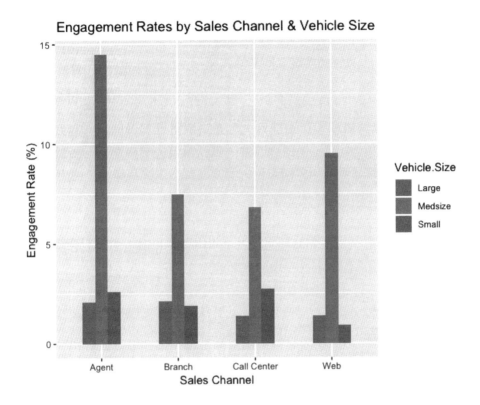

如圖所示，擁有 Medsize 車輛的顧客在所有銷售渠道的回應率最佳。對於擁有 Large 和 Small 車輛的顧客，不同的銷售渠道的參與率各有消長。舉例來說，擁有 Small 車輛的客戶在 Agent 和 Call Center 這兩個渠道中的回應率最好，而擁有 Large 車輛的客戶在 Branch 和 Web 這兩個渠道中的回應率高於其他。我們可以在未來的行銷活動中妥善運用這項洞察，舉例來說，我們可以多多利用 Agent 和 Call Center 這兩個渠道來觸及擁有 Small 車輛的客戶。

區隔消費者群體

在本節內容中，我們想要簡單地討論一下如何區隔消費者群體，第 9 章「顧客終身價值」會深入研究顧客區隔這個主題，並應用機器學習。本節內容將提供你一些關於顧客區隔的基本概念。

本節將按 Customer.Lifetime.Value 和 Months.Since.Policy.Inception 對消費者群體進行區隔。你也可以自由使用其他特徵進行區隔。請先看看 Customer.Lifetime.Value（顧客終身價值，CLV）欄位的資料分佈情形：

```
> summary(df$Customer.Lifetime.Value)
   Min. 1st Qu.  Median   Mean 3rd Qu.   Max.
   1898    3994    5780   8005    8962  83325
```

- 根據上述資訊，我們將那些高於這筆資料平均值的顧客定義為「高 CLV 顧客」，而低於此平均值的顧客則定義為「低 CLV 顧客」。你可以利用以下程式碼進行編碼：

```
clv_encode_fn <- function(x) {if(x > median(df$Customer.Lifetime.Value))
"High" else "Low"}
df$CLV.Segment <- sapply(df$Customer.Lifetime.Value, clv_encode_fn)
```

我們定義了 clv_encode_fn 函數，此函數將高於平均值的顧客編碼為 High，而低於平均值的顧客編碼為 Low。接著，使用 sapply 函數，對 Customer.Lifetime.Value 欄位裡的值進行編碼，並將這些經過編碼的值儲存到新的欄位 CLV.Segment 中。

我們要對 Months Since Policy Inception 欄位進行相同操作。請先看看 Months.Since.Policy.Inception 的資料分布情形：

```
> summary(df$Months.Since.Policy.Inception)
   Min. 1st Qu.  Median   Mean 3rd Qu.   Max.
   0.00   24.00   48.00  48.06   71.00  99.00
```

同理，我們將那些高於 `Months.Since.Policy.Inception` 平均值的顧客定義為高 `Policy.Age.Segment` 顧客，而低於此平均值的顧客則定義為低 `Policy.Age.Segment` 顧客。你可以利用以下程式碼進行編碼：

```
policy_age_encode_fn <- function(x) {if(x >
median(df$Months.Since.Policy.Inception)) "High" else "Low"}
df$Policy.Age.Segment <- sapply(df$Months.Since.Policy.Inception,
policy_age_encode_fn)
```

利用以下程式碼，將這些區隔視覺化呈現：

```
ggplot(
  df[which(df$CLV.Segment=="High" & df$Policy.Age.Segment=="High"),],
  aes(x=Months.Since.Policy.Inception, y=log(Customer.Lifetime.Value))
) +
  geom_point(color='red') +
  geom_point(
    data=df[which(df$CLV.Segment=="High" & df$Policy.Age.Segment=="Low"),],
    color='orange'
  ) +
  geom_point(
    data=df[which(df$CLV.Segment=="Low" & df$Policy.Age.Segment=="Low"),],
    color='green'
  ) +
  geom_point(
    data=df[which(df$CLV.Segment=="Low" & df$Policy.Age.Segment=="High"),],
    color='blue'
  ) +
  ggtitle('Segments by CLV and Policy Age') +
  xlab("Months Since Policy Inception") +
  ylab("CLV (in log scale)") +
  theme(plot.title = element_text(hjust = 0.5))
```

仔細看看這一段程式碼。首先，我們將高 CLV 和高 Policy Age 區隔繪製為紅色的散佈圖。接著重複相同流程，建立一張散佈圖。橘色代表高 CLV 和低 Policy Age 的群組，綠色代表低 CLV 和低 Policy Age 的群組，而藍色代表低 CLV 和高 Policy Age 的顧客區隔。此處值得注意的一點是，我們在 `aes` 函數中如何定義 y 值。在這行程式碼 y=log(Customer. Lifetime.Value) 中，我們將 **CLV** 值轉換為對數尺度。對數尺度（**log scale**）常用於貨幣值，因為這類型的數值經常出現高偏斜度。

運行程式碼後，我們會得到以下「按 CLV 與 Policy Age 的區隔」散佈圖：

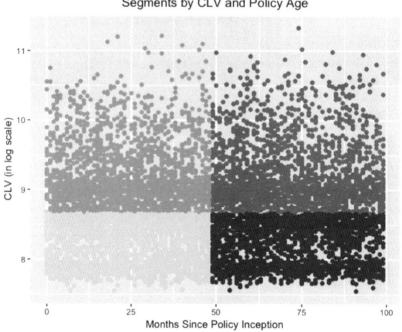

從這張資料散佈圖中可以得知，紅色的資料點代表位於 High CLV 和 High Policy Age 區隔的客戶。橘色的資料點代表位於 High CLV 和 Low Policy Age 區隔的客戶，而藍色的資料點表示位於 Low CLV 和 High Policy Age 區隔的客戶，最後，綠色的資料點則表示位於 Low CLV 和 Low Policy Age 區隔的客戶。

建立好這四個區隔之後，我們來觀察看看參與度在這些區隔中是否存在明顯差別。請閱讀以下程式碼：

```
engagementRateBySegment <- df %>%
  group_by(CLV.Segment, Policy.Age.Segment) %>%
  summarise(Count=n(), NumEngaged=sum(Engaged)) %>%
  mutate(EngagementRate=NumEngaged/Count*100.0)
```

我們按 `CLV.Segment` 和 `Policy.Age.Segment` 這兩個新建欄位對資料進行分組，並且一一計算這四個區隔的參與率。計算結果如下：

	CLV.Segment	Policy.Age.Segment	Count	NumEngaged	EngagementRate
1	High	High	2249	312	13.87283
2	High	Low	2317	306	13.20673
3	Low	High	2253	366	16.24501
4	Low	Low	2315	324	13.99568

以圖表顯示更便於檢視差異，你可以使用以下程式碼，為這筆資料建立一個長條圖：

```
ggplot(engagementRateBySegment, aes(x=CLV.Segment, y=EngagementRate,
fill=Policy.Age.Segment)) +
  geom_bar(width=0.5, stat="identity", position = "dodge") +
  ggtitle('Engagement Rates by Customer Segments') +
  ylab("Engagement Rate (%)") +
  theme(plot.title = element_text(hjust = 0.5))
```

此時，「按顧客區隔的參與率」長條圖如下所示：

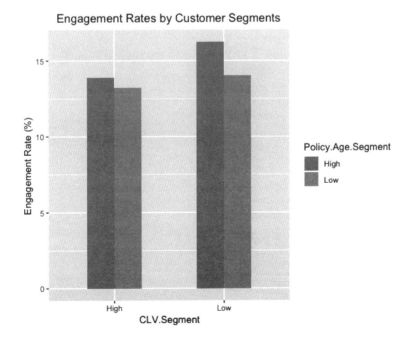

如圖所示，`High.Policy.Age.Segment` 比起 `Low.Policy.Age.Segment` 有更高的參與率。這表示長期投保於這間公司的顧客，他們的回應率較佳。此外還有一點值得關注，在四個區隔之中，`High.Policy.Age` 與 `Low.CLV` 這一區隔內的顧客，他們的參與率最高。根據顧客屬性建立不同的顧客區隔，我們能夠更好地瞭解不同群組內的消費者行為。第 9 章「顧客終身價值」將會更深入地探究消費者區隔的概念。

 你可以透過以下連結檢視並下載本節所使用的完整版 Python 程式碼：`https://github.com/yoonhwang/hands-on-data-science-for-marketing/blob/master/ch.7/R/CustomerBehaviors.R`

本章小結

本章所討論的主題是客戶分析。我們學習了什麼是客戶分析、執行客戶分析的諸多好處與重要性，以及各式各樣的應用範疇。企業更容易取得客戶資料，而關於顧客的豐富資料帶來更激烈的競爭，我們也在在強調確實瞭解顧客喜好的重要性。執行客戶分析是從消費者行為中取得洞察的關鍵步驟，以便建立更好的行銷策略、最佳化銷售渠道，有助於關鍵商業問題的決策。你可以使用客戶分析來監控與追蹤一些關鍵績效指標，比如顧客對不同產品或行銷策略的反應，有效地區隔出相似消費者群體，並且建立預測模型來改善參與率和留存率，甚至是最佳化行銷渠道。

下一章將介紹如何使用預測性分析對行銷參與度的可能性作出預測。我們將會探討一些常用的機器學習演算法，並在資料集中實驗它們的預測成效。

## chapter 8

預測行銷參與度的可能性

本章內容將會拓展我們所習得的知識，並延伸第 7 章「消費者行為的探索式分析」的客戶分析練習。為了打造成功且更具智慧的行銷策略，我們不能只停留在分析顧客資料。借助資料科學與機器學習領域中的先進科技，我們可以明智地推測客戶的未來行為，例如哪一類型的客戶更可能參與行銷活動、哪些客戶可能出現購買行為，或者哪些客戶可能會流失。這些基於客戶歷史資料而做出的預測，有助於提高行銷成效，並進一步針對不同目標受眾打造專屬行銷策略。在本章中，我們將學習如何利用資料科學和機器學習來預測未來結果，以及這些預設如何幫助你開展未來的行銷活動。

本章內容探討以下主題：

- 行銷領域的預測性分析

- 評估分類模型

- 以 Python 預測行銷參與度的可能性

- 以 R 預測行銷參與度的可能性

行銷領域的預測性分析

預測性分析是從歷史資料中提取並分析資訊的過程，旨在判斷資料中的模式，並對未來結果進行預測。許多統計模型和機器學習模型常用於尋找資料集內出現的屬性或特徵，與欲進行預測的目標變數或行為之間的關係。預測性分析的應用範疇可見於各式各樣的產業。

舉例來說，金融產業會利用預測性分析來偵測詐欺行為，對機器學習模型進行訓練，檢測並防範潛在的詐欺交易。醫療保健產業也能善用預測性分析，幫助醫生進行決策過程。此外，預測性分析也能對行銷活動的各種環節中發揮功效，例如顧客取得、顧客留存、向上銷售（up-selling）和交叉銷售等。

廣義而言，預測性分析可處理兩種類型的問題：

- **分類問題**：當觀察值可被分類，屬於其中一個類別時，比如預測客戶是否開啟行銷電子郵件，就是一種分類問題。在這個情境下，只有兩種可能的結果 —— 開啟行銷電子郵件或不開啟電子郵件。

- **迴歸問題**：另一方面，當運算結果可能介於某實際數值範圍中的某一數值時，例如，預測顧客終身價值期就是一種迴歸問題。某位顧客的終身價值可能為 $0，另一個顧客的終身價值則可能是 $10,000。運算結果可能是連續數值的這類問題，被稱為迴歸問題。

在本章中，我們將重點介紹行銷產業中常見的一種分類問題 —— 預測顧客參與的可能性。在第 9 章「顧客終身價值」中，我們將會學習如何處理行銷產業中常見的迴歸問題。

預測性分析在行銷領域的應用

在行銷產業中，預測性分析的應用範疇非常廣泛。本小節將討論四種常見應用：

- **參與的可能性**：預測性分析有助於行銷人員預測客戶參與其行銷活動的可能性。例如，如果你主要透過電子郵件領域進行行銷，則可以利用預測性分析，預測哪些客戶最有可能開啟行銷電子郵件，並針對可能參與的用戶量身訂製行銷策略，得到最高效的行銷成效。舉例來說，如果你在社群媒體上投放廣告，預測性分析可幫助你找出那些可能點擊廣告的某種特定類型顧客。

- **顧客終身價值**：預測性分析可用來預測顧客的預期終身價值。預測性分析會透過歷史交易資料，幫助你在顧客群中找出高價值客戶，你和你的公司可以投注更多心力在這些高價值客戶上，與他們建立良好關係。我們將在下一章更詳細地討論如何打造顧客終身價值的預測模型。

- **推薦正確的產品和內容**：在第 6 章「推薦正確的產品」中，我們曾經討論過如何使用資料科學和機器學習來預測哪些客戶可能會購買產品或查看內容。使用這些預測，您還可以針對個別顧客需求，推薦正確的產品和內容來提高轉換率。

- **顧客取得和留存**：預測性分析被廣泛用於顧客取得和留存。根據你所搜集的潛在客戶資料以及現有客戶的歷史資料，您可以應用預測性分析，找出有高度購買潛力的潛在客戶，或按潛在客戶轉換為活躍客戶的可能性對潛在客戶進行排序。另一方面，你還可以使用客戶流失資料和現有客戶的歷史資料來開發預測模型，預測哪些客戶可能會離開或取消訂閱。我們將在第 11 章「留住顧客」中更詳細地討論如何應用預測性分析來留住顧客。

除了這四種應用情境之外，還有許多你可以運用預測性分析來改善行銷策略的作法。你可以發揮創意，想想哪些環節適用預測性分析，來提升日後的行銷策略成效。

評估分類模型

在開發預測模型時，瞭解如何評估這些模型非常重要。在本節內容中，我們將討論五種評估方法，判斷分類模型的成效。第一個用來衡量預測成效的指標是**正確率**（accuracy）。**正確率**就是在所有預測中，正確預測所佔的百分比，其計算公式如下：

$$正確率 = \frac{正確預測數}{紀錄總數}$$

第二項常用於分類問題的衡量指標是**精準率**（precision）。精準率的定義是真陽性（TP）的個數除以真陽性與偽陽性（FP）的紀錄數量。真陽性（true positive, TP）指真實情況是「有」、模型說「有」的案例個數，而偽陽性（false positive, FP）是真實情況是「沒有」、模型說「有」的案例個數。精準率的計算公式如下：

$$精準率 = \frac{TP}{TP + FP}$$

除了精準率之外，**召回率**（recall）也常用來衡量分類模型的成效。召回率的定義是真陽性（TP）的個數除以真陽性與偽陰性（FN）的紀錄數量。偽陰性（false negative, FN）是真實情況是「有」、模型說「沒有」的案例個數。你可以把召回率想成一種判斷模型檢索出多少真實案例的衡量指標，其公式如下：

$$召回率 = \frac{TP}{TP + FN}$$

最後兩個指標分別是**接收器操作特性**（receiver operating charateristic, ROC）曲線和**曲線下方面積**（area under the curve, AUC）。ROC 曲線表示在不同的閾值下 TP 率和 FP 率的變化。AUC 則是在 ROC 曲線之下的總面積，面積範圍介於 0 到 1 之間，當 AUC 數值越高，表示模型成效越好。隨機分類器的 AUC 為 0.5，如果此時有一個 AUC 值大於 0.5 的分類器，則表示該模型的預測效能優於隨機預測。典型的 ROC 曲線如下圖所示：

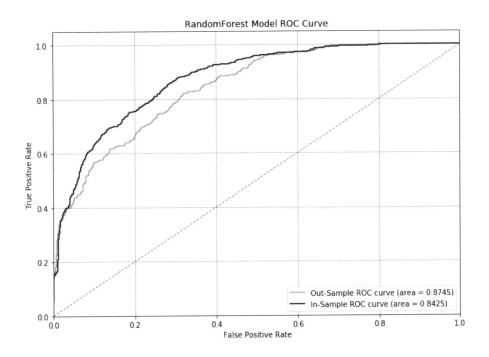

在接下來的程式練習中，我們將利用這五項衡量指標，來評估以 Python 或 R 建立的模型成效。讓我們開始打造機器學習模型，預測行銷參與度的可能性吧！

以 Python 預測行銷參與度的可能性

本節內容討論如何在 Python 中使用機器學習演算法打造預測模型。具體而言，我們將學習如何使用、調整隨機森林演算法來建立預測模型，並評估模型成效。我們主要使用 pandas、matplotlib 和 scikit-learn 套件來分析、視覺化資料，打造機器學習模型，預測顧客參與行銷活動的可能性。希望使用 R 的讀者，你可以跳至下一節。

在本次練習中，我們將會使用 IBM 提供的公開資料集，你可以在此查看：https://www.ibm.com/communities/analytics/watson-analytics-blog/marketing-customer-value-analysis/。請前往以上連結並下載名為 WA_Fn UseC_Marketing Customer Value Analysis.csv 的 CSV 檔案。完成下載後，你可以透過以下指令將資料載入至 Jupyter Notebook：

```
import pandas as pd

df = pd.read_csv('../data/WA_Fn-UseC_-Marketing-Customer-Value-Analysis.csv')
```

此時，df 資料框應如下所示：

```
df.head()
```

	Customer	State	Customer Lifetime Value	Response	Coverage	Education	Effective To Date	EmploymentStatus	Gender	Income	...	Months Since Policy Inception	Number of Open Complaints	Number of Policies
0	BU79786	Washington	2763.519279	No	Basic	Bachelor	2/24/11	Employed	F	56274	...	5	0	1
1	QZ44356	Arizona	6979.535903	No	Extended	Bachelor	1/31/11	Unemployed	F	0	...	42	0	8
2	AI49188	Nevada	12887.431650	No	Premium	Bachelor	2/19/11	Employed	F	48767	...	38	0	2
3	WW63253	California	7645.861827	No	Basic	Bachelor	1/20/11	Unemployed	M	0	...	65	0	7
4	HB64268	Washington	2813.692575	No	Basic	Bachelor	2/3/11	Employed	M	43836	...	44	0	1

你可能會發現，本練習使用了與上一章相同的資料集。我們在上一章累積了關於這個資料集的認識，可以著手準備資料，對目標變數和其他類別變數進行編碼，以便作為特徵，運用於我們的機器學習模型中。

變數編碼

為了使用 Python 的 scikit-learn 套件來打造機器學習模型，資料集中的所有特徵都必須為數值。然而，在這份資料集中，有不少欄位包含非數值的值。比如說，我們將使用機器學習模型進行預測的目標變數 Response，此欄位內的值並不是數字。它包含了兩個字串值：Yes 和 No。我們必須對 Response 進行編碼。可以作為預測模型的特徵之一的 Gender 欄是另一個例子，它也包含兩個字串值：表示女性的 F 和男性的 M。在本節內容中，我們將討論如何對這些非數值資料欄進行編碼，以便作為模型特徵使用。

回應變數編碼

首先，我們要對 Response 的回應變數進行編碼，將 Yes 編碼為 1，將 No 編碼為 0。請看一下這行程式碼：

```
df['Engaged'] = df['Response'].apply(lambda x: 1 if x == 'Yes' else 0)
```

我們在這個 pandas DataFrame 中使用 apply 函數，將 lambda 函數套用至 Response 欄，將 Yes 編碼為 1，將 No 編碼為 0，接著儲存這些經過編碼的值到新建欄位 Engaged。你可以使用這行程式碼取得整體參與率：

```
tdf['Engaged'].mean()
```

經運算後，整體參與率如下：

```
df['Engaged'].mean()
0.14320122618786948
```

類別變數編碼

仔細檢視資料，你會發現以下資料都是類別變數：

```
columns_to_encode = [
    'Sales Channel', 'Vehicle Size', 'Vehicle Class', 'Policy', 'Policy
Type',
    'EmploymentStatus', 'Marital Status', 'Education', 'Coverage'
]
```

這些變數各自擁有一組不同的回應值，而這些值不一定具有特定順序。

如果你還記得第 4 章「從參與度到轉換率」的內容，對類別變數進行編碼的方式不只一種，本章將採取虛擬變數的方法，利用 pandas 套件的 get_dummies 函數，為各類別變數分別建立虛擬變數。請檢視以下程式碼：

```
categorical_features = []
for col in columns_to_encode:
    encoded_df = pd.get_dummies(df[col])
    encoded_df.columns = [col.replace(' ', '.') + '.' + x for x in
encoded_df.columns]
    categorical_features += list(encoded_df.columns)
    df = pd.concat([df, encoded_df], axis=1)
```

我們對 columns_to_encode 中所定義的類別名稱清單進行迭代。接著，針對每一個欄位，使用 pandas 套件的 get_dummies 函數建立虛擬變數。為了減少混淆，我們對 encoded_df 這個新建 DataFrame 中的欄位重新命名，其中每一個欄位包含關於原本欄位名稱與類別之資訊。以 Sale Channel 為例，在 encoded_df 資料框中，這個欄位的資料將顯示如下：

	Sales.Channel.Agent	Sales.Channel.Branch	Sales.Channel.Call Center	Sales.Channel.Web
0	1	0	0	0
1	1	0	0	0
2	1	0	0	0
3	0	0	1	0
4	1	0	0	0
5	0	0	0	1
6	1	0	0	0
7	1	0	0	0
8	1	0	0	0
9	0	1	0	0

從這個例子可以得知，新 DataFrame 中的資料欄顯示了原本 Sale Channel 欄內的每一類別，並使用 one-hot 編碼，如果某筆紀錄屬於某類別，則給予值為 1，如不屬於某類別，則予值為 0。

當我們為欄位建立了虛擬變數後，接著將新建欄位儲存至一個名為 categorical_feature 的變數。最後，我們使用 pandas 套件的 concat 函數，將這個新建 DataFrame 與原始的 DataFrame 序連在一起。此序連函數的其中一個參數 axis=1，告訴 pandas 程式庫將兩個 DataFrame 按資料欄進行序連。

現在，我們成功對除了 Gender 以外的所有類別變數進行編碼。因為（生理）性別只有兩種，我們不需要在 Gender 欄中建立兩個虛擬變數，因此我們將使用以下程式碼建立一個變數，這個變數包含關於某給定紀錄的性別資訊。

```
df['Is.Female'] = df['Gender'].apply(lambda x: 1 if x == 'F' else 0)

categorical_features.append('Is.Female')
```

我們建立了一個名為 Is.Female 的新欄位。使用 pandas DataFrame 的套用函數，將所有表示女性的值編碼為 1，將表示男性的值編碼為 0。

建立預測模型

我們大致準備好開始建立並訓練機器學習模型來預測顧客參與率了。在此之前，我們還要清理一下資料，請先看看以下程式碼：

```
all_features = continuous_features + categorical_features
response = 'Engaged'

sample_df = df[all_features + [response]]
sample_df.columns = [x.replace(' ', '.') for x in sample_df.columns]
all_features = [x.replace(' ', '.') for x in all_features]
```

我們建立了 sample_df 這個新的 DataFrame，包含所有變數（all_features）與回應變數（response）。接著，我們清理欄位和變數名稱，將名稱中的空格以小數點取代。經過清理後，sample_df 資料框應如下所示：

sample_df.head()							
	Customer.Lifetime.Value	Income	Monthly.Premium.Auto	Months.Since.Last.Claim	Months.Since.Policy.Inception	Number.of.Open.Complaints	Number.of.Policie
0	2763.519279	56274	69	32	5	0	
1	6979.535903	0	94	13	42	0	
2	12887.431650	48767	108	18	38	0	
3	7645.861827	0	106	18	65	0	
4	2813.692575	43836	73	12	44	0	

5 rows × 51 columns

現在，準備好一個可供訓練和測試模型的樣本集之後，我們要將這個樣本集拆成兩個子集──一個用來訓練模型，一個用來測試與評估。Python 的機器學習套件 scikit-learn 有一個可以將樣本集拆分成訓練用和測試用的資料組，請看看以下程式碼：

```
from sklearn.model_selection import train_test_split

x_train, x_test, y_train, y_test =
train_test_split(sample_df[all_features], sample_df[response],
test_size=0.3)
```

scikit-learn 套件的 `model_selection` 模組中有一個 `train_test_split` 函數。此函數將樣本集、訓練組和測試組的比例作為輸入參數，並返回經隨機拆分的訓練組和測試組。在這段程式碼中，我們使用樣本集內 70% 的資料進行訓練，其餘 30% 則用來測試。下圖顯示訓練用資料和測試用資料的拆分比例：

```
sample_df.shape

(9134, 51)

x_train.shape

(6393, 50)

x_test.shape

(2741, 50)
```

在 `sample_df` 中共有 9,134 筆資料。`x_train` 中共有 6,393 筆資料，而 `x_test` 中共有 2,741 筆資料，表示約有 70% 的資料作為訓練用，30% 的資料作為測試用。在接下來的篇幅中，我們將使用這些資料集來建立模型，並評估預測成效。

隨機森林模型

現在，我們可以開始建立預測模型了。使用隨機森林演算法來預測某位顧客是否會回應或參與行銷活動。在 Python 的 `scikit-learn` 套件中，`ensemble` 模組實作了隨機森林演算法，你可以使用這段程式碼匯入隨機森林類別：

```
from sklearn.ensemble import RandomForestClassifier
```

使用以下程式碼來建立隨機森林分類器：

```
rf_model = RandomForestClassifier()
```

你可以使用各式各樣的超參數來調整隨機森林模型。超參數是在開始訓練機器學習模型之前預先定義的參數。比方說，在隨機森林演算法的例子中，你可以定義模型中的樹木數量。另一個例子可能是，你可以定義森林中每一棵樹的最大深度，決定樹木的生長能力。

scikit-learn 套件的 RandomForestClassifier 類別中有很多種超參數，此處會介紹幾個例子：

- n_estimators：這個超參數定義森林中的樹木數量。一般來說，越多的樹木代表越好的預測表現。但是，隨著森林中樹木數量的增加，每一棵額外樹木的效能增益會隨之減少。在隨機森林中擁有更多樹木，意味著訓練額外樹木的運算成本會變高，因此，當訓練額外樹的運算成本超過效能增益時，你應該試著找到平衡，控制樹木數量，停止增加更多樹木。

- max_depth：此參數定義個別樹木的最大深度。當深度越大，表示樹木可以從訓練集中取得越多資訊，也就是比起小樹，越大的樹的學習效果更好。這意味著經過訓練的樹木在訓練集中的表現與預測能力較佳，但是無法在沒有經歷過的測試集中同樣表現良好。為了避免出現「過適」或「過度擬合」（overfitting）的情形，我們希望限制樹木的深度，讓模型不會過度擬合訓練集，但仍擁有足夠預測能力，對結果做出準確預測。

- min_samples_split：這個參數定義了當樹木產生分枝節點時，最少需要多少資料點。舉例來說，如果你將 min_samples_split 定義為 50，但在節點上只有 40 筆紀錄，那麼這時的樹木則不會繼續產生分枝。反之，如果某節點上的資料點大於這個預先定義的最小值，則此時樹木會進行分枝，產生子節點。和 max_depth 很像，這個超參數可幫助你避免樹木出現「過適」的情形。

■ `max_features`：此參數定義了在產生分枝節點時，最多必須考慮幾項特徵。這個參數會在隨機森林模型中產生隨機性。隨機森林演算法會根據這個參數值，隨機選取特徵中的子集，決定如何在樹木的節點上產生分枝。這有助於模型中的每一棵樹從訓練集中學習不同的資訊。這些樹木藉有略有差異的特徵集學習訓練集的資料後，最後形成的隨機森林將更為準確，能做出更好的預測結果。

關於更多超參數的詳細內容，你可以前往以下連結，查看官方文件說明：`https://scikit-learn.org/stable/modules/generated/sklearn.ensemble.RandomForestClassifier.html`。

訓練隨機森林模型

使用 `scikit-learn` 套件來訓練一個隨機森林模型很容易上手。請先看看以下程式碼：

```
rf_model = RandomForestClassifier(
    n_estimators=200,
    max_depth=5
)

rf_model.fit(X=x_train, y=y_train)
```

在 `scikit-learn` 套件的 `ensemble` 模組中，需使用 `RandomforestClassfier` 類別。首先建立一個定義好超參數的 `RandomforestClassfier` 物件。為了方便說明，我們指定模型建立 200 棵樹，其中每棵樹的最大深度為 5。接著，你可以使用 `fit` 函數來訓練模型，此函數會取用兩個參數，`x` 和 `y`，其中 `x` 用於訓練樣本，而 `y` 用於訓練標籤或目標值。

運行此程式碼後，你會見到如下輸出結果：

```
from sklearn.ensemble import RandomForestClassifier
```

```
rf_model = RandomForestClassifier(
    n_estimators=200,
    max_depth=5
)
```

```
rf_model.fit(X=x_train, y=y_train)
```
```
RandomForestClassifier(bootstrap=True, class_weight=None, criterion='gini',
            max_depth=5, max_features='auto', max_leaf_nodes=None,
            min_impurity_decrease=0.0, min_impurity_split=None,
            min_samples_leaf=1, min_samples_split=2,
            min_weight_fraction_leaf=0.0, n_estimators=200, n_jobs=1,
            oob_score=False, random_state=None, verbose=0,
            warm_start=False)
```

當隨機森林模型訓練完成後，模型物件會提供許多有用資訊。你可以從經過訓練的 `scikit-learn` 隨機森林模型中提取關於個別樹木的資訊。使用 `estimators_` 屬性，你可檢索森林內的個別樹木。請看看以下輸出結果：

- Individual Trees

```
rf_model.estimators_
```
```
[DecisionTreeClassifier(class_weight=None, criterion='gini', max_depth=5,
            max_features='auto', max_leaf_nodes=None,
            min_impurity_decrease=0.0, min_impurity_split=None,
            min_samples_leaf=1, min_samples_split=2,
            min_weight_fraction_leaf=0.0, presort=False,
            random_state=1182049216, splitter='best'),
 DecisionTreeClassifier(class_weight=None, criterion='gini', max_depth=5,
            max_features='auto', max_leaf_nodes=None,
            min_impurity_decrease=0.0, min_impurity_split=None,
            min_samples_leaf=1, min_samples_split=2,
            min_weight_fraction_leaf=0.0, presort=False,
            random_state=829317093, splitter='best'),
 DecisionTreeClassifier(class_weight=None, criterion='gini', max_depth=5,
            max_features='auto', max_leaf_nodes=None,
            min_impurity_decrease=0.0, min_impurity_split=None,
            min_samples_leaf=1, min_samples_split=2,
            min_weight_fraction_leaf=0.0, presort=False,
            random_state=1398037487, splitter='best'),
 DecisionTreeClassifier(class_weight=None, criterion='gini', max_depth=5,
            max_features='auto', max_leaf_nodes=None,
            min_impurity_decrease=0.0, min_impurity_split=None,
            min_samples_leaf=1, min_samples_split=2,
            min_weight_fraction_leaf=0.0, presort=False,
            random_state=831979291, splitter='best'),
```

estimators_ 屬性會傳回一份子估計器（sub-estimators）的清單，這裡指的是決策樹。有了這份資訊後，你可以類比每個子估計器針對各輸入值所做的預測。比方說，以下程式碼演示如何從森林中的第一個子估計器取得預測結果：

```
rf_model.estimators_[0].predict(x_test)
```

以下輸出結果顯示前五個子估計器所做的部分預測：

```
rf_model.estimators_[0].predict(x_test)[:10]
array([0., 0., 0., 0., 0., 1., 0., 0., 0., 0.])

rf_model.estimators_[1].predict(x_test)[:10]
array([0., 0., 0., 0., 0., 0., 0., 0., 0., 0.])

rf_model.estimators_[2].predict(x_test)[:10]
array([0., 0., 0., 0., 0., 0., 0., 0., 0., 0.])

rf_model.estimators_[3].predict(x_test)[:10]
array([0., 0., 1., 0., 0., 0., 0., 0., 0., 0.])

rf_model.estimators_[4].predict(x_test)[:10]
array([0., 0., 0., 0., 0., 0., 0., 0., 0., 0.])
```

針對測試集的各紀錄，不同的樹木做出了不同的預測。這是因為每一棵樹使用了經過隨機選取的不同特徵子集進行訓練。我們來快速看看這些子估計器所做的預測吧。第一棵樹預測測試集的第六筆紀錄為類別 1，而其他紀錄屬於類別 0，而第二棵樹則預測前十筆紀錄都屬於類別 0。你可以利用這項資訊，瞭解隨機森林如何根據這些子估計器形成最終預測。

另一個能從這個經過訓練的 RandomforestClassfier 物件中取得的實用資訊是特徵重要性（feature importance），我們可以從中瞭解各特徵對於最終預測結果的影響或重要性。你可以使用以下程式碼取得關於各特徵的特徵重要性：

```
rf_model.feature_importances_
```

程式碼的輸出結果如下：

```
- Feature Importances
```

```
rf_model.feature_importances_
```
```
array([0.06054531, 0.09003091, 0.05340668, 0.02954197, 0.05362482,
       0.01076425, 0.02145626, 0.07377831, 0.04641028, 0.00755703,
       0.00755832, 0.00568473, 0.0067975 , 0.01018243, 0.0102477 ,
       0.00495166, 0.00113173, 0.00146122, 0.00683007, 0.00633034,
       0.00360746, 0.00122614, 0.00120962, 0.00099013, 0.00150983,
       0.00156154, 0.00167344, 0.00093062, 0.00100503, 0.00273003,
       0.00141377, 0.00098851, 0.00111641, 0.00475984, 0.03401539,
       0.00604427, 0.29381144, 0.02655533, 0.03369894, 0.01470135,
       0.01590602, 0.00454194, 0.00414489, 0.00268673, 0.0043107 ,
       0.00546048, 0.00556966, 0.00578405, 0.00193898, 0.00781593])
```

為了找出這些特徵重要性的對應特徵，你可以輸入以下程式碼：

```
feature_importance_df =
pd.DataFrame(list(zip(rf_model.feature_importances_, all_features)))
feature_importance_df.columns = ['feature.importance', 'feature']
```

運算結果如下：

```
feature_importance_df = pd.DataFrame(list(zip(rf_model.feature_importances_, all_features)))
feature_importance_df.columns = ['feature.importance', 'feature']

feature_importance_df.sort_values(by='feature.importance', ascending=False)
```

	feature.importance	feature
36	0.293811	EmploymentStatus.Retired
1	0.090031	Income
7	0.073778	Total.Claim.Amount
0	0.060545	Customer.Lifetime.Value
4	0.053625	Months.Since.Policy.Inception
2	0.053407	Monthly.Premium.Auto
8	0.046410	Sales.Channel.Agent
34	0.034015	EmploymentStatus.Employed
38	0.033699	Marital.Status.Divorced
3	0.029542	Months.Since.Last.Claim
37	0.026555	EmploymentStatus.Unemployed
6	0.021456	Number.of.Policies
40	0.015906	Marital.Status.Single
39	0.014701	Marital.Status.Married
5	0.010764	Number.of.Open.Complaints
14	0.010248	Vehicle.Size.Small

EmploymentStatus.Retirement 這個特徵似乎是做出最終預測的關鍵參考因素，而 Income、Total.Claim.Amount 和 Customer.Lifetime.Value 等特徵，在重要性上分別居於第二、三、四位。

評估分類模型

在本章的前半部，我們討論了五種評估分類模型成效的衡量指標。我們將在本節內容中學習如何在 Python 中運算並視覺化呈現這些指標，對我們剛剛建好的隨機森林模型進行評估。

首先檢驗正確率、精準率和召回率這三個衡量指標。Python 的 scikit-learn 套件中實作了這三個指標的函數，你可以直接使用這行程式碼匯入這些函數。

```
from sklearn.metrics import accuracy_score, precision_score, recall_
score
```

scikit-learn 套件的 metrics 模組中有：計算模型正確率的 accuracy_score 函數、計算精準率的 precision_score 函數，以及計算召回率的 recall_score 函數。

在直接開始評估模型成效之前，我們需要先取得模型預測結果。我們可以使用 predict 函數，取得隨機森林模型對資料集所做的資料結果。請看看以下程式碼：

```
in_sample_preds = rf_model.predict(x_train)
out_sample_preds = rf_model.predict(x_test)
```

有了這些預測結果後，我們可以開始評估這個隨機森林模型在訓練集和測試集的預測表現。以下程式碼演示了我們如何使用 scikit-learn 套件 accuracy_score、precision_score，以及 recall_score 等函數：

```
# accuracy
accuracy_score(actual, predictions)

# precision
precision_score(actual, predictions)

# recall
recall_score(actual, predictions)
```

從程式碼中可以看出 accuracy_score、precision_score，以及 recall_score 等函數都取用了兩個參數──真實值和預測值。請先看看以下輸出結果：

```
- Accuracy, Precision, and Recall

from sklearn.metrics import accuracy_score, precision_score, recall_score

in_sample_preds = rf_model.predict(x_train)
out_sample_preds = rf_model.predict(x_test)

print('In-Sample Accuracy: %0.4f' % accuracy_score(y_train, in_sample_preds))
print('Out-of-Sample Accuracy: %0.4f' % accuracy_score(y_test, out_sample_preds))

In-Sample Accuracy: 0.8724
Out-of-Sample Accuracy: 0.8818

print('In-Sample Precision: %0.4f' % precision_score(y_train, in_sample_preds))
print('Out-of-Sample Precision: %0.4f' % precision_score(y_test, out_sample_preds))

In-Sample Precision: 0.9919
Out-of-Sample Precision: 0.9423

print('In-Sample Recall: %0.4f' % recall_score(y_train, in_sample_preds))
print('Out-of-Sample Recall: %0.4f' % recall_score(y_test, out_sample_preds))

In-Sample Recall: 0.1311
Out-of-Sample Recall: 0.1324
```

此輸出結果簡要地提供了關於模型針對顧客是否回應的預測成效。對訓練組來說，整體預測的正確率為 0.8724，這意味著模型預測大約有 87% 的機率是正確的。對於測試組來說，整體預測的正確率為 0.8818，這與訓練組的預測精準率大致相同。你還可以發現，樣本內和樣本外的預測的精準率分別為 0.9919 和 0.9423，而召回率分別為 0.1311 和 0.1324。由於隨機性和採用不同的超參數，你可能會得到不同的結果。

接下來，我們要檢視的指標是 ROC 曲線和 AUC。scikit-learn 套件的 metrics 模組有許多針對 ROC 曲線和 AUC 的實用函數。請看以下程式碼：

```
from sklearn.metrics import roc_curve, auc
```

在 scikit-learn 套件的 metrics 模組中，roc_curve 函數可計算 ROC，
而 auc 函數可計算 AUC。首先，我們需要取得隨機森林模型的預測機率。以
下程式碼展示了我們如何取得隨機森林模型對測試組與訓練組的預測機率：

```
in_sample_preds = rf_model.predict_proba(x_train)[:,1]
out_sample_preds = rf_model.predict_proba(x_test)[:,1]
```

我們對 rf_model 這個隨機森林模型使用了 predict_proba 函數。此函數
會輸出每一個類別中某給定紀錄的預測機率。在我們的例子中，我們只有兩
個可能的類別，0 表示未回應，1 表示回應，所以，predict_proba 函數的
輸出結果會有兩欄，第一欄表示「負」類別的預測機率，也就是沒有回應的
紀錄，而第二欄表示「正」類別的預測機率，表示有回應的紀錄。由於我們
關注的是回應行銷活動的可能性，我們可以取用第二欄的輸出結果。

有了這些針對訓練組和測試組中「正」類別的預測機率之後，現在可以計
算看看 ROC 曲線和 AUC。首先看看如何使用以下程式碼與 roc_curve 函
數來計算 ROC 曲線：

```
in_sample_fpr, in_sample_tpr, in_sample_thresholds = roc_curve(y_train,
in_sample_preds)
out_sample_fpr, out_sample_tpr, out_sample_thresholds = roc_curve(y_test,
out_sample_preds)
```

roc_curve 函數取用了兩個參數──觀察值與預測機率。這個函數會傳回
三項變數：fpr、tpr、thresholds。fpr 值表示各給定閾值的偽陽性率
（false positive rate），tpr 值表示各給定閾值的真陽性率（true positive
rate）。thresholds 的值代表衡量 fpr 和 tpr 的實際閾值。

得出這些 fpr 和 tpr 的數值後，可以使用以下程式碼來計算 AUC：

```
in_sample_roc_auc = auc(in_sample_fpr, in_sample_tpr)
out_sample_roc_auc = auc(out_sample_fpr, out_sample_tpr)

print('In-Sample AUC: %0.4f' % in_sample_roc_auc)
print('Out-Sample AUC: %0.4f' % out_sample_roc_auc)
```

auc 函數取用了兩個參數——fpr 和 tpr。利用之前在 roc_curve 函數中計
算好的 fpr 與 tpr 的值，我們可以輕鬆算出訓練組和測試組的 AUC 值。
輸出結果如下所示：

```
in_sample_roc_auc = auc(in_sample_fpr, in_sample_tpr)
out_sample_roc_auc = auc(out_sample_fpr, out_sample_tpr)

print('In-Sample AUC: %0.4f' % in_sample_roc_auc)
print('Out-Sample AUC: %0.4f' % out_sample_roc_auc)

In-Sample AUC: 0.8745
Out-Sample AUC: 0.8425
```

根據隨機森林演算法的超參數和隨機性，你的 AUC 數值可能和以上例子稍
有出入。在我們的例子中，樣本內訓練集的 AUC 為 0.8745，樣本外測試
集的 AUC 則是 0.8425。如果你計算出的兩個數值差異很大，這表示模型
過度擬合，你必須調整超參數，對森林中的樹木進行修剪，例如調整樹木
可生長的最大深度或產生分枝節點的最小值。

最後，我們要看一看實際的 ROC 曲線。有了 roc_curve 函數所輸出的運
算結果，我們可以用 matplotlib 套件來繪製實際的 ROC 曲線。請看一下
這段程式碼：

```
plt.figure(figsize=(10,7))

plt.plot(
    out_sample_fpr, out_sample_tpr, color='darkorange', label='Out-Sample
ROC curve (area = %0.4f)' % in_sample_roc_auc
)
plt.plot(
    in_sample_fpr, in_sample_tpr, color='navy', label='In-Sample ROC curve
(area = %0.4f)' % out_sample_roc_auc
)
plt.plot([0, 1], [0, 1], color='gray', lw=1, linestyle='--')
plt.grid()
plt.xlim([0.0, 1.0])
plt.ylim([0.0, 1.05])
plt.xlabel('False Positive Rate')
```

```
plt.ylabel('True Positive Rate')
plt.title('RandomForest Model ROC Curve')
plt.legend(loc="lower right")

plt.show()
```

我們要繪製在一張圖表上繪製三條線——一條表示樣本外測試集的 ROC 曲線，一條表示樣本內訓練集的 ROC 曲線，以及一條作為基準的直線。輸出結果如下「隨機森林 ROC 曲線」圖表所示：

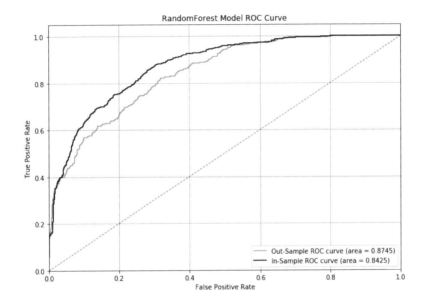

從圖表中可以發現，使用 ROC 曲線，可以清楚檢視與比較模型在訓練集和測試集之間的整體成效。兩條曲線的差異越大，則表示模型對訓練集的資料過度擬合，對於新的資料不具有概括性，難以產出有用的預測結果。

你可以透過以下連結檢視並下載本節所使用的完整版 Python 程式碼：`https://github.com/yoonhwang/hands-on-data-science-for-marketing/blob/master/ch.8/python/PredictingEngagement.ipynb`

以 R 預測行銷參與度的可能性

本節內容討論如何在 R 中使用機器學習演算法打造預測模型。具體而言，我們將學習如何使用、調整隨機森林演算法來建立預測模型，並評估模型成效。我們主要使用 caTools、ROCR 和 randomForest 套件來分析、視覺化資料，打造機器學習模型，預測顧客參與行銷活動的可能性。希望使用 Python 的讀者，你可以翻閱上一節。

在本次練習中，我們將會使用 **IBM** 提供的公開資料集，你可以在此查看：https://www.ibm.com/communities/analytics/watson-analytics-blog/marketing-customer-value-analysis/。請前往以上連結並下載名為 WA_Fn UseC_Marketing Customer Value Analysis.csv 的 **CSV** 檔案。完成下載後，你可以透過以下指令將資料載入至 RStudio：

```
#### 1. Load Data ####
df <- read.csv(
  file="~/Documents/data-science-for-marketing/ch.8/data/WA_Fn-UseC_-
Marketing-Customer-Value-Analysis.csv",
  header=TRUE
)
```

此時，df 應如下所示：

	Customer	State	Customer.Lifetime.Value	Response	Coverage	Education	Effective.To.Date	EmploymentStatus	Gender	Income
1	BU79786	Washington	2763.519	No	Basic	Bachelor	2/24/11	Employed	F	56274
2	QZ44356	Arizona	6979.536	No	Extended	Bachelor	1/31/11	Unemployed	F	0
3	AI49188	Nevada	12887.432	No	Premium	Bachelor	2/19/11	Employed	F	48767
4	WW63253	California	7645.862	No	Basic	Bachelor	1/20/11	Unemployed	M	0
5	HB64268	Washington	2813.693	No	Basic	Bachelor	2/3/11	Employed	M	43836
6	OC83172	Oregon	8256.298	Yes	Basic	Bachelor	1/25/11	Employed	F	62902
7	XZ87318	Oregon	5380.899	Yes	Basic	College	2/24/11	Employed	F	55350
8	CF85061	Arizona	7216.100	No	Premium	Master	1/18/11	Unemployed	M	0
9	DY87989	Oregon	24127.504	Yes	Basic	Bachelor	1/26/11	Medical Leave	M	14072
10	BQ94931	Oregon	7388.178	No	Extended	College	2/17/11	Employed	F	28812
11	SX51350	California	4738.992	No	Basic	College	2/21/11	Unemployed	M	0
12	VQ65197	California	8197.197	No	Basic	College	1/6/11	Unemployed	F	0
13	DP39365	California	8798.797	No	Premium	Master	2/6/11	Employed	M	77026
14	SJ95423	Arizona	8819.019	Yes	Basic	High School or Below	1/10/11	Employed	M	99845
15	IL66569	California	5384.432	No	Basic	College	1/18/11	Employed	M	83689

你可能會發現，本練習使用了與上一章相同的資料集。我們在上一章累積了關於此資料及的認識，可以著手準備資料，對目標變數和其他類別變數進行編碼，以便作為特徵，運用於我們的機器學習模型中。

變數編碼

為了使用 R 語言打造機器學習模型，資料集中的所有特徵都必須為數值。然而，在這份資料集中，有不少欄位包含非數值的值。比如說，我們將使用機器學習模型進行預測的目標變數 Response，此欄位內的值並不是數字。它包含了兩個字串值：Yes 和 No。我們必須對 Response 進行編碼。可以作為預測模型的特徵之一的 Gender 欄是另一個例子，它也包含兩個字串值：表示女性的 F 和男性的 M。在本節內容中，我們將討論如何對這些非數值資料欄進行編碼，以便作為模型特徵使用。

回應變數編碼

首先，我們要對 Response 的回應變數進行編碼，將 Yes 編碼為 1，將 No 編碼為 0。請看一下這行程式碼：

```
## 2.1. Response Variable: Response
df$Engaged <- as.integer(df$Response) - 1
```

我們使用 as.integer 函數，將 Response 欄的值強制轉換為整數值。我們在函數中將值減去 1 的原因是因為在預設情況下，系統將 Yes 編碼為 2，將 No 編碼為 1，而我們想要的是將 Yes 編碼為 1，將 No 編碼為 0。接著，我們將這些經過編碼的值儲存到新建欄位 Engaged。你可以使用這行程式碼取得整體參與率：

```
mean(df$Engaged)
```

經運算後，整體參與率如下：

```
> mean(df$Engaged)
[1] 0.1432012
```

類別變數編碼

仔細檢視資料，你會發現以下資料都是類別變數：

```
## 2.2. Categorical Features

categoricalVars = c(
  'Sales.Channel', 'Vehicle.Size', 'Vehicle.Class', 'Policy',
'Policy.Type',
  'EmploymentStatus', 'Marital.Status', 'Education', 'Coverage',
'Gender'
)
```

這些變數各自擁有一組不同的回應值，而這些值不一定具有特定順序。

如果你還記得第 4 章「從參與度到轉換率」的內容，我們討論了如何在 R 中對類別變數進行編碼的方式。在本章練習中，我們將使用 R 的 model. matrix 函數，為各類別變數的每一類建立虛擬變數。請檢視以下程式碼：

```
encodedDF <- model.matrix(~.-1, df[categoricalVars])
```

在 R 中為類別變數建立虛擬變數很簡單。你只需要將 model.matrix 函數套用到 DataFrame 的類別變數欄位中。仔細看看程式碼，你會發現此處使用了 ~.-1 公式。如果不使用這道公式，則 model.matrix 函數將在輸出的矩陣中建立一個不需要的 Intercept 欄位。這段程式碼將會建立一個新的 encodedDF DataFrame，而前幾欄資料如下所示：

	Sales.ChannelAgent	Sales.ChannelBranch	Sales.ChannelCall Center	Sales.ChannelWeb	Vehicle.SizeMedsize	Vehicle.SizeSmall	Vehicle.ClassLuxury Car
1	1	0	0	0	1	0	0
2	1	0	0	0	1	0	0
3	1	0	0	0	1	0	0
4	0	0	1	0	1	0	0
5	1	0	0	0	1	0	0
6	0	0	0	1	1	0	0
7	1	0	0	0	1	0	0
8	1	0	0	0	1	0	0
9	1	0	0	0	1	0	0
10	0	1	0	0	1	0	0
11	1	0	0	0	0	1	0
12	1	0	0	0	1	0	0
13	1	0	0	0	1	0	0
14	0	1	0	0	1	0	0
15	0	0	1	0	1	0	0

此 DataFrame 的每一欄都表示了原先欄位的每一類別。舉例來說，在第一欄 Sales.ChannelAgent 中，如果顧客由銷售專員進行接觸，則編碼為 1，如不屬於此情況，則予值為 0。另一個例子，在第五欄 Vehicle.SizeMedsize 中，如果顧客擁有中型車，則編碼為 1，如不屬於此情況，則予值為 0。

現在，成功將所有類別變數以數值進行編碼之後，我們需要添加連續變數到 encodedDF 這個新建的 DataFrame 中。請先看看以下程式碼：

```
## 2.3. Continuous Features
continuousFeatures <- c(
  'Customer.Lifetime.Value', 'Income', 'Monthly.Premium.Auto',
  'Months.Since.Last.Claim', 'Months.Since.Policy.Inception',
  'Number.of.Open.Complaints', 'Number.of.Policies', 'Total.Claim.
Amount'
)

encodedDF <- cbind(encodedDF, df[continuousFeatures])
```

我們使用 cbind 函數，將兩個資料框按資料欄進行合併。encodedDF 這個新 DataFrame 包含了所有經過編碼的類別變數，我們將其與連續變數進行合併。接著，我們將這個合併後的 DataFrame 儲存回 encodedDF 變數中。

建立預測模型

我們大致準備好開始建立並訓練機器學習模型來預測顧客回應率或參與率了。我們需要間這個樣本集拆成兩個子集——一個用來訓練模型，一個用來測試與評估。R 的 caTools 套件有許多實用函數，可以將樣本集拆分成訓練用和測試用的資料組，如果你的 R 環境尚未安裝此套件，可以輸入以下程式碼進行安裝：

```
install.packages('caTools')
```

現在，請看看以下程式碼：

```
library(caTools)

sample <- sample.split(df$Customer, SplitRatio = .7)

trainX <- as.matrix(subset(encodedDF, sample == TRUE))
trainY <- as.double(as.matrix(subset(df$Engaged, sample == TRUE)))

testX <- as.matrix(subset(encodedDF, sample == FALSE))
testY <- as.double(as.matrix(subset(df$Engaged, sample == FALSE)))
```

仔細看看這段程式碼。caTools 套件的 sample.split 函數可根據我們想亦比例分割資料集。如程式碼所示，我們使用了 sample 集內 70% 的資料作為訓練組，30% 的資料作為測試組。結果變數 sample 此時有一個以布林值（TRUE 或 FALSE）表示的陣列，此資料陣列的 70% 為 TRUE，剩下的 30% 為 FALSE。

有了這筆資料後，我們可以建立訓練組和測試組。我們使用了 subset 函數。首先，我們將那些在 sample 變數中對應為 TRUE 的紀錄作為訓練組。接著，那些在 sample 變數中對應為 FALSE 的紀錄作為測試組。下圖顯示在樣本集中，訓練用資料和測試用資料的比例：

```
> dim(encodedDF)
[1] 9134   42
>
> dim(trainX)
[1] 6393   42
>
> dim(testX)
[1] 2741   42
```

在 encodedDf 中共有 9,134 筆資料。trainX 中共有 6,393 筆資料，而 testX 中共有 2,741 筆資料，表示約有 70% 的資料作為訓練用，30% 的資料作為測試用。在接下來的篇幅中，我們將使用這些資料集來建立模型，並評估預測成效。

隨機森林模型

現在，我們可以開始建立預測模型了。我們使用隨機森林演算法來預測某位顧客是否會回應或參與行銷活動。我們將使用 R 的 randomForest 程式庫。如果你的 R 環境尚未安裝此套件，可以輸入以下程式碼進行安裝：

```
install.packages('randomForest')
```

完成安裝套件之後，你可以使用以下程式碼建立隨機森林模型：

```
library(randomForest)

rfModel <- randomForest(x=trainX, y=factor(trainY))
```

你可以使用各式各樣的超參數來調整隨機森林模型。超參數是在開始訓練機器學習模型之前預先定義的參數。比方說，在隨機森林演算法的例子中，你可以定義模型中的樹木數量。另一個例子可能是，你可以定義森林中每一棵樹的最大深度，決定樹木的生長能力。

有許多可供你定義及微調的超參數，此處介紹幾個例子：

■ **ntree**：這個超參數定義森林中的樹木數量。一般來說，越多的樹木代表越好的預測表現。但是，隨著森林中樹木數量的增加，每一棵額外樹木的效能增益會隨之減少。在隨機森林中擁有更多樹木，意味著訓練額外樹木的運算成本會變高，因此，當訓練額外樹的運算成本超過效能增益時，你應該試著找到平衡，控制樹木數量，停止增加更多樹木。

- **sampsize**：此參數定義在訓練每一棵樹時需要取用的樣本大小。在訓練隨機森林模型時，這個參數將會引入隨機性到森林中。如果樣本大小的值越高，則會產出較不隨機的森林，並且較容易出現「過適」或「過度擬合」（overfitting）的情形。這意味著經過訓練的樹木在訓練集中的表現與預測能力較佳，但是無法在新的資料集中同樣表現良好。減少樣本大小可以避免「過度擬合」，但通常也會降低模型的預測效能。

- **nodsize**：這個參數定義終端節點中所需樣本數的最小值，表示在每一個終端節點中最少需要多少資料樣本。當這個值越大，則樹木生長幅度越小。當你增加這個值，可以排除「過度擬合」問題，但可能犧牲模型預測效能。

- **maxnodes**：此參數定義了每一棵樹最多可以擁有幾個終端節點。如果你沒有對此進行設定，則演算法將讓森林生長到極致。如此可能導致訓練集出現「過度擬合」的情形。降低終端節點的數量，有助於解決「過度擬合」問題。

關於更多超參數的詳細內容，你可以前往以下連結，查看官方文件說明：
`https://www.rdocumentation.org/packages/randomForest/versions/4.6-14/topics/randomForest`。

訓練隨機森林模型

使用 randomForest 套件來訓練一個隨機森林模型很簡單。請先看看以下程式碼：

```
rfModel <- randomForest(x=trainX, y=factor(trainY), ntree=200, maxnodes=24)
```

只要使用 randomForest 套件的 randomForest 函數，你就能輕鬆訓練隨機森林模型。你只需要為該函數提供訓練集。為了方便說明，我們指示該模型建立 200 棵樹，每一棵樹至多只能生長 24 個終端節點。

運行此程式碼後，你會見到如下輸出結果：

Name	Type	Value
● rfModel	list [18] (S3: randomForest)	List of length 18
● call	language	randomForest(x = trainX, y = factor(trainY), ntree = 200, maxnodes = 24)
type	character [1]	'classification'
● predicted	factor	Factor with 6393 levels: "0", "0", "0", "0", "0", "0" , ...
err.rate	double [200 x 3]	0.12019 0.11917 0.12560 0.12535 0.12870 0.12930 0.00884 0.00792 0.00802 0.0...
confusion	double [2 x 3]	5.49e+03 8.06e+02 1.00e+01 8.90e+01 1.82e-03 9.01e-01
votes	double [6393 x 2] (S3: matrix	1.0000 1.0000 1.0000 0.9861 1.0000 1.0000 0.0000 0.0000 0.0000 0.0139 0.0000 ...
oob.times	double [6393]	80 74 75 72 72 68 ...
classes	character [2]	'0' '1'
importance	double [42 x 1]	8.807 1.574 1.074 1.301 0.954 2.164 ...
importanceSD	NULL	Pairlist of length 0
localImportance	NULL	Pairlist of length 0
proximity	NULL	Pairlist of length 0
ntree	double [1]	200
mtry	double [1]	6
● forest	list [14]	List of length 14
y	factor	Factor with 6393 levels: "0", "0", "0", "0", "1", "0" , ...
test	NULL	Pairlist of length 0
inbag	NULL	Pairlist of length 0

當隨機森林模型訓練完成後，模型物件會提供許多有用資訊。你可以從經過訓練的隨機森林模型中提取關於個別樹木的資訊。使用 getTree 函數，你可以對森林內的個別樹木進行檢索。請看看以下輸出結果：

```
> getTree(rfModel, 1)
   left daughter right daughter split var split point status prediction
1              2              3        42     302.37692      1          0
2              4              5         1       0.50000      1          0
3              6              7        35    2017.56718      1          0
4              8              9        39      11.50000      1          0
5             10             11        42      49.16778      1          0
6             12             13        38       9.00000      1          0
7             14             15        39      96.50000      1          0
8             16             17         3       0.50000      1          0
9             18             19        35    3884.07793      1          0
10            20             21        26       0.50000      1          0
11            22             23        24       0.50000      1          0
12             0              0         0       0.00000     -1          1
13            24             25         5       0.50000      1          0
14            26             27        36   10261.50000      1          0
15             0              0         0       0.00000     -1          1
16            28             29         5       0.50000      1          0
17             0              0         0       0.00000     -1          1
18            30             31        36   63155.50000      1          0
19            32             33        22       0.50000      1          0
20            34             35        39      33.50000      1          0
```

此時，我們正在查看關於森林中第一棵樹的資訊。以上輸出告訴我們這棵樹的結構。`left daughter` 和 `right daughter` 欄位告訴我們在某節點位於樹木中的哪一位置。`status` 欄位說明某節點是（-1）／否（1）為終端節點。`prediction` 欄位則表示此節點所做的預測。

從這個經過擬合的隨機森林模型中，我們還可以瞭解每一個樹所做出的預測。請先看看以下程式碼：

```
predict(rfModel, trainX, predict.all=TRUE)
```

`prediction` 函數利用 `predict.all=TRUE` 標記，返回森林中所有樹木所做的預測。請看以下輸出結果：

```
> predict(rfModel, trainX, predict.all=TRUE)$individual
  [,1] [,2] [,3] [,4] [,5] [,6] [,7] [,8] [,9] [,10] [,11] [,12] [,13] [,14] [,15] [,16] [,17] [,18] [,19] [,20]
2  "0"  "0"  "0"  "0"  "0"  "0"  "0"  "0"  "0"  "0"   "0"   "0"   "0"   "0"   "0"   "0"   "0"   "0"   "0"   "0"
3  "0"  "0"  "0"  "0"  "0"  "0"  "0"  "0"  "0"  "0"   "0"   "0"   "0"   "0"   "0"   "0"   "0"   "0"   "0"   "0"
4  "0"  "0"  "0"  "0"  "0"  "0"  "0"  "0"  "0"  "0"   "0"   "0"   "0"   "0"   "0"   "0"   "0"   "0"   "0"   "0"
5  "0"  "0"  "0"  "0"  "0"  "0"  "0"  "0"  "0"  "0"   "0"   "0"   "0"   "0"   "0"   "0"   "0"   "0"   "0"   "0"
7  "0"  "0"  "0"  "0"  "0"  "0"  "0"  "0"  "0"  "1"   "0"   "0"   "0"   "0"   "0"   "0"   "0"   "0"   "0"   "0"
```

此輸出結果顯示了訓練集中前二十棵樹對於前五筆紀錄所做的預測。森林中第十棵樹預測訓練集中第五筆記錄為類別 1，而其餘十九棵樹對第五筆記錄的預測類別都是 0。針對測試集的各紀錄，不同的樹木做出了不同的預測。這是因為每一棵樹使用了經過隨機選取的不同特徵子集進行訓練。你可以利用這項資訊，瞭解隨機森林如何根據這些子估計器形成最終預測。

另一個能從這個經過訓練的 `randomForest` 物件中取得的實用資訊是特徵重要性（feature importance），我們可以從中瞭解各特徵對於最終預測結果的影響或重要性。你可以使用以下程式碼取得關於各特徵的特徵重要性：

```
# - Feature Importances
importance(rfModel)
```

運行程式碼後，部分輸出結果如下：

```
> importance(rfModel)
                                    MeanDecreaseGini
Sales.ChannelAgent                       8.80679847
Sales.ChannelBranch                      1.57399368
Sales.ChannelCall Center                 1.07412042
Sales.ChannelWeb                         1.30109148
Vehicle.SizeMedsize                      0.95446772
Vehicle.SizeSmall                        2.16432825
Vehicle.ClassLuxury Car                  0.14581500
Vehicle.ClassLuxury SUV                  0.09509184
Vehicle.ClassSports Car                  0.69120913
Vehicle.ClassSUV                         0.95105991
Vehicle.ClassTwo-Door Car                0.51935534
PolicyCorporate L2                       0.43019126
PolicyCorporate L3                       0.29868539
PolicyPersonal L1                        0.28883213
PolicyPersonal L2                        0.16178421
PolicyPersonal L3                        0.23481424
PolicySpecial L1                         0.36156105
PolicySpecial L2                         0.06004588
PolicySpecial L3                         0.63030395
Policy.TypePersonal Auto                 0.16764506
Policy.TypeSpecial Auto                  0.36371783
EmploymentStatusEmployed                 4.94663314
EmploymentStatusMedical Leave            0.58598988
EmploymentStatusRetired                 70.39553508
EmploymentStatusUnemployed               5.81568328
Marital.StatusMarried                    3.86505447
Marital.StatusSingle                     2.64214736
EducationCollege                         1.35925811
EducationDoctor                          0.54873538
EducationHigh School or Below            0.88504666
EducationMaster                          1.09701383
CoverageExtended                         0.89261823
CoveragePremium                          0.57386404
GenderM                                  0.87952114
```

`EmploymentStatus.Retirement` 這個特徵似乎是做出最終預測的關鍵參考因素，而 `Income`、`Total.Claim.Amount` 和 `Customer.Lifetime.Value` 等特徵，在重要性上分別居於第二、三、四位。

評估分類模型

在本章的前半部，我們討論了五種評估分類模型成效的衡量指標。我們將在本節內容中學習如何在 Python 中運算並視覺化呈現這些指標，對我們剛剛建好的隨機森林模型進行評估。

首先檢驗正確率、精準率和召回率這三個衡量指標。在直接開始評估模型成效之前，我們需要先取得模型預測結果。我們可以使用 predict 函數，取得隨機森林模型對資料集所做的資料結果。請看看以下程式碼：

```
inSamplePreds <- as.double(predict(rfModel, trainX)) - 1
outSamplePreds <- as.double(predict(rfModel, testX)) - 1
```

有了這些預測結果後，我們可以開始評估這個隨機森林模型在訓練集和測試集的預測表現。以下程式碼演示了我們如何在 R 中計算正確率、精準率和召回率：

```
# - Accuracy
accuracy <- mean(testY == outSamplePreds)

# - Precision
precision <- sum(outSamplePreds & testY) / sum(outSamplePreds)

# - Recall
recall <- sum(outSamplePreds & testY) / sum(testY)
```

使用這個方法，我們可以比較樣本內訓練組與樣本外測試組的 accuracy、precision，以及 recall。請先看看以下輸出結果：

```
> # - Accuracy, Precision, and Recall
> inSampleAccuracy <- mean(trainY == inSamplePreds)
> outSampleAccuracy <- mean(testY == outSamplePreds)
> print(sprintf('In-Sample Accuracy: %0.4f', inSampleAccuracy))
[1] "In-Sample Accuracy: 0.8756"
> print(sprintf('Out-Sample Accuracy: %0.4f', outSampleAccuracy))
[1] "Out-Sample Accuracy: 0.8636"
>
> inSamplePrecision <- sum(inSamplePreds & trainY) / sum(inSamplePreds)
> outSamplePrecision <- sum(outSamplePreds & testY) / sum(outSamplePreds)
> print(sprintf('In-Sample Precision: %0.4f', inSamplePrecision))
[1] "In-Sample Precision: 0.9717"
> print(sprintf('Out-Sample Precision: %0.4f', outSamplePrecision))
[1] "Out-Sample Precision: 0.8980"
>
> inSampleRecall <- sum(inSamplePreds & trainY) / sum(trainY)
> outSampleRecall <- sum(outSamplePreds & testY) / sum(testY)
> print(sprintf('In-Sample Recall: %0.4f', inSampleRecall))
[1] "In-Sample Recall: 0.1151"
> print(sprintf('Out-Sample Recall: %0.4f', outSampleRecall))
[1] "Out-Sample Recall: 0.1065"
```

此輸出結果簡要地提供了關於模型針對顧客是否回應的預測成效。對訓練組來說，整體預測的正確率為 0.8756，這意味著模型預測大約有 88% 的機率是正確的。對於測試組來說，整體預測的正確率為 0.8636。你還可以發現，樣本內和樣本外的預測的精準率別為 0.9717 和 0.8980，而召回率分別為 0.1151 和 0.1065。由於隨機性和採用不同的超參數，你可能會得到不同的結果。

接下來，我們要檢視的指標是 ROC 曲線和 AUC。我們要使用 ROCR 套件。如果你的 R 環境尚未安裝此套件，可以輸入以下程式碼進行安裝：

```
install.packages('ROCR')
```

請先看看以下關於 ROC 曲線與 AUC 值的程式碼：

```
library(ROCR)

inSamplePredProbs <- as.double(predict(rfModel, trainX, type='prob')
[,2])
outSamplePredProbs <- as.double(predict(rfModel, testX, type='prob')
[,2])

pred <- prediction(outSamplePredProbs, testY)
perf <- performance(pred, measure = "tpr", x.measure = "fpr")
auc <- performance(pred, measure='auc')@y.values[[1]]

plot(
  perf,
  main=sprintf('Random Forest Model ROC Curve (AUC: %0.2f)', auc),
  col='darkorange',
  lwd=2
) + grid()
abline(a = 0, b = 1, col='darkgray', lty=3, lwd=2)
```

首先，我們使用 predict 函數和 type='prob' 標記，取得隨機森林模型的預測機率。接著，使用 ROCR 套件的 prediction 函數。此函數會計算在不同機率截點下，真陽性和偽陽性的數量，以便我們繪製 ROC 曲線。有了 prediction 函數的輸出結果後，我們可以使用 ROCR 套件的 performance

函數，取得真陽性率和偽陽性率。最後，我們使用同一個的 performance 函數，加上不同標記 measure='auc'，計算 AUC 的值。

有了這些資料後，我們可以使用 plot 函數，根據 performace 函數所輸出的 perf 變數，繪製出 ROC 曲線，圖表如下所示：

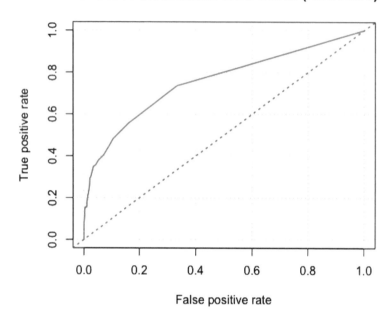

從圖表中可以發現，我們的隨機森林模型的 AUC 值為 0.76。與代表完全隨機的基準線相比，這個模型的預測成效更佳，表示模型的預測結果優於隨機預測。

你可以透過以下連結檢視並下載本節所使用的完整版 R 程式碼：
https://github.com/yoonhwang/hands-on-data-science-for-marketing/blob/master/ch.8/R/PredictingEngagement.R

本章小結

本章探討預測性分析，以及它在行銷領域的應用情境。我們首先介紹了什麼是預測性分析，如何用於金融或醫療等各式各樣的產業，接著討論了四種行銷產業中預測性分析的常見使用情境：顧客參與的可能性、顧客終身價值、推薦對的產品與內容，以及顧客取得和留存。預測性分析的應用潛能無限，我們建議你跟上潮流，瞭解預測性分析在行銷領域的應用方式。最後，我們探討了五種衡量預測模型成效的指標——正確率、精準率、召回率、ROC 曲線和 AUC。

下一章將繼續拓展對預測性分析的認識。我們將討論顧客終身價值的概念與其重要性，並且打造機器學習模型，衡量顧客終身價值。

chapter **9**

顧客終身價值

本章聚焦介紹在行銷領域中預測性分析的第二個使用情境，也就是我們在上一章中討論的顧客終身價值。妥善規劃、運用行銷預算，始終行銷工作中的關鍵挑戰。我們不想花太多錢，卻得到負投資報酬率。但我們也不想花太少錢，沒有產生明顯影響，導致效果不彰。在決定一項行銷策略的預算時，必須先確實瞭解執行某行銷活動的預期回報。掌握個別客戶的顧客終身價值（CLV, Customer Lifetime Value）可以作為行銷預算的合理依據，還可以幫助行銷人員針對潛在的高價值客戶進行行銷推廣。在本章內容中，我們將更詳細地討論計算 CLV 的概念和優勢，以及如何以 Python 和 R 建立機器學習模型，預測個別客戶的預期 CLV。

在本章中，我們將介紹以下主題：

- 顧客終身價值（CLV）

- 評估迴歸模型

- 以 Python 預測三個月的顧客終身價值

- 以 R 預測三個月的顧客終身價值

顧客終身價值（CLV）

在市場行銷中，CLV 是一項必須取得並確實監控的關鍵指標。顧客終生價值（CLV, Customer Lifetime Value），指的是每個用戶（購買者、會員、使用者）在未來可能為該服務帶來的收益總和。這項指標對於取得新客戶這項任務尤為重要。取得新客戶的成本通常比留住現有客戶更昂貴，因此好好瞭解與取得新客戶相關的終身價值和成本，對於建立擁有正投資報酬率的行銷策略至關重要。舉例來說，如果客戶的平均 CLV 為 100 美元，而獲得新客戶的成本僅需 10 美元，那麼當你獲得越多新客戶，公司業務可望創造更多收入。

不過，如果此時取得新客戶的成本為 150 美元，而客戶的平均 CLV 仍為 100 美元，則每次取得新客戶時，皆會造成財務報表上的虧損。簡單來說，假如取得新客戶的行銷支出超過 CLV，就會產生虧損，此時最好將行銷活動的受眾瞄準為現有客戶。

有各式各樣的方法可用來計算 CLV。方法之一是尋找客戶的平均購買金額、購買頻率和留存期，並進行簡單計算來取得 CLV。舉例來說，假如顧客的平均購買金額為 100 美元，平均每月購買 5 次。則此客戶的每月平均價值為 500 美元，你只需將平均購買金額與平均購買頻率相乘即可。現在，我們想知道這位顧客的生命週期。每月平均流失率是用來估計客戶留存期的一種方法，流失率指離開並終止與你的業務關係的顧客數量之於所有客戶的百分比。你可以將客戶的生命週期除以客戶流失率，估計客戶的留存期。假設客戶流失率為 5%，客戶的留存期為 20 年。當客戶每月平均價值為 500 美元，生命週期為 20 年，客戶的 CLV 為 120,000 美元。此最終 CLV 數值的計算方法是將 $500（每月平均值）乘以 12 個月及 20 年的留存期。

通常，我們並不知道客戶的具體留存期，常見做法是估計一定期間內的CLV，可能是 12 個月、24 個月，甚至是 3 個月。顧客終身價值除了上述例子的計算方式外，還可以利用預測模型進行估計。我們可以使用機器學習演算法，搭配客戶購買歷史資料，打造一個預測模型，預測客戶在一定時期內的顧客終身價值。在本章的程式設計練習中，我們將學習如何建立一個迴歸模型，預測三個月的顧客終身價值。

評估迴歸模型

我們需要使用一組不同於評估分類模型的新衡量指標，來評估迴歸模型。這是因為迴歸模型的預測輸出結果是連續值，可能是任何數值，且不限於預先定義的數值集的數值。另一方面，正如我們在第 8 章「預測行銷參與度的可能性」中所見，分類模型的預測輸出結果只能是特定的值，在預測參與度的案例中，上一章的分類模型只能採用兩個值 —— 0 表示無參與，1 表示參與。基於以上差異，在評估迴歸模型時，我們需要使用不同的指標。

本節內容將討論四種常用來評估迴歸模型的方法：均方差（MSE, mean squared error）、平均絕對誤差（MAE, median absolute error）、R^2，以及預測值與實際值的分散圖。顧名思義，MSE 測量平方誤差的平均值，其中誤差是預測值和實際值之間的差異。MSE 的公式如下所示：

$$MSE = \frac{1}{n} \sum_{i=1}^{n} (Y_i - Y_i')^2$$

此方程式中的 Y 值是實際值，Y' 值是預測值。由於 MSE 是平方誤差的平均值，因此這個測量值對於異常值非常敏感，很容易受到離群值的影響。

另一方面，因為 MAE 對異常值的敏感度較低，數值表現較為穩健，因為平均值受離群值或尾端值的影響比平均值小得多。以下方程式取自 scikit-learn 的說明文件：`https://scikit-learn.org/stable/modules/model_evaluation.html#median-absolute-error`，MAE 的計算方式如下：

$$MedAE(y, \hat{y}) = median(|y_1 - \hat{y_1}|, \ldots, |y_n - \hat{y_n}|)$$

此處的 y 值表示實際值，$\hat{y}$ 值表示預測值。

R^2 是另一個常用於迴歸模型的測量值，也稱為決定係數。R^2 測量模型擬合的優異程度，也就是測量迴歸模型與資料的擬合程度。簡而言之，R^2 是目標變數中可解釋的變異性所佔的比例，以此來判斷迴歸模型的解釋力。方程式如下所示：

$$R^2 = \frac{ExplainedVariation}{TotalVariation}$$

R^2 的值通常介於 0 和 1 之間。當 $R^2 = 0$，表示模型完全無法解釋或找出目標變數的變異性，且模型沒有擬合資料。另一方面，當 $R^2 = 1$，表示模型可以百分之百解釋目標變數的變異性，說明模型很適合該筆資料。R^2 值越接近 1，模型的擬合程度越好。

最後，預測值與實際值的分散圖，可以視覺化呈現模型的擬合程度。「樣本外實際值 vs. 預測值」分散圖的例子如下：

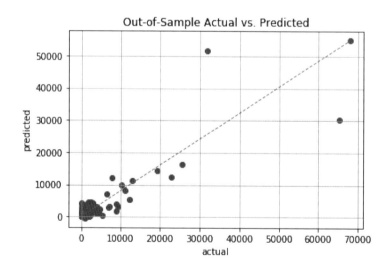

如果模型與資料擬合良好，此分散圖的資料點越靠近圖中的對角線。如果模型的 R^2 值越大，則資料點越靠近對角線。反之，如果模型的 R^2 越小，則資料點將分散到遠離對角線的地方。在接下來的程式設計練習中，我們將討論如何在 Python 和 R 中計算和視覺化這些測量值，並將使用這些衡量指標來評估迴歸模型。

以 Python 預測三個月的顧客價值

本節內容討論如何在 Python 中使用機器學習演算法打造並評估迴歸模型。我們將使用線性迴歸演算法建立一個預測模型來預測 CLV，也就是三個月的顧客價值。我們主要使用 pandas、matplotlib 和 scikit-learn 套件來分析、視覺化資料，同時建立機器學習模型來預測三個月的顧客價值。希望使用 R 的讀者，你可以跳至下一節。

在本次練習中，我們將會使用 UCI Machine Learning Repository 的公開資料集，你可以在此查看：`http://archive.ics.uci.edu/ml/datasets/online+retail`。

請前往上述連結下載名為 Online Retail 的 CSV 檔案。完成下載後，你可以透過以下指令將資料載入至 Jupyter Notebook：

```
import pandas as pd

df = pd.read_excel('../data/Online Retail.xlsx', sheet_name='Online Retail')
```

此時，df 資料框應如下所示：

你可能會發現，本練習使用了與前幾章相同的資料集。基於對這份資料集的認識，我們首先要進行資料清理。

資料清理

跟之前一樣，我們需要清理一下資料集的內容，清理步驟如下：

1. **處理數量欄的負值**：資料集中有幾筆交易的 Quantity 值為負數，表示已取消的訂單。在本練習中，我們要忽略這些已取消訂單，從 pandas 資料框中排除這些資料，程式碼如下：

   ```
   df = df.loc[df['Quantity'] > 0]
   ```

   我們取用 Quantity 值為正數的資料列，將這些紀錄儲存為 df 變數。

2. **移除 NaN 紀錄**：我們要排除那些缺少 CustomerID 的紀錄。因為我們想建立一個預測三個月內顧客價值的機器學習演算法，需要按 CustomerID 對資料進行分組。移除缺少 CustomerID 的紀錄之程式碼如下：

   ```
   df = df[pd.notnull(df['CustomerID'])]
   ```

   我們使用了 pandas 套件中的 notnull 函數，此函數會返回一份陣列清單，True 值表示某索引的值不是 null，而 False 值表示在某索引的值為 null。我們將這些在 CustomerID 欄內不為空值的紀錄儲存回 df 變數。

3. **處理不完整資料**：我們還要處理不完整的資料。如果你還記得，最後一個月的交易資料並不完整。請先看看以下輸出結果：

```
print('Date Range: %s ~ %s' % (df['InvoiceDate'].min(), df['InvoiceDate'].max()))
Date Range: 2010-12-01 08:26:00 ~ 2011-12-09 12:50:00
```

這個資料集有從 2011/12/1 至 2011/12/9 的交易紀錄，但沒有 2011 年 12 月一整個月的資料。為了建立一個適當的預測模型，對三個月內的顧客價值做出預測，我們必須忽略最後一個月的交易紀錄。請參考以下程式碼的做法：

```
df = df.loc[df['InvoiceDate'] < '2011-12-01']
```

我們取用了 2011/12/1 之前的所有交易紀錄，並將這些資料儲存回 df 變數。

4. **總銷售價值**：最後，我們需要為每一筆紀錄建立新的一欄，表示總銷售價值，請看看以下程式碼：

```
df['Sales'] = df['Quantity'] * df['UnitPrice']
```

將 Quantity 乘以 UnitPrice，取得每一筆交易的總購買金額。接著，將這些值儲存到名為 Sales 的欄位中。現在，資料清理任務大功告成。

現在，完成對所有交易資料的清理之後，讓我們匯總每筆訂單 InvoiceNo 的資料，請閱讀以下程式碼：

```
orders_df = df.groupby(['CustomerID', 'InvoiceNo']).agg({
    'Sales': sum,
    'InvoiceDate': max
})
```

我們按 CustomerID 和 InvoiceNo 這兩個資料欄，對 df 這個 DataFrame 進行分組。接著，加總每一筆顧客與訂單的 Sales 值，並將最終交易日期作為 InvoiceDate。如此一來，我們有了一個新的 DataFrame：orders_df，讓我們更加了解每一位顧客所做的每一筆交易。這筆資料如下圖所示：

```
orders_df
```

CustomerID	InvoiceNo	Sales	InvoiceDate
12346.0	541431	77183.60	2011-01-18 10:01:00
12347.0	537626	711.79	2010-12-07 14:57:00
	542237	475.39	2011-01-26 14:30:00
	549222	636.25	2011-04-07 10:43:00
	556201	382.52	2011-06-09 13:01:00
	562032	584.91	2011-08-02 08:48:00
	573511	1294.32	2011-10-31 12:25:00
12348.0	539318	892.80	2010-12-16 19:09:00
	541998	227.44	2011-01-25 10:42:00
	548955	367.00	2011-04-05 10:47:00
	568172	310.00	2011-09-25 13:13:00

在開始打造模型之前，我們先來看看這份關於顧客購買歷史紀錄的資料。

資料分析

為了計算顧客終身價值，我們要先知道每位顧客的購買頻率、最近一次購買和總購買量。我們使用以下程式碼，計算每位顧客的平均購買金額和（生命週期內）總購買金額，以及每位顧客的留存時間與購買頻率等基本資訊：

```
def groupby_mean(x):
    return x.mean()

def groupby_count(x):
    return x.count()

def purchase_duration(x):
    return (x.max() - x.min()).days

def avg_frequency(x):
    return (x.max() - x.min()).days/x.count()
```

```
groupby_mean.__name__ = 'avg'
groupby_count.__name__ = 'count'
purchase_duration.__name__ = 'purchase_duration'
avg_frequency.__name__ = 'purchase_frequency'

summary_df = orders_df.reset_index().groupby('CustomerID').agg({
    'Sales': [min, max, sum, groupby_mean, groupby_count],
    'InvoiceDate': [min, max, purchase_duration, avg_frequency]
})
```

首先按 `CustomerID` 對資料進行分組，然後按 `Sales` 和 `InvoiceDate`
進行加總。仔細看看加總函數，你將發現我們使用了四個客戶加總函
數：`groupby_mean`、`groupby_count`、`purchase_duration` 和 `avg_`
`frequency`。第一個函數 `groupby_mean`，計算每一組的平均值，第二個
函數 `groupby_count`，計算每一組的紀錄數量。`purchase_duration` 函
數計算各組的第一個訂單日期和最後一個訂單日期相差多少天，而 `avg_`
`frequency` 函數則將 `purchase_duration` 除以訂單數量，計算平均訂單
頻率。

新輸出的 `DataFrame` 如下所示：

summary_df									
	Sales					**InvoiceDate**			
	min	max	sum	avg	count	min	max	purchase_duration	purchase_frequency
CustomerID									
12346.0	77183.60	77183.60	77183.60	77183.600000	1.0	2011-01-18 10:01:00	2011-01-18 10:01:00	0	0.000000
12347.0	382.52	1294.32	4085.18	680.863333	6.0	2010-12-07 14:57:00	2011-10-31 12:25:00	327	54.500000
12348.0	227.44	892.80	1797.24	449.310000	4.0	2010-12-16 19:09:00	2011-09-25 13:13:00	282	70.500000
12349.0	1757.55	1757.55	1757.55	1757.550000	1.0	2011-11-21 09:51:00	2011-11-21 09:51:00	0	0.000000
12350.0	334.40	334.40	334.40	334.400000	1.0	2011-02-02 16:01:00	2011-02-02 16:01:00	0	0.000000
12352.0	120.33	840.30	2506.04	313.255000	8.0	2011-02-16 12:33:00	2011-11-03 14:37:00	260	32.500000
12353.0	89.00	89.00	89.00	89.000000	1.0	2011-05-19 17:47:00	2011-05-19 17:47:00	0	0.000000
12354.0	1079.40	1079.40	1079.40	1079.400000	1.0	2011-04-21 13:11:00	2011-04-21 13:11:00	0	0.000000
12355.0	459.40	459.40	459.40	459.400000	1.0	2011-05-09 13:49:00	2011-05-09 13:49:00	0	0.000000
12356.0	58.35	2271.62	2811.43	937.143333	3.0	2011-01-18 09:50:00	2011-11-17 08:40:00	302	100.666667

這份資料告訴我們每位顧客的購買行為。舉例來說，ID 為 12346 的顧客只在 2011/1/18 下單一次。而 ID 為 12347 的顧客在 2010/12/7 至 2011/10/31，也就是在 327 天內共下單了六次，以這位顧客而言，他（她）的平均訂單金額為 680，平均訂單間隔為 54.5 天。

一起來仔細看看關於回頭客所下訂單數量的資料分佈情形。

請閱讀以下程式碼：

```
summary_df.columns = ['_'.join(col).lower() for col in summary_df.columns]
summary_df = summary_df.loc[summary_df['invoicedate_purchase_duration'] >
0]

ax = summary_df.groupby('sales_count').count()['sales_avg'][:20].plot(
    kind='bar',
    color='skyblue',
    figsize=(12,7),
    grid=True
)

ax.set_ylabel('count')

plt.show()
```

在第一行程式碼中，我們清除了 summary_df 資料框的資料欄位名稱。接著，我們只取用至少下單兩次以上的回頭客。最後，按 sales_count 欄對資料分組，並計算共有多少位顧客屬於此類別。運行程式碼後，圖表如下所示：

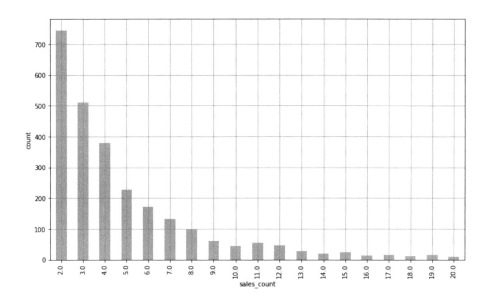

從圖中可以看出，大多數客戶出現了 10 次或以下的購買。我們來看看這些回頭客的平均下單頻率，請先閱讀以下程式碼：

```
ax = summary_df['invoicedate_purchase_frequency'].hist(
    bins=20,
    color='skyblue',
    rwidth=0.7,
    figsize=(12,7)
)

ax.set_xlabel('avg. number of days between purchases')
ax.set_ylabel('count')

plt.show()
```

我們使用 pandas 套件中的 hist 函數繪製一個直方圖。bins 參數定義了直方圖的長條數量。輸出結果如下：

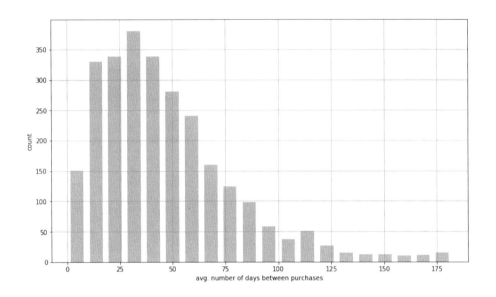

此圖傳達了回頭客在過去這段時間內的購買頻率，大多數回頭客每隔 20 至 50 天會出現購買行為。

預測三個月的顧客終身價值

在本節內容中，我們準備使用 Python 的 pandas 和 scikit-learn 套件，建立一個模型來預測三個月的顧客價值。首先，我們要將資料以三個月為單位，分割為數筆資料片段，然後將最後一筆資料作為預測目標，其餘則作為特徵變數。我們先準備資料以供模型使用，然後訓練一個線性迴歸模型，預測三個月內的顧客價值。

資料準備

想要建立一個預測模型，我們需要先將資料準備好，才能將相關資料放入模型。請先閱讀以下程式碼：

```
clv_freq = '3M'

data_df = orders_df.reset_index().groupby([
    'CustomerID',
    pd.Grouper(key='InvoiceDate', freq=clv_freq)
]).agg({
    'Sales': [sum, groupby_mean, groupby_count],
})

data_df.columns = ['_'.join(col).lower() for col in data_df.columns]
data_df = data_df.reset_index()
```

由於本練習的目標是預測三個月的顧客價值，針對每一位顧客，我們要先將資料以三個月為單位拆成一個個資料片段。在 groupby 函數中，我們按 CustomerID 和自定義的 Grouper 對 orders_df 資料框進行分組，其中 Grouper 以三個月為間隔對 InvoiceDate 的資料進行分組。接著，我們加總每組的銷售量，取得每一組在三個月內的總購買金額，並取用特定時間內每位顧客的平均訂購買金額與購買次數。這樣一來，這筆匯總資料就能告訴我們每三個月所有顧客的購買資訊。最後，我們對欄位名稱做了整理。此時，data_df 內的資料如下所示：

data_df.head(10)

	CustomerID	InvoiceDate	sales_sum	sales_avg	sales_count
0	12346.0	2011-03-31	77183.60	77183.600	1.0
1	12347.0	2010-12-31	711.79	711.790	1.0
2	12347.0	2011-03-31	475.39	475.390	1.0
3	12347.0	2011-06-30	1018.77	509.385	2.0
4	12347.0	2011-09-30	584.91	584.910	1.0
5	12347.0	2011-12-31	1294.32	1294.320	1.0
6	12348.0	2010-12-31	892.80	892.800	1.0
7	12348.0	2011-03-31	227.44	227.440	1.0
8	12348.0	2011-06-30	367.00	367.000	1.0
9	12348.0	2011-09-30	310.00	310.000	1.0

為了讓事情變得簡單一些，我們對 `InvoiceDate` 欄位的值進行編碼，使其更容易閱讀。請先看看以下程式碼：

```
date_month_map = {
    str(x)[:10]: 'M_%s' % (i+1) for i, x in enumerate(
        sorted(data_df.reset_index()['InvoiceDate'].unique(), reverse=True)
    )
}
data_df['M'] = data_df['InvoiceDate'].apply(lambda x:
date_month_map[str(x)[:10]])
```

我們將日期值編碼為 `M_1`、`M_2`、`M_3` 等格式，越小的數值表示日期越近，比如 `2011-12-31` 編碼為 `M_1`，`2011-09-30` 則編碼為 `M_2`。運算結果如下：

`data_df.head(10)`

	CustomerID	InvoiceDate	sales_sum	sales_avg	sales_count	M
0	12346.0	2011-03-31	77183.60	77183.600	1.0	M_4
1	12347.0	2010-12-31	711.79	711.790	1.0	M_5
2	12347.0	2011-03-31	475.39	475.390	1.0	M_4
3	12347.0	2011-06-30	1018.77	509.385	2.0	M_3
4	12347.0	2011-09-30	584.91	584.910	1.0	M_2
5	12347.0	2011-12-31	1294.32	1294.320	1.0	M_1
6	12348.0	2010-12-31	892.80	892.800	1.0	M_5
7	12348.0	2011-03-31	227.44	227.440	1.0	M_4
8	12348.0	2011-06-30	367.00	367.000	1.0	M_3
9	12348.0	2011-09-30	310.00	310.000	1.0	M_2

現在，我們準備好為特徵變數與目標變數建立樣本集。如前所述，我們要將最後一筆三個月的資料作為目標變數，其餘資料作為特徵變數，也就是說，我們要訓練一個機器學習模型，以其餘資料預測最後三個月的顧客價值。我們需要將資料轉化為表格資料，資料列表示個別顧客，而資料欄表示各項特徵，請先看看以下程式碼：

```
features_df = pd.pivot_table(
    data_df.loc[data_df['M'] != 'M_1'],
    values=['sales_sum', 'sales_avg', 'sales_count'],
    columns='M',
    index='CustomerID'
)

features_df.columns = ['_'.join(col) for col in features_df.columns]
```

我們使用 pandas 的 pivot_table 函數，指定索引為 CustomerID，而資料欄為每三個月的 sales_sum、sales_avg 和 sales_count。此時，我們新建的 features_df 資料框如下所示：

features_df.head(10)								
	sales_avg_M_2	sales_avg_M_3	sales_avg_M_4	sales_avg_M_5	sales_count_M_2	sales_count_M_3	sales_count_M_4	sales_count_M_5	sales_sum_M
CustomerID								
12346.0	NaN	NaN	77183.600	NaN	NaN	NaN	1.0	NaN	N
12347.0	584.91	509.385	475.390	711.79	1.0	2.0	1.0	1.0	584
12348.0	310.00	367.000	227.440	892.80	1.0	1.0	1.0	1.0	310
12350.0	NaN	NaN	334.400	NaN	NaN	NaN	1.0	NaN	N
12352.0	316.25	NaN	312.362	NaN	2.0	NaN	5.0	NaN	632
12353.0	NaN	89.000	NaN	NaN	NaN	1.0	NaN	NaN	N
12354.0	NaN	1079.400	NaN	NaN	NaN	1.0	NaN	NaN	N
12355.0	NaN	459.400	NaN	NaN	NaN	1.0	NaN	NaN	N
12356.0	NaN	481.460	2271.620	NaN	NaN	1.0	1.0	NaN	N
12358.0	484.86	NaN	NaN	NaN	1.0	NaN	NaN	NaN	484

你可能會注意到，這筆資料中出現了 NaN 值。利用以下這行程式碼，將這些 NaN 值編碼為 0.0：

```
features_df = features_df.fillna(0)
```

現在，我們建立好「特徵」資料框後，來建立「目標變數」的資料框，請看以下程式碼：

```
response_df = data_df.loc[
    data_df['M'] == 'M_1',
    ['CustomerID', 'sales_sum']
]

response_df.columns = ['CustomerID', 'CLV_'+clv_freq]
```

我們將代表最後三個月的 M_1 群組作為目標變數。目標欄位是 sales_ sum，因為我們想要預測接下來三個月的顧客價值，也就是某顧客在未來三個月內有可能出現的總購買金額。目標變數如下所示：

```
response_df.head(10)
```

	CustomerID	CLV_3M
5	12347.0	1294.32
10	12349.0	1757.55
14	12352.0	311.73
20	12356.0	58.35
21	12357.0	6207.67
25	12359.0	2876.85
28	12360.0	1043.78
33	12362.0	2119.85
37	12364.0	299.06
41	12370.0	739.28

最後一個要建立的項目是，合併特徵與回應資料的樣本集。請看以下程式碼：

```
sample_set_df = features_df.merge(
    response_df,
    left_index=True,
    right_on='CustomerID',
    how='left'
)

sample_set_df = sample_set_df.fillna(0)
```

我們使用了 merge 函數，按 CustomerID 將兩個 DataFrame 合併。透過 how='left' 標記，我們取用特徵資料框的所有紀錄，就算在回應資料框中有一些無回應資料。無回應資料是指在最近三個月某顧客並未進行任何購買，所以我們將其編碼為 0。經過運算後，樣本集如下所示：

	CLV_3M	CustomerID	sales_sum_M_5	sales_sum_M_4	sales_sum_M_3	sales_sum_M_2	sales_count_M_5	sales_count_M_4	sales_count_M_3	sales_count
9219	0.00	12346.0	0.00	77183.60	0.00	0.00	0.0	1.0	0.0	
5	1294.32	12347.0	711.79	475.39	1018.77	584.91	1.0	1.0	2.0	
9219	0.00	12348.0	892.80	227.44	367.00	310.00	1.0	1.0	1.0	
9219	0.00	12350.0	0.00	334.40	0.00	0.00	0.0	1.0	0.0	
14	311.73	12352.0	0.00	1561.81	0.00	632.50	0.0	5.0	0.0	
9219	0.00	12353.0	0.00	0.00	89.00	0.00	0.0	0.0	1.0	
9219	0.00	12354.0	0.00	0.00	1079.40	0.00	0.0	0.0	1.0	
9219	0.00	12355.0	0.00	0.00	459.40	0.00	0.0	0.0	1.0	
20	58.35	12356.0	0.00	2271.62	481.46	0.00	0.0	1.0	1.0	
9219	0.00	12358.0	0.00	0.00	0.00	484.86	0.0	0.0	0.0	

有了這筆資料後，我們可以開始建立預測模型，使用購買歷史資料，預測接下來三個月的顧客價值。

線性迴歸

和上一章的做法雷同，我們要將樣本集分割為訓練組與測試組，使用以下程式碼：

```
from sklearn.model_selection import train_test_split

target_var = 'CLV_'+clv_freq
all_features = [x for x in sample_set_df.columns if x not in ['CustomerID',
target_var]]

x_train, x_test, y_train, y_test = train_test_split(
    sample_set_df[all_features],
    sample_set_df[target_var],
    test_size=0.3
)
```

我們將樣本集內 70% 的資料用來訓練模型，剩下的 30% 資料則用於測試效能。在本節內容中，我們將使用一個線性迴歸模型。不過，我們也推薦使用其他機器學習演算法，比如隨機森林和**支持向量機（SVM）**。

關於如何使用 scikit-learn 套件訓練這些模型的更多資訊，你可以參考：https://scikit-learn.org/stable/modules/generated/sklearn.ensemble.RandomForestRegressor.html

想要訓練一個線性迴歸模型，你可以輸入以下程式碼：

```
from sklearn.linear_model import LinearRegression

reg_fit = LinearRegression()
reg_fit.fit(x_train, y_train)
```

這段程式碼很直覺易懂。匯入 scikit-learn 套件的 LinearRegression 類別，然後初始化一個 LinearRegression 物件。接著，你可以使用 fit 函數、x_train 特徵變數和 y_train 目標變數，訓練一個線性迴歸模型。

當此線性迴歸模型經過訓練之後，你可以在這個 LinearRegression 物件中發現一些實用資訊。首先，你可以使用 LinearRegression 物件的 intercept_ 屬性，取得線性迴歸式的截距，指令如下：

```
reg_fit.intercept_
```

此外，還可以用 coef_ 屬性找出此線性迴歸模型的相關係數，指令如下：

```
reg_fit.coef_
```

在這個經過擬合的線性迴歸模型中，各特徵變數的相關係數如下：

```
coef = pd.DataFrame(list(zip(all_features, reg_fit.coef_)))
coef.columns = ['feature', 'coef']

coef
```

	feature	coef
0	sales_avg_M_2	-0.053913
1	sales_avg_M_3	0.162335
2	sales_avg_M_4	0.241964
3	sales_avg_M_5	-0.550508
4	sales_count_M_2	41.247136
5	sales_count_M_3	40.512827
6	sales_count_M_4	62.766692
7	sales_count_M_5	-7.927177
8	sales_sum_M_2	0.533077
9	sales_sum_M_3	0.053559
10	sales_sum_M_4	-0.214531
11	sales_sum_M_5	0.604951

在這份相關係數的輸出結果中，你可以清楚發現哪些特徵與目標變數呈現負相關，哪些呈現正相關。舉例來說，前三個月的平均購買金額 `sales_avg_M_2` 對於後續三個月的顧客價值有負面影響。這表示當前三個月的平均購買金額越高，接下來三個月的購買金額就越低。另一方面，`sales_avg_M_3` 和 `sales_avg_M_4` 的平均購買金額，對接下來三個月的顧客價值呈現正相關。換言之，當一位顧客在 3 至 9 個月前所購買的金額越高，接下來三個月他（她）可能帶來的價值越高。觀察相關係數是取得洞察的一種方法，瞭解在某特徵的影響下，預期價值如何變化。

利用這個三個月顧客價值的預測結果，你可以用不同的方式客製化行銷策略。既然你知道了接下來三個月內個別客戶的預期購買金額，你可以為行銷活動設定更加明確的預算數字。這個數字應該控制在足以觸及目標顧客，同時低於預期的三個月顧客價值的範圍內，以便這個行銷活動不至於虧損，帶來正投資報酬率。另一方面，你還可以使用這份預測結果，在接下來三個月內對這些高價值顧客精準行銷。這麼做有助於建立高回報率的行銷活動，因為根據模型預測，相比於其他顧客，這些高價值顧客很可能帶來更多銷售收入。

評估迴歸模型成效

我們手上有一個用來預測三個月顧客價值，經過擬適的機器學習模型，讓我們來討論如何評估模型成效。如前文所述，我們將會使用 R^2、MAE，以及預測值與實際值的分散圖來評估這個模型。首先，我們要取得模型產出的預測結果，利用以下程式碼：

```
train_preds = reg_fit.predict(x_train)
test_preds = reg_fit.predict(x_test)
```

在 `scikit-learn` 套件的 `metrics` 中，已經實作好可計算 R^2 和 MAE 的函數。你可以使用以下程式碼，將這些函數匯入到環境中：

```
from sklearn.metrics import r2_score, median_absolute_error
```

顧名思義，`r2_score` 函數計算 R^2 的值，而 `median_absolute_error` 計算 MAE 的值。你可以使用以下程式碼進行計算：

```
r2_score(y_true=y_train, y_pred=train_preds)
median_absolute_error(y_true=y_train, y_pred=train_preds)
```

這兩個函數都取用了兩個參數，`y_true` 和 `y_pred`。`y_true` 參數讀取實際的目標值，而 `y_pred` 讀取預測的目標值。運行此程式碼，本案例的樣本內與樣本外的 R^2 和 MAE 值如下輸出結果：

- R-Squared

```
print('In-Sample R-Squared: %0.4f' % r2_score(y_true=y_train, y_pred=train_preds))
print('Out-of-Sample R-Squared: %0.4f' % r2_score(y_true=y_test, y_pred=test_preds))

In-Sample R-Squared: 0.4445
Out-of-Sample R-Squared: 0.7947
```

- Median Absolute Error

```
print('In-Sample MSE: %0.4f' % median_absolute_error(y_true=y_train, y_pred=train_preds))
print('Out-of-Sample MSE: %0.4f' % median_absolute_error(y_true=y_test, y_pred=test_preds))

In-Sample MSE: 178.2854
Out-of-Sample MSE: 178.7393
```

因為將樣本集分割為訓練組和測試組所帶來的隨機性，你的模型可能會得到不同結果。在我們的例子中，樣本內 R^2 值為 0.4445，樣本外 R^2 值為 0.7947。另一方面，樣本內 MAE 值為 178.2854，樣本外 MAE 值為 178.7393。觀察這些數值，我們尚且無法得知樣本內效能與樣本外效能是否出現了過度擬適或巨大差異的情形。

最後，讓我們看一看預測值與實際值的分散圖。你可以使用以下程式碼取得分散圖：

```
plt.scatter(y_test, test_preds)
plt.plot([0, max(y_test)], [0, max(test_preds)], color='gray', lw=1,
linestyle='--')

plt.xlabel('actual')
plt.ylabel('predicted')
plt.title('Out-of-Sample Actual vs. Predicted')
plt.grid()

plt.show()
```

運行程式碼後，「樣本外實際值 vs 預測值」分散圖如下所示：

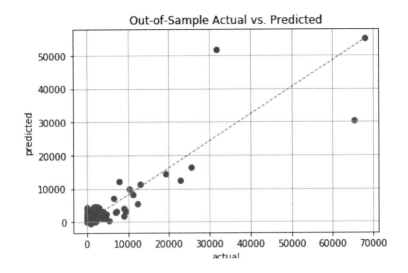

如圖所示，X 軸上的值表示實際值，Y 軸上的值表示預測值。當越多資料點位於直線上，表示預測效能越好。這是因為直線上的資料點意味著預測值與實際值相當靠近彼此。觀察這張分散圖，資料點看起來聚集在直線附近，表示預測結果和實際值相差不遠。

你可以透過以下連結檢視並下載本節所使用的完整版 Python 程式碼：`https://github.com/yoonhwang/hands-on-data-science-for-marketing/blob/master/ch.9/python/CustomerLifetimeValue.ipynb`

以 R 預測三個月的顧客價值

本節將說明如何在 R 中使用機器學習演算法打造並評估迴歸模型。我們將使用線性迴歸演算法建立一個預測模型，預測三個月的 CLV 做出預測。我們會用到 `dplyr`、`reshape2` 和 `caTools` 等 R 套件來分析、視覺化資料，打造一個機器學習模型來預測三個月的顧客價值。希望使用 Python 的讀者，你可以翻閱上一節內容。

在本次練習中，我們將會使用 UCI Machine Learning Repository 的公開資料集，你可以在此查看：`http://archive.ics.uci.edu/ml/datasets/online+retail`。請前往以上連結並下載名為 `Online Retail` 的 CSV 檔案。完成下載後，你可以透過以下指令將資料載入至 R 環境：

```
library(dplyr)
library(readxl)

#### 1. Load Data ####
df <- read_excel(
  path="~/Documents/data-science-for-marketing/ch.9/data/Online
Retail.xlsx",
  sheet="Online Retail"
)
```

此時，`df` 資料框應如下所示：

	InvoiceNo	StockCode	Description	Quantity	InvoiceDate	UnitPrice	CustomerID	Country
1	536365	85123A	WHITE HANGING HEART T-LIGHT HOLDER	6	2010-12-01 08:26:00	2.55	17850	United Kingdom
2	536365	71053	WHITE METAL LANTERN	6	2010-12-01 08:26:00	3.39	17850	United Kingdom
3	536365	84406B	CREAM CUPID HEARTS COAT HANGER	8	2010-12-01 08:26:00	2.75	17850	United Kingdom
4	536365	84029G	KNITTED UNION FLAG HOT WATER BOTTLE	6	2010-12-01 08:26:00	3.39	17850	United Kingdom
5	536365	84029E	RED WOOLLY HOTTIE WHITE HEART.	6	2010-12-01 08:26:00	3.39	17850	United Kingdom
6	536365	22752	SET 7 BABUSHKA NESTING BOXES	2	2010-12-01 08:26:00	7.65	17850	United Kingdom
7	536365	21730	GLASS STAR FROSTED T-LIGHT HOLDER	6	2010-12-01 08:26:00	4.25	17850	United Kingdom
8	536366	22633	HAND WARMER UNION JACK	6	2010-12-01 08:28:00	1.85	17850	United Kingdom
9	536366	22632	HAND WARMER RED POLKA DOT	6	2010-12-01 08:28:00	1.85	17850	United Kingdom
10	536367	84879	ASSORTED COLOUR BIRD ORNAMENT	32	2010-12-01 08:34:00	1.69	13047	United Kingdom
11	536367	22745	POPPY'S PLAYHOUSE BEDROOM	6	2010-12-01 08:34:00	2.10	13047	United Kingdom
12	536367	22748	POPPY'S PLAYHOUSE KITCHEN	6	2010-12-01 08:34:00	2.10	13047	United Kingdom
13	536367	22749	FELTCRAFT PRINCESS CHARLOTTE DOLL	8	2010-12-01 08:34:00	3.75	13047	United Kingdom
14	536367	22310	IVORY KNITTED MUG COSY	6	2010-12-01 08:34:00	1.65	13047	United Kingdom
15	536367	84969	BOX OF 6 ASSORTED COLOUR TEASPOONS	6	2010-12-01 08:34:00	4.25	13047	United Kingdom

你可能會發現，本練習使用了與前幾章相同的資料集。基於對這份資料集的認識，我們首先要進行資料清理。

資料清理

如果你還記得之前的內容，我們需要清理一下資料集的內容，清理步驟如下：

1. **處理數量欄的負值**：資料集中有幾筆交易的 Quantity 值為負數，表示已取消的訂單。在本練習中，我們要忽略這些已取消訂單，從 DataFrame 中排除這些資料，程式碼如下：

   ```
   df <- df[which(df$Quantity > 0),]
   ```

   我們取用 Quantity 值為正數的資料列，將這些紀錄儲存為 df 變數。

2. **移除 NaN 紀錄**：我們要排除那些缺少 CustomerID 的紀錄。因為我們想建立一個預測三個月內顧客價值的機器學習演算法，需要按 CustomerID 對資料進行分組。移除缺少 CustomerID 的紀錄之程式碼如下：

   ```
   df <- na.omit(df)
   ```

   我們使用了 R 的 na.omit 函數，此函數會返回一個移除了 null 或 NA 值的物件，接著將此輸出儲存回 df 變數這個原本的資料框中。

3. **處理不完整資料**：我們還要處理不完整的資料。如果你還記得，最後一個月的交易資料並不完整。請先看看以下輸出結果：

```
> sprintf("Date Range: %s ~ %s", min(df$InvoiceDate), max(df$InvoiceDate))
[1] "Date Range: 2010-12-01 08:26:00 ~ 2011-12-09 12:50:00"
```

這個資料集有從 2011/12/1 至 2011/12/9 的交易紀錄，但沒有 2011 年 12 月一整個月的資料。為了建立一個適當的預測模型，對三個月內的顧客價值做出預測，我們必須忽略最後一個月的交易紀錄。請參考以下程式碼的做法：

```
df <- df[which(df$InvoiceDate < '2011-12-01'),]
```

我們取用了 2011/12/1 之前的所有交易紀錄，並將這些資料儲存回 df 變數。

4. **總銷售價值**：最後，我們需要為每一筆紀錄建立新的一欄，表示總銷售價值，請看看以下程式碼：

```
df$Sales <- df$Quantity * df$UnitPrice
```

將 Quantity 乘以 UnitPrice，取得每一筆交易的總購買金額。接著，將這些值儲存到名為 Sales 的欄位。現在，資料清理任務大功告成。

現在，完成對所有交易資料的清理之後，讓我們匯總每筆訂單 InvoiceNo 的資料。請閱讀以下程式碼：

```
# per order data
ordersDF <- df %>%
  group_by(CustomerID, InvoiceNo) %>%
  summarize(Sales=sum(Sales), InvoiceDate=max(InvoiceDate))
```

我們按 CustomerID 和 InvoiceNo 這兩個資料欄對 df 進行分組。接著，加總每一筆顧客與訂單的 Sales 值，並將最終交易日期作為 InvoiceDate。如此一來，我們有了一個新的資料框——orders_df，讓我們更加了解每一位顧客所做的每一筆交易。這筆資料如下圖所示：

	CustomerID	InvoiceNo	Sales	InvoiceDate
1	12346	541431	77183.60	2011-01-18 10:01:00
2	12347	537626	711.79	2010-12-07 14:57:00
3	12347	542237	475.39	2011-01-26 14:30:00
4	12347	549222	636.25	2011-04-07 10:43:00
5	12347	556201	382.52	2011-06-09 13:01:00
6	12347	562032	584.91	2011-08-02 08:48:00
7	12347	573511	1294.32	2011-10-31 12:25:00
8	12348	539318	892.80	2010-12-16 19:09:00
9	12348	541998	227.44	2011-01-25 10:42:00
10	12348	548955	367.00	2011-04-05 10:47:00
11	12348	568172	310.00	2011-09-25 13:13:00
12	12349	577609	1757.55	2011-11-21 09:51:00
13	12350	543037	334.40	2011-02-02 16:01:00
14	12352	544156	296.50	2011-02-16 12:33:00
15	12352	545323	144.35	2011-03-01 14:57:00

在開始打造模型之前,我們先來看看這份關於顧客購買歷史紀錄的資料。

資料分析

為了計算顧客終身價值,我們要先知道每位顧客的購買頻率、最近一次購買和總購買量。我們使用以下程式碼,計算每位顧客的平均購買金額和(生命週期內)總購買金額,以及每位顧客的留存時間與購買頻率等基本資訊:

```
# order amount & frequency summary
summaryDF <- ordersDF %>%
  group_by(CustomerID) %>%
  summarize(
    SalesMin=min(Sales), SalesMax=max(Sales), SalesSum=sum(Sales),
    SalesAvg=mean(Sales), SalesCount=n(),
    InvoiceDateMin=min(InvoiceDate), InvoiceDateMax=max(InvoiceDate),
    PurchaseDuration=as.double(floor(max(InvoiceDate)-min(InvoiceDate))),
    PurchaseFrequency=as.double(floor(max(InvoiceDate)-
min(InvoiceDate)))/n()
  )
```

首先按 CustomerID 對資料進行分組,然後按 Sales 和 InvoiceDate 進行加總。利用 min、max、sum、mean 和 n 等函數,針對每位顧客計算出最小值、最大值、總購買金額、平均購買金額與購買次數。我們同樣使用 min 和 max 函數,取得每位顧客第一筆和最後一筆訂單的日期。PurchaseDuration 函數計算各組的第一個訂單日期和最後一個訂單日期相差多少天,而 PurchaseFrequency 函數則將 PurchaseDuration 除以訂單數量,計算平均訂單頻率。

經過運算，此時 summaryDF 資料框如下所示：

	CustomerID	SalesMin	SalesMax	SalesSum	SalesAvg	SalesCount	InvoiceDateMin	InvoiceDateMax	PurchaseDuration	PurchaseFrequency
1	12346	77183.60	77183.60	77183.60	77183.6000	1	2011-01-18 10:01:00	2011-01-18 10:01:00	0	0.000000
2	12347	382.52	1294.32	4085.18	680.8633	6	2010-12-07 14:57:00	2011-10-31 12:25:00	327	54.500000
3	12348	227.44	892.80	1797.24	449.3100	4	2010-12-16 19:09:00	2011-09-25 13:13:00	282	70.500000
4	12349	1757.55	1757.55	1757.55	1757.5500	1	2011-11-21 09:51:00	2011-11-21 09:51:00	0	0.000000
5	12350	334.40	334.40	334.40	334.4000	1	2011-02-02 16:01:00	2011-02-02 16:01:00	0	0.000000
6	12352	120.33	840.30	2506.04	313.2550	8	2011-02-16 12:33:00	2011-11-03 14:37:00	260	32.500000
7	12353	89.00	89.00	89.00	89.0000	1	2011-05-19 17:47:00	2011-05-19 17:47:00	0	0.000000
8	12354	1079.40	1079.40	1079.40	1079.4000	1	2011-04-21 13:11:00	2011-04-21 13:11:00	0	0.000000
9	12355	459.40	459.40	459.40	459.4000	1	2011-05-09 13:49:00	2011-05-09 13:49:00	0	0.000000
10	12356	58.35	2271.62	2811.43	937.1433	3	2011-01-18 09:50:00	2011-11-17 08:40:00	302	100.666667
11	12357	6207.67	6207.67	6207.67	6207.6700	1	2011-11-06 16:07:00	2011-11-06 16:07:00	0	0.000000
12	12358	484.86	484.86	484.86	484.8600	1	2011-07-12 10:04:00	2011-07-12 10:04:00	0	0.000000
13	12359	547.50	2876.85	6372.58	1593.1450	4	2011-01-12 12:43:00	2011-10-13 12:47:00	274	68.500000
14	12360	534.70	1083.58	2662.06	887.3533	3	2011-05-23 09:43:00	2011-10-18 15:22:00	148	49.333333
15	12361	189.90	189.90	189.90	189.9000	1	2011-02-25 13:51:00	2011-02-25 13:51:00	0	0.000000

這份資料告訴我們每位顧客的購買行為。舉例來說，ID 為 12346 的顧客只在 2011/1/18 下單一次。而 ID 為 12347 的顧客在 2010/12/7 至 2011/10/31，也就是在 327 天內共下單了六次，以這位顧客而言，他（她）的平均訂單金額為 681，平均訂單間隔為 54.5 天。

一起來仔細看看關於回頭客所下訂單數量的資料分佈情形。請閱讀以下程式碼：

```
summaryDF <- summaryDF[which(summaryDF$PurchaseDuration > 0),]

salesCount <- summaryDF %>%
  group_by(SalesCount) %>%
  summarize(Count=n())

ggplot(salesCount[1:19,], aes(x=SalesCount, y=Count)) +
  geom_bar(width=0.5, stat="identity") +
  ggtitle('') +
  xlab("Sales Count") +
  ylab("Count") +
  theme(plot.title = element_text(hjust = 0.5))
```

在第一行程式碼中，我們排除了只有一次購買行為的顧客。接著，為每一個 `sales_count` 計算顧客數量。最後，使用 `ggplot` 和 `geom_bar` 函數建立一個圖表，呈現這筆資料：

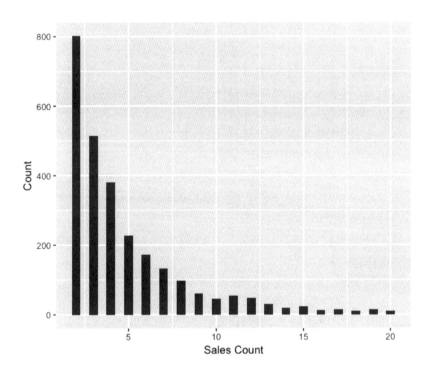

從圖中可以看出，大多數客戶出現了 10 次或以下的購買。我們來看看這些回頭客的平均下單頻率，請先閱讀以下程式碼：

```
hist(
  summaryDF$PurchaseFrequency,
  breaks=20,
  xlab='avg. number of days between purchases',
  ylab='count',
  main=''
)
```

我們使用 R 的 hist 函數，將顧客購買頻率的資料繪製為直方圖。breaks
參數定義了直方圖的長條數量。輸出結果如下：

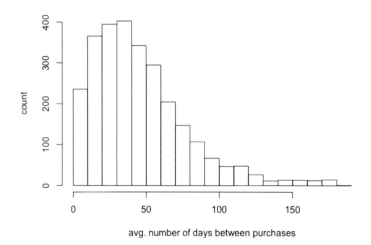

此圖傳達了回頭客在過去這段時間內的購買頻率，大多數回頭客每隔 20 至
50 天會出現購買行為。

預測三個月的顧客終身價值

在本節內容中，我們要使用 R 語言建立一個模型來預測三個月的顧客價
值。首先，我們要將資料以三個月為單位，分割為數筆資料片段，然後將
最後一筆資料作為預測目標，其餘則作為特徵變數。我們先準備資料以供
模型使用，然後訓練一個線性迴歸模型，預測三個月內的顧客價值。

資料準備

想要建立一個預測模型，我們需要先將資料準備好，才能將相關資料放入
模型。請先閱讀以下程式碼：

```
# group data into every 3 months
library(lubridate)

ordersDF$Quarter = as.character(round_date(ordersDF$InvoiceDate, '3
```

```
  months'))

  dataDF <- ordersDF %>%
    group_by(CustomerID, Quarter) %>%
    summarize(SalesSum=sum(Sales), SalesAvg=mean(Sales), SalesCount=n())
```

此處的程式碼使用了 lubridate 套件，幫助我們輕鬆處理日期資料。使用 lubridate 套件中的 round_date 函數，先將 InvoiceDate 四捨五入至最近季度。接著，按 CustomerID 和新建的 Quarter 欄位對資料進行分組，取得每一位顧客的季度銷售資料。接著，我們加總每組的銷售量，取得每一組在三個月內的總購買金額，並取用特定時間內每位顧客的平均訂購買金額與購買次數。這樣一來，這筆匯總資料就能告訴我們每三個月所有顧客的購買資訊。此時，dataDF 內的資料如下所示：

	CustomerID	Quarter	SalesSum	SalesAvg	SalesCount
1	12346	2011-01-01	77183.60	77183.6000	1
2	12347	2011-01-01	1187.18	593.5900	2
3	12347	2011-04-01	636.25	636.2500	1
4	12347	2011-07-01	967.43	483.7150	2
5	12347	2011-10-01	1294.32	1294.3200	1
6	12348	2011-01-01	1120.24	560.1200	2
7	12348	2011-04-01	367.00	367.0000	1
8	12348	2011-10-01	310.00	310.0000	1
9	12349	2012-01-01	1757.55	1757.5500	1
10	12350	2011-01-01	334.40	334.4000	1
11	12352	2011-04-01	1561.81	312.3620	5
12	12352	2011-10-01	944.23	314.7433	3
13	12353	2011-07-01	89.00	89.0000	1
14	12354	2011-04-01	1079.40	1079.4000	1
15	12355	2011-04-01	459.40	459.4000	1

為了讓事情變得簡單一些，我們對 Quarter 欄位的值進行編碼，使其更容易閱讀。請先看看以下程式碼：

```
  dataDF$Quarter[dataDF$Quarter == "2012-01-01"] <- "Q1"
  dataDF$Quarter[dataDF$Quarter == "2011-10-01"] <- "Q2"
  dataDF$Quarter[dataDF$Quarter == "2011-07-01"] <- "Q3"
  dataDF$Quarter[dataDF$Quarter == "2011-04-01"] <- "Q4"
  dataDF$Quarter[dataDF$Quarter == "2011-01-01"] <- "Q5"
```

我們將日期值編碼為 Q1、Q2、Q3 等格式，越小的數值表示日期越近，比如 2012-01-01 編碼為 Q1，2011-10-01 則編碼為 Q2。運算結果如下：

	CustomerID	Quarter	SalesSum	SalesAvg	SalesCount
1	12346	Q5	77183.60	77183.6000	1
2	12347	Q5	1187.18	593.5900	2
3	12347	Q4	636.25	636.2500	1
4	12347	Q3	967.43	483.7150	2
5	12347	Q2	1294.32	1294.3200	1
6	12348	Q5	1120.24	560.1200	2
7	12348	Q4	367.00	367.0000	1
8	12348	Q2	310.00	310.0000	1
9	12349	Q1	1757.55	1757.5500	1
10	12350	Q5	334.40	334.4000	1
11	12352	Q4	1561.81	312.3620	5
12	12352	Q2	944.23	314.7433	3
13	12353	Q3	89.00	89.0000	1
14	12354	Q4	1079.40	1079.4000	1
15	12355	Q4	459.40	459.4000	1

現在，我們準備好為特徵變數與目標變數建立樣本集。如前所述，我們要將最後一筆三個月的資料作為目標變數，其餘資料作為特徵變數，也就是說，我們要訓練一個機器學習模型，以其餘資料預測最後三個月的顧客價值。我們需要將資料轉化為表格資料，資料列表示個別顧客，而資料欄表示各項特徵，請先看看以下程式碼：

```
# install.packages('reshape2')
library(reshape2)

salesSumFeaturesDF <- dcast(
  dataDF[which(dataDF$Quarter != "Q1"),],
  CustomerID ~ Quarter,
  value.var="SalesSum"
)
colnames(salesSumFeaturesDF) <- c("CustomerID", "SalesSum.Q2",
"SalesSum.Q3", "SalesSum.Q4", "SalesSum.Q5")

salesAvgFeaturesDF <- dcast(
```

```
  dataDF[which(dataDF$Quarter != "Q1"),],
  CustomerID ~ Quarter,
  value.var="SalesAvg"
)
colnames(salesAvgFeaturesDF) <- c("CustomerID", "SalesAvg.Q2",
"SalesAvg.Q3", "SalesAvg.Q4", "SalesAvg.Q5")

salesCountFeaturesDF <- dcast(
  dataDF[which(dataDF$Quarter != "Q1"),],
  CustomerID ~ Quarter,
  value.var="SalesCount"
)
colnames(salesCountFeaturesDF) <- c("CustomerID", "SalesCount.Q2",
"SalesCount.Q3", "SalesCount.Q4", "SalesCount.Q5")

featuresDF <- merge(
  merge(salesSumFeaturesDF, salesAvgFeaturesDF, by="CustomerID"),
  salesCountFeaturesDF, by="CustomerID"
)
featuresDF[is.na(featuresDF)] <- 0
```

我們使用 reshape2 套件對資料進行樞紐分析。舉例來說，使用 reshape2
套件的 dcast 函數，我們首先轉換 SalesSum 的資料，這筆資料的列索引
表示各 CustomerID，資料欄的值表示各季度內各顧客的總銷售或購買金
額。我們對 SalesSum、SalesAvg 和 SalesCount 等欄進行相同操作，最後
合併資料。透過 merge 函數，我們可按 CustomerID 索引對這些資料框進
行合併。最後，我們使用 is.na 函數將 null 或 NA 值編碼為 0。此時，輸
出結果如下所示：

	CustomerID	SalesSum.Q2	SalesSum.Q3	SalesSum.Q4	SalesSum.Q5	SalesAvg.Q2	SalesAvg.Q3	SalesAvg.Q4	SalesAvg.Q5	SalesCount.Q2	SalesCount.Q3
1	12346	0.00	0.00	0.00	77183.60	0.0000	0.00000	0.0000	77183.6000	0	0
2	12347	1294.32	967.43	636.25	1187.18	1294.3200	483.71500	636.2500	593.5900	1	2
3	12348	310.00	0.00	367.00	1120.24	310.0000	0.00000	367.0000	560.1200	1	0
4	12350	0.00	0.00	0.00	334.40	0.0000	0.00000	0.0000	334.4000	0	0
5	12352	944.23	0.00	1561.81	0.00	314.7433	0.00000	312.3620	0.0000	3	0
6	12353	0.00	89.00	0.00	0.00	0.0000	89.00000	0.0000	0.0000	0	1
7	12354	0.00	0.00	1079.40	0.00	0.0000	0.00000	1079.4000	0.0000	0	0
8	12355	0.00	0.00	459.40	0.00	0.0000	0.00000	459.4000	0.0000	0	0
9	12356	0.00	0.00	481.46	2271.62	0.0000	0.00000	481.4600	2271.6200	0	0
10	12357	6207.67	0.00	0.00	0.00	6207.6700	0.00000	0.0000	0.0000	1	0
11	12358	0.00	484.86	0.00	0.00	0.0000	484.86000	0.0000	0.0000	0	1
12	12359	2876.85	1109.32	0.00	2386.41	2876.8500	1109.32000	0.0000	1193.2050	1	1
13	12360	1578.48	1083.58	0.00	0.00	789.2400	1083.58000	0.0000	0.0000	2	1
14	12361	0.00	0.00	189.90	0.00	0.0000	0.00000	189.9000	0.0000	0	0
15	12362	2949.84	773.01	974.34	0.00	589.9680	386.50500	487.1700	0.0000	5	2

現在，我們建立好「特徵」的 DataFrame 後，來建立「目標變數」的資料框，請看以下程式碼：

```
responseDF <- dataDF[which(dataDF$Quarter == "Q1"),] %>%
    select(CustomerID, SalesSum)

colnames(responseDF) <- c("CustomerID", "CLV_3_Month")
```

我們將代表最後三個月區間的 Q1 群組作為目標變數。目標欄位是 SalesSum，因為我們想要預測接下來三個月的顧客價值，也就是某顧客在未來三個月內有可能出現的總購買金額。結果如下所示：

	CustomerID	CLV_3_Month
1	12349	1757.55
2	12356	58.35
3	12375	227.20
4	12380	1040.39
5	12388	286.40
6	12391	460.89
7	12395	265.83
8	12406	1794.05
9	12421	178.48
10	12427	239.72
11	12429	905.52
12	12433	2843.29
13	12437	491.01
14	12438	2016.78
15	12444	936.64

最後一個要建立的項目是，合併了特徵與回應資料的樣本集。請看以下程式碼：

```
sampleDF <- merge(featuresDF, responseDF, by="CustomerID", all.x=TRUE)
sampleDF[is.na(sampleDF)] <- 0
```

我們使用了 `merge` 函數，按 `CustomerID` 將兩個 DataFrame 合併。透過 `all.x=TRUE` 標記，我們取用特徵資料框的所有紀錄，就算在回應資料框中有一些無回應資料。無回應資料是指在最近三個月某顧客並未進行任何購買，所以我們將其編碼為 0。經過運算後，樣本集如下所示：

SalesSum.Q3	SalesSum.Q4	SalesSum.Q5	SalesAvg.Q2	SalesAvg.Q3	SalesAvg.Q4	SalesAvg.Q5	SalesCount.Q2	SalesCount.Q3	SalesCount.Q4	SalesCount.Q5	CLV_3_Month
0.00	0.00	77183.60	0.0000	0.00000	0.0000	77183.6000	0	0	0	1	0.00
967.43	636.25	1187.18	1294.3200	483.71500	636.2500	593.5900	1	2	1	2	0.00
0.00	367.00	1120.24	310.0000	0.00000	367.0000	560.1200	1	0	1	2	0.00
0.00	0.00	334.40	0.0000	0.00000	0.0000	334.4000	0	0	0	1	0.00
89.00	1561.81	0.00	314.7433	0.00000	312.3620	0.0000	3	0	5	0	0.00
0.00	1079.40	0.00	0.0000	0.00000	1079.4000	0.0000	0	0	1	0	0.00
0.00	459.40	0.00	0.0000	0.00000	459.4000	0.0000	0	0	1	0	0.00
0.00	481.46	2271.62	0.0000	0.00000	481.4600	2271.6200	0	0	1	1	58.35
0.00	0.00	0.00	6207.6700	0.00000	0.0000	0.0000	1	0	0	0	0.00
484.86	0.00	0.00	0.0000	484.86000	0.0000	0.0000	0	1	0	0	0.00
1109.32	0.00	2386.41	2876.8500	1109.32000	0.0000	1193.2050	1	1	0	2	0.00
1083.58	0.00	0.00	789.2400	1083.58000	0.0000	0.0000	2	1	0	0	0.00
0.00	189.90	0.00	0.0000	0.00000	189.9000	0.0000	0	0	1	0	0.00
773.01	974.34	0.00	589.9680	386.50500	487.1700	0.0000	5	2	2	0	0.00
0.00	299.10	0.00	252.9000	0.00000	299.1000	0.0000	1	0	1	0	0.00
0.00	334.26	0.00	334.2600	0.00000	0.0000	0.0000	3	0	0	0	0.00
0.00	641.38	0.00	0.0000	0.00000	320.6900	0.0000	1	0	2	0	0.00
0.00	938.39	1868.02	739.2800	0.00000	938.3900	934.0100	1	0	1	2	0.00

有了這筆資料後，我們可以開始建立預測模型，使用購買歷史資料，預測接下來三個月的顧客價值。

線性迴歸

和上一章的做法雷同，我們要將樣本集分割為訓練組與測試組，使用以下程式碼：

```
# train/test set split
library(caTools)

sample <- sample.split(sampleDF$CustomerID, SplitRatio = .8)

train <- as.data.frame(subset(sampleDF, sample == TRUE))[,-1]
test <- as.data.frame(subset(sampleDF, sample == FALSE))[,-1]
```

我們將樣本集內 80% 的資料用來訓練模型，剩下的 20% 資料則用於測試效能。在本節內容中，我們將使用一個線性迴歸模型。不過，我們也推薦使用其他機器學習演算法，比如**隨機森林**和**支持向量機（SVM）**。你可以使用 `randomForest` 套件訓練隨機森林模型，用 `e1071` 套件訓練支持向量機模型。我們極力推薦你參考關於這些演算法用途的說明文件。

想訓練一個線性迴歸模型，你可以輸入以下程式碼：

```
# Linear regression model
regFit <- lm(CLV_3_Month ~ ., data=train)
```

這段程式碼很直覺易懂。為 `lm` 函數補充一組公式與用來訓練的資料，在本練習的例子中，這個公式是 `CLV_3_Month ~ .`，而資料是 `train` 變數。這將會指示你的機器利用給定資料訓練一個線性迴歸模型。

當此線性迴歸模型經過訓練之後，你可以透過這個物件得到一些實用資訊。利用以下指令，取得關於此模型的詳細資訊：

```
summary(regFit)
```

輸出結果如下：

```
> summary(regFit)

Call:
lm(formula = CLV_3_Month ~ ., data = train)

Residuals:
    Min      1Q  Median      3Q     Max
-6486.9   -98.5   -17.8    43.8 11969.0

Coefficients:
              Estimate Std. Error t value Pr(>|t|)
(Intercept) -54.722109  10.987551  -4.980 6.67e-07 ***
SalesSum.Q2   0.120008   0.005131  23.389  < 2e-16 ***
SalesSum.Q3  -0.105788   0.007839 -13.495  < 2e-16 ***
SalesSum.Q4   0.012862   0.012574   1.023 0.306414
SalesSum.Q5  -0.045571   0.015615  -2.918 0.003542 **
SalesAvg.Q2   0.028505   0.022521   1.266 0.205697
SalesAvg.Q3   0.292372   0.026064  11.218  < 2e-16 ***
SalesAvg.Q4  -0.173427   0.031389  -5.525 3.55e-08 ***
SalesAvg.Q5   0.062404   0.016671   3.743 0.000185 ***
SalesCount.Q2 38.608748  6.002764   6.432 1.44e-10 ***
SalesCount.Q3 23.972964  7.543423   3.178 0.001497 **
SalesCount.Q4 21.170655  8.186019   2.586 0.009746 **
SalesCount.Q5 27.466354  7.424798   3.699 0.000220 ***
---
Signif. codes:  0 '***' 0.001 '**' 0.01 '*' 0.05 '.' 0.1 ' ' 1

Residual standard error: 435.8 on 3310 degrees of freedom
Multiple R-squared:  0.4363,    Adjusted R-squared:  0.4342
F-statistic: 213.5 on 12 and 3310 DF,  p-value: < 2.2e-16
```

在這份相關係數的輸出結果中,你可以清楚發現哪些特徵與目標變數呈現負相關,哪些呈現正相關。舉例來說,前三個月的平均購買金額 SalesSum.Q2 對於後續三個月的顧客價值有正面影響。這表示當前三個月的平均購買金額越高,接下來三個月的購買金額就越高。另一方面,SalesSum.Q3 和 SalesSum.Q5 的平均購買金額,對接下來三個月的顧客價值呈現正相關。換言之,當一位顧客在這兩個季度區間內購買的金額越高,接下來三個月他(她)可能帶來的價值越低。觀察相關係數是取得洞察的一種方法,瞭解在某特徵的影響下,預期價值如何變化。

利用這個三個月顧客價值的預測結果,你可以用不同的方式客製化行銷策略。既然你知道了接下來三個月內個別客戶的預期購買金額,你可以為行銷活動設定更加明確的預算數字。這個數字應該控制在足以觸及目標顧客,同時低於預期的三個月顧客價值的範圍內,以便這個行銷活動不至於虧損,帶來正投資報酬率。另一方面,你還可以使用這份預測結果,在接下來三個月內對這些高價值顧客精準行銷。這麼做有助於建立高回報率的行銷活動,因為根據模型預測,相比於其他顧客,這些高價值顧客很可能帶來更多銷售收入。

評估迴歸模型成效

我們手上有一個用來預測三個月顧客價值,經過擬適的機器學習模型,讓我們來討論如何評估模型成效。如前文所述,我們將會使用 R^2、MAE,以及預測值與實際值的分散圖來評估這個模型。首先,我們要取得模型產出的預測結果,利用以下程式碼:

```
train_preds <- predict(regFit, train)
test_preds <- predict(regFit, test)
```

我們要使用 miscTools 套件，運算樣本內與樣本外的 R^2 的值，請使用以下程式碼：

```
# R-squared
# install.packages('miscTools')
library(miscTools)

inSampleR2 <- rSquared(train$CLV_3_Month, resid=train$CLV_3_Month -
train_preds)
outOfSampleR2 <- rSquared(test$CLV_3_Month, resid=test$CLV_3_Month -
test_preds)
```

運行此程式碼，本案例的樣本內與樣本外的 R^2 輸出結果如下：

```
> sprintf('In-Sample R-Squared: %0.4f', inSampleR2)
[1] "In-Sample R-Squared: 0.4557"
> sprintf('Out-of-Sample R-Squared: %0.4f', outOfSampleR2)
[1] "Out-of-Sample R-Squared: 0.1235"
```

因為將樣本集分割為訓練組和測試組所帶來的隨機性，你的模型可能會得到不同結果。在我們的例子中，樣本內 R^2 值為 0.4557，樣本外 R^2 值為 0.1235。兩者之間的差距顯示了模型可能出現了過度擬適情形，使得模型在測試組的預測表現不如訓練組。假如模型過度擬適，你可以改用不同的特徵組合或在訓練組使用更多樣本。

接下來，讓我們看看樣本內與樣本外預測結果的 MAE，請使用以下程式碼：

```
# Median Absolute Error
inSampleMAE <- median(abs(train$CLV_3_Month - train_preds))
outOfSampleMAE <- median(abs(test$CLV_3_Month - test_preds))
```

我們使用 median 和 abs 函數，取得樣本內與樣本外預測結果的平均絕對誤差。本案例的樣本內與樣本外的 R^2 輸出結果如下：

```
> sprintf('In-Sample MAE: %0.4f', inSampleMAE)
[1] "In-Sample MAE: 69.6753"
> sprintf('Out-of-Sample MAE: %0.4f', outOfSampleMAE)
[1] "Out-of-Sample MAE: 66.9589"
```

最後，讓我們看一看預測值與實際值的分散圖。你可以使用以下程式碼，取得分散圖：

```
plot(
  test$CLV_3_Month,
  test_preds,
  xlab='actual',
  ylab='predicted',
  main='Out-of-Sample Actual vs. Predicted'
)
abline(a=0, b=1)
```

運行程式碼後，「樣本外實際值 vs 預測值」分散圖如下所示：

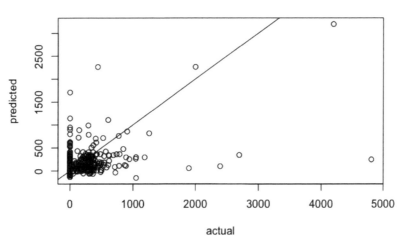

如圖所示，X 軸上的值表示實際值，Y 軸上的值表示預測值。當越多資料點位於直線上，表示預測效能越好。這是因為直線上的資料點意味著預測值與實際值相當靠近彼此。觀察這張分散圖，資料點看起來聚集在直線附近，表示預測結果和實際值相差不遠。

你可以透過以下連結檢視並下載本節所使用的完整版 R 程式碼 https://github.com/yoonhwang/hands-on-data-science-for-marketing/blob/master/ch.9/R/CustomerLifetimeValue.R

本章小結

在本章中，我們學習了什麼是顧客終身價值，以及 CLV 在行銷領域的重要性和用途。為了證明客戶取得成本的合理性，我們必須充分瞭解每一位新客戶將為公司帶來多少價值。我們瞭解到 CLV 如何幫助行銷人員開展正回報率的行銷策略。接著，我們利用範例情境來說明如何使用平均購買金額、購買頻率和客戶存留期計算 CLV。本章還介紹了另一種使用機器學習和預測模型來估計 CLV 的方法。

在程式設計練習中，我們學習如何打造迴歸模型，預測接下來三個月的客戶價值。在 Python 中，我們使用 scikit-learn 套件打造一個 LinearRegression 模型。在 R 中，我們使用內建的 lm 函數帶入資料，訓練一個線性迴歸模型。此外，我們討論了四個常用於評估模型效能的衡量指標：MSE、MAE、R^2，以及預測值與實際值的分散圖，並學習各指標如何評估迴歸模型的效能。在程式設計練習中，我們討論如何在 Python 和 R 中計算和視覺化呈現 MAE、R^2 的值，以及預測值與實際值的分散圖。

下一章主題是顧客區隔。我們將討論如何細分顧客群，幫助行銷人員更佳瞭解客戶，打造更高效的行銷策略。

## chapter 10

以資料驅動的顧客區隔

在市場行銷領域中，我們經常試著瞭解客戶群中某些子群體的行為。特別是在目標行銷中，行銷人員會嘗試以特定方式細分客戶群，針對各目標市場區隔或客戶群進行行銷推廣活動。這種聚焦在特定目標客戶群的行銷策略，可以帶來更優異的成效，因為在同一個目標群體中，企業產品、服務或內容可以更貼合這些客戶的需求和喜好。

本章將深入探討客戶區隔的概念。我們將討論什麼是顧客區隔，瞭解在顧客群中區隔出不同目標群體的重要性與好處，以及如何將顧客區隔的分析結果運用於不同的行銷策略。除了檢視特定顧客屬性的關鍵統計資料，手動對顧客群進行區隔的傳統方式之外，我們還可以使用機器學習，找到區隔顧客群的最佳方法。在本章內容中，我們將學習如何使用 k-means 叢集演算法，運用歷史資料來建立顧客區隔。

本章將討論以下主題：

- 顧客區隔

- 叢集演算法

- 以 Python 執行顧客區隔

- 以 R 執行顧客區隔

顧客區隔

鑑於當今市場的激烈競爭，瞭解客戶的不同行為、類型和興趣的重要性不言而喻。特別是在目標行銷中，瞭解和分類客戶是打造有效行銷策略的重要步驟。藉由劃分顧客群，行銷人員可以分批掌握各客戶區隔，還能為各群體需求，量身訂製專屬行銷訊息。顧客區隔是打造成功的目標行銷任務的基石，你可以針對特定顧客群提供不同價格選項、促銷活動和產品展示位置，以最經濟、最有效的方式吸引目標受眾。

任何企業或產業都能因更加瞭解不同的顧客群而獲益匪淺。比方說，在美國全國各地播出如大衣、雪靴或毛帽等冬季服飾的電視廣告，可能不是最符合成本效益的行銷策略。居住在佛羅里達、南加州或夏威夷等從未感受過嚴寒氣候的居民，很可能對購買冬裝興趣缺缺。而居住在阿拉斯加、明尼蘇達或北達科他州等寒冬地區的民眾則很可能想添購能夠禦寒保暖的衣服。因此，對於這個服飾品牌來說，與其向所有顧客發送行銷郵件或電子郵件，不如根據他們的地理資訊，將那些居住於高緯地區、比其他地區居民更需要冬季服飾的顧客作為目標。

再舉一個例子，如果你在某間大學附近擁有一棟出租大樓，你可以根據顧客的年齡和教育程度來找出目標租客。向年齡介於 20 至 30 歲，就讀於周邊大學的顧客作為目標客群，對他們進行行銷，將有機會帶來更高的出租率。以酒店企業來說，你可以對那些即將結婚的準夫婦，推廣浪漫套餐優惠。利用 Facebook 或 Instagram 等社群媒體平台，找出位於此一特定區隔的顧客。

我們簡要討論了以上三種情境，瞭解顧客並找出能夠代表他們的最佳區隔，可以幫助你快速建立有效的行銷策略。在將顧客群細分為子群組時，你可以使用某些特徵及其統計資訊，如第 7 章「消費者行為的探索式分析」所示。不過，如果顧客具有多個屬性，想要對其進行區隔將變得非常困難。在以下各節內容中，我們將討論如何將機器學習應用於顧客區隔。

叢集演算法

叢集演算法經常用於行銷工作，對顧客進行區隔。這是一種非監督式學習演算法，從資料中學習各組之間的共通性。與試圖預測目標變數的監督式學習不同，非監督式學習從沒有任何目標或標記變數的資料中學習。在眾多的叢集演算法中，本章將探討 K-means 叢集演算法的應用。

K-means 叢集演算法會根據預先定義好的叢集數量，對資料中的記錄進行拆分，其中每個叢集內的資料點相當靠近。為了將相似記錄聚集在一起，K-means 叢集演算法會試著尋找叢集中心或平均值的群心，以便最小化叢集內資料點與群心之間的距離。物件方程式如下所示（`https://scikit-learn.org/stable/modules/clustering.html#k-means`）：

$$\sum_{i=0}^{n} \min_{\mu_j \in C}(\|x_i - \mu_j\|^2)$$

此處的 n 表示資料集中的紀錄數量，x_i 表示是第 i 個資料點，C 表示叢集數練，而 μ_j 表示第 j 個值心。

使用 K-means 叢集演算法進行顧客區隔的缺點或困難是，你需要事先知道叢集數量。然而我們通常不知道最佳叢集數量具體是多少。這時，可以使用側影係數（silhouette coefficient）進行評估，決定最佳叢集數量。簡單來說，側影係數會測量資料點與其所屬叢集的接近程度，衡量分群效果是否恰當。公式如下所示：

$$S = \frac{b - a}{\max(a, b)}$$

此處的 b 表示某資料點與其他群內資料點的平均距離，而 a 表示某資料點與群內其他資料點的平均距離。側影係數的值介於 -1 到 1，當這個值越接近 1，表示分群效果越好。在接下來的程式設計練習中，我們將使用 K-means 叢集演算法和側影係數，在資料集中對顧客群進行區隔。

以 Python 執行顧客區隔

本節內容討論如何在 Python 中使用叢集演算法將顧客群區隔出多個子群組。我們將使用 K-means 叢集演算法，建立一個顧客區隔模型。我們主要使用 pandas、matplotlib 和 scikit-learn 套件來分析、視覺化資料，並打造機器學習模型。希望使用 R 的讀者，你可以跳至下一節。

在本次練習中，我們將會使用 UCI Machine Learning Repository 的公開資料集，你可以在此查看：http://archive.ics.uci.edu/ml/datasets/online+retail。請前往以上連結並下載名為 Online Retail.xlsx 的 CSV 檔案。完成下載後，你可以透過以下指令將資料載入至 Jupyter Notebook：

```
import pandas as pd
df = pd.read_excel('../data/Online Retail.xlsx', sheet_name='Online
Retail')
```

此時，df 資料框應如下所示：

df.head()								
	InvoiceNo	StockCode	Description	Quantity	InvoiceDate	UnitPrice	CustomerID	Country
0	536365	85123A	WHITE HANGING HEART T-LIGHT HOLDER	6	2010-12-01 08:26:00	2.55	17850.0	United Kingdom
1	536365	71053	WHITE METAL LANTERN	6	2010-12-01 08:26:00	3.39	17850.0	United Kingdom
2	536365	84406B	CREAM CUPID HEARTS COAT HANGER	8	2010-12-01 08:26:00	2.75	17850.0	United Kingdom
3	536365	84029G	KNITTED UNION FLAG HOT WATER BOTTLE	6	2010-12-01 08:26:00	3.39	17850.0	United Kingdom
4	536365	84029E	RED WOOLLY HOTTIE WHITE HEART.	6	2010-12-01 08:26:00	3.39	17850.0	United Kingdom

你可能會發現，本練習使用了與前幾章相同的資料集。基於對這份資料集的認識，我們首先要進行資料清理。

資料清理

在開始建立叢集模型之前，我們要先處理五件事，清理資料的步驟如下：

1. **排除已取消訂單**：排除 Quantity 值為負數的紀錄，請使用以下程式碼：

```
df = df.loc[df['Quantity'] > 0]
```

2. **移除無 CustomerID 的紀錄**：共有 133,361 筆紀錄缺少 CustomerID，請使用以下程式碼進行篩除：

```
df = df[pd.notnull(df['CustomerID'])]
```

3. **篩除不完整月份**：如果你還記得前幾章內容，2011 年 12 月的資料並不完整。你可以使用以下程式碼進行篩除：

```
df = df.loc[df['InvoiceDate'] < '2011-12-01']
```

4. **利用 Quantity 和 UnitPrice 欄計算總銷售**：我們需要計算總銷售價值以供分析，將 Quantity 和 UnitPrice 進行相乘，算出總銷售收入，程式碼如下所示：

```
df['Sales'] = df['Quantity'] * df['UnitPrice']
```

5. **各顧客資料**：為了分析顧客區隔，我們需要對資料進行轉換，使每一筆紀錄呈現各顧客的購買歷史。請參考以下程式碼：

```
customer_df = df.groupby('CustomerID').agg({
'Sales': sum,
'InvoiceNo': lambda x: x.nunique()
})
customer_df.columns = ['TotalSales', 'OrderCount']
customer_df['AvgOrderValue'] =
customer_df['TotalSales']/customer_df['OrderCount']
```

如你所見，我們按 CustomerID 對 df 這個 DataFrame 的資料進行分組，然後計算出各顧客的總銷售量與訂單數量。接著，我們將 TotalSales 欄除以 OrderCount 欄位，計算平均訂單價值 AvgOrderValue。運算結果如下擷取畫面所示：

CustomerID	TotalSales	OrderCount	AvgOrderValue
12346.0	77183.60	1	77183.600000
12347.0	4085.18	6	680.863333
12348.0	1797.24	4	449.310000
12349.0	1757.55	1	1757.550000
12350.0	334.40	1	334.400000
12352.0	2506.04	8	313.255000
12353.0	89.00	1	89.000000
12354.0	1079.40	1	1079.400000
12355.0	459.40	1	459.400000
12356.0	2811.43	3	937.143333
12357.0	6207.67	1	6207.670000
12358.0	484.86	1	484.860000
12359.0	6372.58	4	1593.145000
12360.0	2662.06	3	887.353333
12361.0	189.90	1	189.900000

TotalSales、OrderCount 和 AvgOrderValue 各有不同的資料尺度。TotalSales 的值可能是 0 到 26,848 之間的數字，而 OrderCount 的值可能介於 1 到 201 之間。叢集演算法非常容易受資料尺度影響，因此我們需要將資料以相同的尺度標準化。標準化步驟有二，首先，我們對資料進行排序，使得每一個欄位的數值介於 1 到 4298 之間，這個範圍表示紀錄總數。請閱讀以下程式碼：

```
rank_df = customer_df.rank(method='first')
```

運算結果如下擷取畫面所示：

CustomerID	TotalSales	OrderCount	AvgOrderValue
12346.0	4290.0	1.0	4298.0
12347.0	3958.0	3470.0	3888.0
12348.0	3350.0	2861.0	3303.0
12349.0	3321.0	2.0	4238.0
12350.0	1241.0	3.0	2561.0
12352.0	3630.0	3774.0	2360.0
12353.0	119.0	4.0	201.0
12354.0	2781.0	5.0	4151.0
12355.0	1670.0	6.0	3354.0
12356.0	3724.0	2346.0	4082.0
12357.0	4111.0	7.0	4295.0
12358.0	1738.0	8.0	3447.0
12359.0	4117.0	2862.0	4225.0
12360.0	3680.0	2347.0	4057.0
12361.0	607.0	9.0	1186.0

接下來，我們對這份資料標準化，使資料集中於平均值，平均值為 0，標準差為 1。請閱讀以下程式碼：

```
normalized_df = (rank_df - rank_df.mean()) / rank_df.std()
```

結果如下擷取畫面所示：

CustomerID	TotalSales	OrderCount	AvgOrderValue
12346.0	1.724999	-1.731446	1.731446
12347.0	1.457445	1.064173	1.401033
12348.0	0.967466	0.573388	0.929590
12349.0	0.944096	-1.730641	1.683093
12350.0	-0.732148	-1.729835	0.331622
12352.0	1.193114	1.309162	0.169639
12353.0	-1.636352	-1.729029	-1.570269
12354.0	0.508917	-1.728223	1.612981
12355.0	-0.386422	-1.727417	0.970690
12356.0	1.268868	0.158357	1.557375
12357.0	1.580746	-1.726611	1.729029
12358.0	-0.331622	-1.725805	1.045637
12359.0	1.585581	0.574194	1.672617
12360.0	1.233409	0.159163	1.537228
12361.0	-1.243079	-1.724999	-0.776471

請閱讀下圖中各欄位的統計資訊：

	TotalSales	OrderCount	AvgOrderValue
count	4.298000e+03	4.298000e+03	4.298000e+03
mean	9.952744e-17	-1.231371e-16	5.719018e-17
std	1.000000e+00	1.000000e+00	1.000000e+00
min	-1.731446e+00	-1.731446e+00	-1.731446e+00
25%	-8.657232e-01	-8.657232e-01	-8.657232e-01
50%	0.000000e+00	0.000000e+00	0.000000e+00
75%	8.657232e-01	8.657232e-01	8.657232e-01
max	1.731446e+00	1.731446e+00	1.731446e+00

如你所見，這些值以 0 為中心，標準差為 1。我們將使用這份資料進行接下來的叢集分析。

K-means 叢集

K-means 叢集演算法是一種瞭解資料內「物以類聚」情形的常用演算法。在市場行銷中，它常用來建立顧客區隔並瞭解這些不同區隔的行為。我們來深入探討在 Python 中如何建立叢集模型吧。

想在 scikit-learn 套件中使用 K-means 叢集演算法，首先需要匯入 kmeans 模組，程式碼如下：

```
from sklearn.cluster import KMeans
```

接著，你可以使用以下程式碼建立並擬合一個 K-means 叢集模型：

```
kmeans = KMeans(n_clusters=4).fit(normalized_df[['TotalSales',
'OrderCount', 'AvgOrderValue']])
```

我們在這段程式碼中，建立一個將資料分隔為四塊的叢集模型。你可以在 n_cluster 參數中更改叢集數量。使用 fit 函數，對 K-means 叢集演算法進行訓練，使其學習分割我們所給定的資料。在此段程式碼中，我們根據 TotalSales、OrderCount 和 AvgOrderValue 建立四個叢集。經過訓練的模型物件 kmeans 將叢集標籤與叢集群心分別儲存於 labels_ 和 cluster_centers_ 屬性中。你可以使用以下程式碼檢索這些值：

```
kmeans.labels_
kmeans.cluster_centers_
```

現在，建立好第一個叢集模型後，將此資料視覺化呈現。首先，請閱讀以下程式碼：

```
four_cluster_df = normalized_df[['TotalSales', 'OrderCount',
'AvgOrderValue']].copy(deep=True)
four_cluster_df['Cluster'] = kmeans.labels_
```

我們將每筆紀錄的叢集標籤資訊儲存到新建的資料框 four_cluster_df 中。有了這個 DataFrame 後，我們可以使用以下程式碼，將叢集視覺化呈現：

```
plt.scatter(
    four_cluster_df.loc[four_cluster_df['Cluster'] == 0]['OrderCount'],
```

```
    four_cluster_df.loc[four_cluster_df['Cluster'] == 0]['TotalSales'],
    c='blue'
)

plt.scatter(
    four_cluster_df.loc[four_cluster_df['Cluster'] == 1]['OrderCount'],
    four_cluster_df.loc[four_cluster_df['Cluster'] == 1]['TotalSales'],
    c='red'
)

plt.scatter(
    four_cluster_df.loc[four_cluster_df['Cluster'] == 2]['OrderCount'],
    four_cluster_df.loc[four_cluster_df['Cluster'] == 2]['TotalSales'],
    c='orange'
)

plt.scatter(
    four_cluster_df.loc[four_cluster_df['Cluster'] == 3]['OrderCount'],
    four_cluster_df.loc[four_cluster_df['Cluster'] == 3]['TotalSales'],
    c='green'
)

plt.title('TotalSales vs. OrderCount Clusters')
plt.xlabel('Order Count')
plt.ylabel('Total Sales')

plt.grid()
plt.show()
```

我們使用了分散圖來呈現資料,結果如下圖「TotalSales vs. OrderCount Clusters」所示:

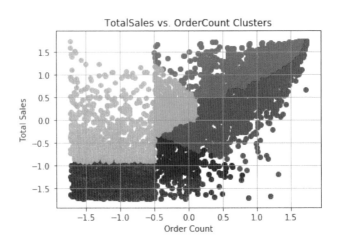

仔細看看這張分散圖，藍色叢集表示那些沒有經常光顧的低價值顧客，而紅色叢集表示高價值顧客，這些人的購買量最多，而且最頻繁消費。我們可以使用其他的變數將這些叢集視覺化，從不同視角解讀。請看以下圖表：

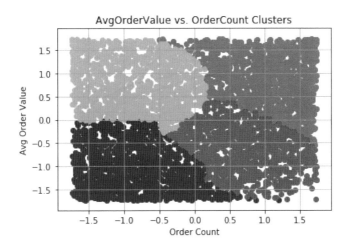

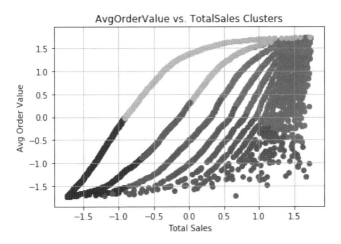

第一張圖表根據 AvgOrderValue 和 OrderCount 這兩項變數對叢集視覺化。另一方面，第二張圖表則根據 AvgOrderValue 和 TotalSales 呈現資料。如圖所示，藍色叢集的平均訂單價值最低，且訂單數量最少。紅色叢集的平均訂單價值最高，且訂單數量最多。將叢集視覺化呈現，有助於清楚並快速掌握各叢集的不同特徵。

選擇最佳叢集數量

在建立 K-means 叢集模型時，很多時候我們並不確定最佳叢集數量。如前所述，我們可以使用側影係數來決定用來分割資料的最佳叢集數量。在 skikit-learn 套件中，你可以使用 sklearn.metrics 模組中的 silhouette_score 函數來計算側影係數，衡量叢集品質。請看以下程式碼：

```
from sklearn.metrics import silhouette_score

for n_cluster in [4,5,6,7,8]:
    kmeans = KMeans(n_clusters=n_cluster).fit(
        normalized_df[['TotalSales', 'OrderCount', 'AvgOrderValue']]
    )
    silhouette_avg = silhouette_score(
        normalized_df[['TotalSales', 'OrderCount', 'AvgOrderValue']],
        kmeans.labels_
    )
    print('Silhouette Score for %i Clusters: %0.4f' % (n_cluster,
silhouette_avg))
```

我們測試了五種叢集數量：4、5、6、7 和 8。我們將測量每一個叢集數量的側影係數值，並選擇係數值最高的叢集數量。運行程式碼後，結果如下：

```
Silhouette Score for 4 Clusters: 0.4113
Silhouette Score for 5 Clusters: 0.3771
Silhouette Score for 6 Clusters: 0.3784
Silhouette Score for 7 Clusters: 0.3906
Silhouette Score for 8 Clusters: 0.3810
```

在我們這個例子中，經過測試發現，擁有最高側影係數值的叢集數量為 4。在接下來的內容中，我們將使用 4 作為叢集數量，演示如何從叢集分析中解讀結果。

解讀顧客區隔

在本節內容中，我們將探討從叢集分析結果中取得洞察的不同方法。首先，請先建立一個有四個叢集的 K-means 叢集模型。你可以使用以下程式碼：

```
kmeans = KMeans(n_clusters=4).fit(
    normalized_df[['TotalSales', 'OrderCount', 'AvgOrderValue']]
)

four_cluster_df = normalized_df[['TotalSales', 'OrderCount',
'AvgOrderValue']].copy(deep=True)
four_cluster_df['Cluster'] = kmeans.labels_
```

在這段程式碼中，我們利用 `TotalSales`、`OrderCount` 和 `AvgOrderValue` 這三項屬性，對有著 4 個叢集的 **K-means** 叢集模型進行擬合。接著，將叢集標籤資訊儲存到 `four_cluster_df` 這個資料框中。此資料框如下所示：

CustomerID	TotalSales	OrderCount	AvgOrderValue	Cluster
12346.0	1.724999	-1.731446	1.731446	0
12347.0	1.457445	1.064173	1.401033	2
12348.0	0.967466	0.573388	0.929590	2
12349.0	0.944096	-1.730641	1.683093	0
12350.0	-0.732148	-1.729835	0.331622	0
12352.0	1.193114	1.309162	0.169639	2
12353.0	-1.636352	-1.729029	-1.570269	3
12354.0	0.508917	-1.728223	1.612981	0
12355.0	-0.386422	-1.727417	0.970690	0
12356.0	1.268868	0.158357	1.557375	2
12357.0	1.580746	-1.726611	1.729029	0
12358.0	-0.331622	-1.725805	1.045637	0
12359.0	1.585581	0.574194	1.672617	2
12360.0	1.233409	0.159163	1.537228	2
12361.0	-1.243079	-1.724999	-0.776471	3

首先，我們要查看各叢集的群心。你可以使用以下程式碼：

```
kmeans.cluster_centers_
```

此程式碼的輸出結果如下所示：

```
array([[-0.13330681, -0.84982057,  0.79745159],
       [ 0.21794823,  0.715536  , -0.64337832],
       [ 1.20630621,  1.00552238,  0.86837366],
       [-1.24675221, -0.7971239 , -1.06197333]])
```

仔細看看這份結果。第四個叢集在這三項屬性的數值最低。這表示第四個叢集包含那些銷售量最低、訂單量最少，而且平均訂單價值最低的顧客。這一組顧客屬於低價值顧客。另一方面，第三個叢集在這三項屬性獲得最高的數值。位於第三個叢集中的顧客擁有最高銷售量、最多訂單，而且平均訂單價值最高。這表示，位於第三個叢集的顧客購買高價商品，為業務帶來最大收入。通常你會將最多心力、人力投注於這個顧客區隔，對這些顧客進行行銷推廣，因為這麼做將會帶來最多報酬。

位於第二個叢集的顧客相當有趣，他們相對頻繁地消費，在 OrderCount 中具有中間偏高的叢集中心值，但 AveOrderValue 的群集中心值較低，顯示這些顧客的平均訂單價值比較低。這表示，這些顧客經常購買低價產品。因此，你可以向這些顧客推廣低價商品。位於第一個叢集的顧客也頗有意思，叢集中心值顯示他們對於銷售量和訂單量的貢獻是中間偏低，但平均訂單價值很高。這表示，這些顧客會購買高價產品，但頻率不高。你可以針對此顧客區隔的人們制定行銷策略，推廣高價產品。

檢視叢集中心，可幫助我們瞭解不同類型和區隔的顧客以及如何精準行銷。最後，我們還能找出各顧客區隔的暢銷商品。請看以下程式碼：

```
high_value_cluster = four_cluster_df.loc[four_cluster_df['Cluster'] == 2]

pd.DataFrame(
    df.loc[
        df['CustomerID'].isin(high_value_cluster.index)
    ].groupby('Description').count()[
```

```
        'StockCode'
    ].sort_values(ascending=False).head()
)
```

第三個叢集是高價值顧客群，我們來找找這一顧客群中的前五項暢銷商品。運行程式碼後，輸出結果如下：

Description	StockCode
JUMBO BAG RED RETROSPOT	1143
REGENCY CAKESTAND 3 TIER	1078
WHITE HANGING HEART T-LIGHT HOLDER	1072
LUNCH BAG RED RETROSPOT	937
PARTY BUNTING	865

在這個高價值區隔中，最暢銷的商品是 JUMBO BAG RED RETROSPOT，第二名則是 REGENCY CAKESTAND 3 TIER。你可以在行銷策略中靈活運用這項資訊，針對這一群顧客進行推廣。在行銷活動中，你可以向這群顧客推薦與這些暢銷產品相似的其他商品，因為他們很可能對這些商品抱持高度興趣。

你可以透過以下連結檢視並下載本節所使用的完整版 Python 程式碼：`https://github.com/yoonhwang/hands-on-data-science-for-marketing/blob/master/ch.10/python/CustomerSegmentation.ipynb`

以 R 執行顧客區隔

本節內容討論如何在 R 中使用叢集演算法將顧客群區隔出多個子群組。我們將使用 K-means 叢集演算法建立一個顧客區隔模型。我們主要使用 `pandas`、`matplotlib` 和 `scikit-learn` 套件來分析、視覺化資料，並打造機器學習模型。希望使用 **Python** 的讀者，你可以參考上一節內容。

在本次練習中，我們將會使用 UCI Machine Learning Repository 的公開資料集，你可以在此查看：http://archive.ics.uci.edu/ml/datasets/online+retail。請前往以上連結並下載名為 Online Retail.xlsx 的 CSV 檔案。完成下載後，你可以透過以下指令將資料載入至 RStudio：

```
library(readxl)

#### 1. Load Data ####
df <- read_excel(
  path="~/Documents/data-science-for-marketing/ch.10/data/Online
Retail.xlsx",
  sheet="Online Retail"
)
```

此時，df 資料框應如下所示：

	InvoiceNo	StockCode	Description	Quantity	InvoiceDate	UnitPrice	CustomerID	Country
1	536365	85123A	WHITE HANGING HEART T-LIGHT HOLDER	6	2010-12-01 08:26:00	2.55	17850	United Kingdom
2	536365	71053	WHITE METAL LANTERN	6	2010-12-01 08:26:00	3.39	17850	United Kingdom
3	536365	84406B	CREAM CUPID HEARTS COAT HANGER	8	2010-12-01 08:26:00	2.75	17850	United Kingdom
4	536365	84029G	KNITTED UNION FLAG HOT WATER BOTTLE	6	2010-12-01 08:26:00	3.39	17850	United Kingdom
5	536365	84029E	RED WOOLLY HOTTIE WHITE HEART.	6	2010-12-01 08:26:00	3.39	17850	United Kingdom
6	536365	22752	SET 7 BABUSHKA NESTING BOXES	2	2010-12-01 08:26:00	7.65	17850	United Kingdom
7	536365	21730	GLASS STAR FROSTED T-LIGHT HOLDER	6	2010-12-01 08:26:00	4.25	17850	United Kingdom
8	536366	22633	HAND WARMER UNION JACK	6	2010-12-01 08:28:00	1.85	17850	United Kingdom
9	536366	22632	HAND WARMER RED POLKA DOT	6	2010-12-01 08:28:00	1.85	17850	United Kingdom
10	536367	84879	ASSORTED COLOUR BIRD ORNAMENT	32	2010-12-01 08:34:00	1.69	13047	United Kingdom
11	536367	22745	POPPY'S PLAYHOUSE BEDROOM	6	2010-12-01 08:34:00	2.10	13047	United Kingdom
12	536367	22748	POPPY'S PLAYHOUSE KITCHEN	6	2010-12-01 08:34:00	2.10	13047	United Kingdom
13	536367	22749	FELTCRAFT PRINCESS CHARLOTTE DOLL	8	2010-12-01 08:34:00	3.75	13047	United Kingdom
14	536367	22310	IVORY KNITTED MUG COSY	6	2010-12-01 08:34:00	1.65	13047	United Kingdom
15	536367	84969	BOX OF 6 ASSORTED COLOUR TEASPOONS	6	2010-12-01 08:34:00	4.25	13047	United Kingdom

你可能會發現，本練習使用了與前幾章相同的資料集。基於對這份資料集的認識，我們首先要進行資料清理。

資料清理

在開始建立叢集模型之前,我們要先處理關於五件事,清理資料的步驟如下:

1. **排除已取消訂單**:排除 Quantity 值為負數的紀錄,請使用以下程式碼:

   ```
   df <- df[which(df$Quantity > 0),]
   ```

2. **移除無 CustomerID 的紀錄**:共有 133,361 筆紀錄缺少 CustomerID,請使用以下程式碼進行篩除:

   ```
   df <- na.omit(df)
   ```

3. **篩除不完整月份**:如果你還記得前幾章內容,2011 年 12 月的資料並不完整。你可以使用以下程式碼進行篩除:

   ```
   df <- df[which(df$InvoiceDate < '2011-12-01'),]
   ```

4. **利用 Quantity 和 UnitPrice 欄計算總銷售**:我們需要計算總銷售價值以供分析,將 Quantity 和 UnitPrice 進行相乘,算出總銷售收入,程式碼如下所示:

   ```
   df$Sales <- df$Quantity * df$UnitPrice
   ```

5. **各顧客資料**:為了分析顧客區隔,我們需要對資料進行轉換,使每一筆紀錄呈現各顧客的購買歷史。請參考以下程式碼:

   ```
   # per customer data
   customerDF <- df %>%
     group_by(CustomerID) %>%
     summarize(TotalSales=sum(Sales),
   OrderCount=length(unique(InvoiceDate))) %>%
     mutate(AvgOrderValue=TotalSales/OrderCount)
   ```

我們按 CustomerID 對 df 這個 DataFrame 的資料進行分組，然後計算出各顧客的總銷售量與訂單數量。接著，我們將 TotalSales 欄除以 OrderCount 欄位，計算平均訂單價值 AvgOrderValue。運算結果如下擷取畫面所示：

	CustomerID	TotalSales	OrderCount	AvgOrderValue
1	12346	77183.60	1	77183.6000
2	12347	4085.18	6	680.8633
3	12348	1797.24	4	449.3100
4	12349	1757.55	1	1757.5500
5	12350	334.40	1	334.4000
6	12352	2506.04	8	313.2550
7	12353	89.00	1	89.0000
8	12354	1079.40	1	1079.4000
9	12355	459.40	1	459.4000
10	12356	2811.43	3	937.1433
11	12357	6207.67	1	6207.6700
12	12358	484.86	1	484.8600
13	12359	6372.58	4	1593.1450
14	12360	2662.06	3	887.3533
15	12361	189.90	1	189.9000

TotalSales、OrderCount 和 AvgOrderValue 各有不同的資料尺度。TotalSales 的值可能是 0 到 26,848 之間的數字，而 OrderCount 的值可能介於 1 到 201 之間。叢集演算法非常容易受資料尺度影響，因此我們需要將資料以相同的尺度標準化。標準化步驟有二，首先，我們對資料進行排序，使得每一個欄位的數值介於 1 到 4298 之間，這個範圍表示紀錄總數。請閱讀以下程式碼：

```
rankDF <- customerDF %>%
  mutate(TotalSales=rank(TotalSales), OrderCount=rank(OrderCount,
ties.method="first"), AvgOrderValue=rank(AvgOrderValue))
```

運算結果如下擷取畫面所示：

	CustomerID	TotalSales	OrderCount	AvgOrderValue
1	12346	4290.0	1	4298.0
2	12347	3958.0	3473	3885.0
3	12348	3350.0	2862	3299.0
4	12349	3321.0	2	4237.0
5	12350	1241.0	3	2554.0
6	12352	3630.0	3776	2357.0
7	12353	119.0	4	201.0
8	12354	2781.0	5	4148.0
9	12355	1670.0	6	3347.0
10	12356	3724.0	2346	4079.0
11	12357	4111.0	7	4294.0
12	12358	1738.0	8	3445.0
13	12359	4117.0	2863	4224.0
14	12360	3680.0	2347	4055.0
15	12361	607.0	9	1181.0

接下來，我們使用 R 的 scale 函數，對這份資料標準化，使資料集中於平均值，平均值為 0，標準差為 1。請閱讀以下程式碼：

```
normalizedDF <- rankDF %>%
  mutate(TotalSales=scale(TotalSales), OrderCount=scale(OrderCount),
AvgOrderValue=scale(AvgOrderValue))
```

結果如下擷取畫面所示：

	CustomerID	TotalSales	OrderCount	AvgOrderValue
1	12346	1.72499932	-1.7314464	1.73144641
2	12347	1.45744512	1.0665903	1.39861543
3	12348	0.96746633	0.5741939	0.92636614
4	12349	0.94409563	-1.7306405	1.68228736
5	12350	-0.73214757	-1.7298346	0.32598095
6	12352	1.19311446	1.3107738	0.16722138
7	12353	-1.63635184	-1.7290287	-1.57026918
8	12354	0.50891711	-1.7282229	1.61056349
9	12355	-0.38642241	-1.7274170	0.96504867
10	12356	1.26886776	0.1583566	1.55495734
11	12357	1.58074570	-1.7266111	1.72822287
12	12358	-0.33162215	-1.7258052	1.04402552
13	12359	1.58558102	0.5749998	1.67181084
14	12360	1.23340877	0.1591625	1.53561607
15	12361	-1.24307940	-1.7249993	-0.78050074

請閱讀下圖中各欄位的統計資訊：

```
> summary(normalizedDF)
   CustomerID       TotalSales.V1        OrderCount.V1      AvgOrderValue.V1
 Min.   :12346    Min.   :-1.7314464    Min.   :-1.7314464    Min.   :-1.7314464
 1st Qu.:13815    1st Qu.:-0.8660254    1st Qu.:-0.8657232    1st Qu.:-0.8657232
 Median :15300    Median : 0.0000000    Median : 0.0000000    Median : 0.0000000
 Mean   :15302    Mean   : 0.0000000    Mean   : 0.0000000    Mean   : 0.0000000
 3rd Qu.:16781    3rd Qu.: 0.8657232    3rd Qu.: 0.8657232    3rd Qu.: 0.8657232
 Max.   :18287    Max.   : 1.7314464    Max.   : 1.7314464    Max.   : 1.7314464
> sapply(normalizedDF, sd)
   CustomerID       TotalSales      OrderCount AvgOrderValue
     1720.983          1.000           1.000         1.000
```

如你所見，這些值以 0 為中心，標準差為 1。我們將使用這份資料進行接下
來的叢集分析。

K-means 叢集

K-means 叢集演算法是一種瞭解資料內「物以類聚」情形的常用演算法。在市場行銷中，它常用來建立顧客區隔並瞭解這些不同區隔的行為。我們來深入探討在 R 中如何建立叢集模型吧。

你可以使用以下程式碼建立並擬合一個 K-means 叢集模型：

```
cluster <- kmeans(normalizedDF[c("TotalSales", "OrderCount",
"AvgOrderValue")], 4)
```

我們在這段程式碼中，建立一個將資料分為 4 份的叢集模型。

kmeans 函數內第一個參數用於此 K-means 叢集的資料，第二個參數用來定義想要的叢集數量。在此段程式碼中，我們根據 TotalSales、OrderCount 和 AvgOrderValue 建立四個叢集。經過訓練的模型物件 cluster 將叢集標籤與叢集群心分別儲存於 cluster 和 centers 變數中。你可以使用以下程式碼檢索這些值：

```
cluster$cluster
cluster$centers
```

現在，建立好第一個叢集模型後，將此資料視覺化呈現。首先，我們要將叢集標籤儲存到一個分開的欄位中，並命名為 Cluster，此欄位位於 normalizedDF 變數，如以下程式碼所示：

```
# cluster labels
normalizedDF$Cluster <- cluster$cluster
```

接著，我們可以使用以下程式碼，將叢集視覺化呈現：

```
ggplot(normalizedDF, aes(x=AvgOrderValue, y=OrderCount, color=Cluster)) +
  geom_point()
```

我們使用了分散圖來呈現資料，結果如下圖所示：

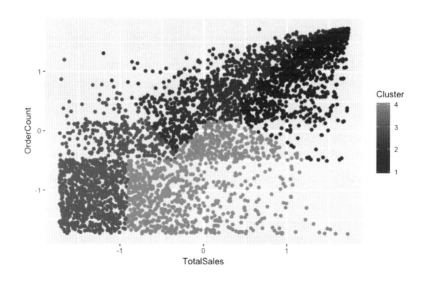

仔細看看這張分散圖，位於左下部的叢集表示那些沒有經常光顧的低價值
顧客，而位於右上部、顏色最深的叢集表示高價值顧客，這些人的購買量
最多，而且最頻繁消費。我們可以使用其他的變數將這些叢集視覺化，從
不同視角解讀。請看以下圖表：

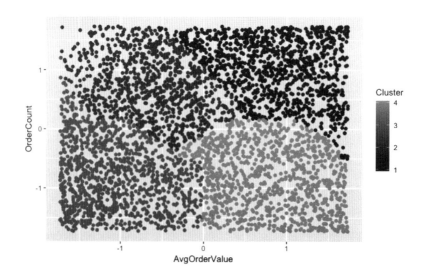

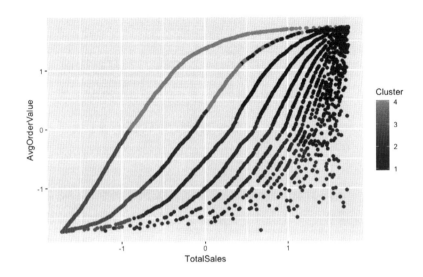

第一張圖表根據 `AvgOrderValue` 和 `OrderCount` 這兩項變數對叢集視覺化。另一方面,第二張圖表則根據 `AvgOrderValue` 和 `TotalSales` 呈現資料。如圖所示,位於左下部的叢集,其平均訂單價值最低,且訂單數量最少。另一方面,位於右上部、顏色最深的叢集,其平均訂單價值最高,且訂單數量最多。將叢集視覺化呈現,有助於清楚並快速掌握各叢集的不同特徵。

選擇最佳叢集數量

在建立 K-means 叢集模型時,很多時候我們並不確定最佳叢集數量。如前所述,我們可以使用側影係數來決定用來分割資料的最佳叢集數量。在 R 中,你可以使用 `cluster` 程式庫中的 `silhouette` 函數來計算側影係數,衡量叢集品質。請看以下程式碼:

```
# Selecting the best number of cluster
library(cluster)

for(n_cluster in 4:8){
  cluster <- kmeans(normalizedDF[c("TotalSales", "OrderCount",
"AvgOrderValue")], n_cluster)
```

```
silhouetteScore <- mean(
  silhouette(
    cluster$cluster,
    dist(normalizedDF[c("TotalSales", "OrderCount", "AvgOrderValue")],
method = "euclidean")
  )[,3]
)
print(sprintf('Silhouette Score for %i Clusters: %0.4f', n_cluster,
silhouetteScore))
}
```

我們測試了五種叢集數量：4、5、6、7 和 8。我們將測量每一個叢集數量的
側影係數值，並選擇係數值最高的叢集數量。運行程式碼後，結果如下：

```
[1] "Silhouette Score for 4 Clusters: 0.4117"
[1] "Silhouette Score for 5 Clusters: 0.3831"
[1] "Silhouette Score for 6 Clusters: 0.3778"
[1] "Silhouette Score for 7 Clusters: 0.3915"
[1] "Silhouette Score for 8 Clusters: 0.3716"
```

在我們這個例子中，經過測試發現，擁有最高側影係數值的叢集數量為 4。
在接下來的內容中，我們將使用 4 作為叢集數量，演示如何從叢集分析中
解讀結果。

解讀顧客區隔

在本節內容中，我們將探討從叢集分析結果中取得洞察的不同方法。首先，
請先建立一個有四個叢集的 **K-means** 叢集模型。你可以使用以下程式碼：

```
# Interpreting customer segments
cluster <- kmeans(normalizedDF[c("TotalSales", "OrderCount",
"AvgOrderValue")], 4)
normalizedDF$Cluster <- cluster$cluster
```

在這段程式碼中，我們利用 TotalSales、OrderCount 和 AvgOrderValue
這三項屬性，對有著 4 個叢集的 **K-means** 叢集模型進行擬合。接著，將叢
集標籤資訊儲存到 normalizedDF 這個資料框中。此資料框如下所示：

	CustomerID	TotalSales	OrderCount	AvgOrderValue	Cluster
1	12346	1.72499932	−1.7314464	1.73144641	4
2	12347	1.45744512	1.0665903	1.39861543	1
3	12348	0.96746633	0.5741939	0.92636614	1
4	12349	0.94409563	−1.7306405	1.68228736	4
5	12350	−0.73214757	−1.7298346	0.32598095	4
6	12352	1.19311446	1.3107738	0.16722138	1
7	12353	−1.63635184	−1.7290287	−1.57026918	3
8	12354	0.50891711	−1.7282229	1.61056349	4
9	12355	−0.38642241	−1.7274170	0.96504867	4
10	12356	1.26886776	0.1583566	1.55495734	1
11	12357	1.58074570	−1.7266111	1.72822287	4
12	12358	−0.33162215	−1.7258052	1.04402552	4
13	12359	1.58558102	0.5749998	1.67181084	1
14	12360	1.23340877	0.1591625	1.53561607	1
15	12361	−1.24307940	−1.7249993	−0.78050074	3

首先，我們要查看各叢集的群心。你可以使用以下程式碼：

```
# cluster centers
cluster$centers
```

此程式碼的輸出結果如下所示：

```
> # cluster centers
> cluster$centers
  TotalSales OrderCount AvgOrderValue
1  0.2132451  0.7112607    -0.6432146
2 -0.1314293 -0.8520880     0.7984693
3 -1.2460079 -0.7960747    -1.0616594
4  1.2059015  1.0076634     0.8661864
```

仔細看看這份結果。第三個叢集在這三項屬性的數值最低。這表示，第三個叢集包含那些銷售量最低、訂單量最少，而且平均訂單價值最低的顧客。這一組顧客屬於低價值顧客。另一方面，第四個叢集在這三項屬性獲得最高的數值。位於第四個叢集中的顧客擁有最高銷售量、最多訂單，而且平均訂單價值最高。這表示，第四個叢集的顧客購買高價商品，為業務帶來最大收入。通常你會將最多心力、人力投注於這個顧客區隔，對這些顧客進行行銷推廣，因為這麼做將帶來最多報酬。

位於第一個叢集的顧客相當有趣,他們相對頻繁地消費,在 OrderCount 中具有中間偏高的叢集中心值,但 AveOrderValue 的群集中心值較低,顯示這些顧客的平均訂單價值比較低。這表示,這些顧客經常購買低價產品。因此,你可以向這些顧客推廣低價商品。位於第二個叢集的顧客也頗有意思,叢集中心值顯示他們對於銷售量和訂單量的貢獻是中間偏低,但平均訂單價值很高。這表示,這些顧客會購買高價產品,但頻率不高。你可以針對此顧客區隔的人們制定行銷策略,推廣高價產品。

上面這個例子告訴我們,檢視叢集中心有助於瞭解不同類型和區隔的顧客以及如何精準行銷。最後,我們還能找出各顧客區隔的暢銷商品。請看以下程式碼:

```
# High value cluster
highValueCustomers <- unlist(
  customerDF[which(normalizedDF$Cluster == 4),'CustomerID'][,1], use.
names
= FALSE
)

df[which(df$CustomerID %in% highValueCustomers),] %>%
  group_by(Description) %>%
  summarise(Count=n()) %>%
  arrange(desc(Count))
```

第四個叢集是高價值顧客群,我們來找找這一顧客群中的前五項暢銷商品。運行程式碼後,輸出結果如下:

```
> df[which(df$CustomerID %in% highValueCustomers),] %>%
+   group_by(Description) %>%
+   summarise(Count=n()) %>%
+   arrange(desc(Count))
# A tibble: 3,659 x 2
   Description                         Count
   <chr>                              <int>
 1 JUMBO BAG RED RETROSPOT             1147
 2 REGENCY CAKESTAND 3 TIER           1086
 3 WHITE HANGING HEART T-LIGHT HOLDER 1079
 4 LUNCH BAG RED RETROSPOT             938
 5 PARTY BUNTING                       869
 6 ASSORTED COLOUR BIRD ORNAMENT       828
 7 SET OF 3 CAKE TINS PANTRY DESIGN    730
 8 LUNCH BAG  BLACK SKULL.             701
 9 POSTAGE                             696
10 PACK OF 72 RETROSPOT CAKE CASES     690
```

在這個高價值區隔中，最暢銷的商品是 **JUMBO BAG RED RETROSPOT**，第二名則是 **REGENCY CAKESTAND 3 TIER**。你可以在行銷策略中靈活運用這項資訊，針對這一群顧客進行推廣。在行銷活動中，你可以向這群顧客推薦與這些暢銷產品相似的其他商品，因為他們很可能對這些商品抱持高度興趣。

你可以透過以下連結檢視並下載本節所使用的完整版 Python 程式碼：`https://github.com/yoonhwang/hands-on-data-science-for-marketing/blob/master/ch.10/R/CustomerSegmentation.R`

本章小結

本章主題聚焦於顧客區隔。我們舉出三種情境，說明顧客區隔如何為各種業務帶來助益，打造更優秀、更具成本效益的行銷策略。我們討論如何對顧客精準行銷，透過瞭解不同的客戶群，掌握不同區隔的消費者行為，並針對各區隔中顧客需求與偏好開展行銷活動。我們還學習了 K-means 叢集演算法，這是最常用於顧客區隔的叢集演算法之一。同時，我們也演示了如何使用側影係數來評估叢集品質。

在程式設計練習中，我們學習如何以 Python 和 R 建立 K-means 叢集模型。在 Python 中，我們可以使用 `scikit-learn` 套件的 `KMeans` 模組，在 R 中則可以使用 `kmeans` 函數來打造叢集模型。如果想計算側影係數，我們可以使用 Python 的 `silhouette_score` 函數或 R 的 `silhouette` 函數來評估叢集品質，同時也展示了如何根據側影係數值高低決定最佳叢集數量。最後，我們探討了如何利用分散圖和叢集群心來解讀叢集分析結果，並找出各區隔的暢銷產品。

下一章將討論如何留住那些即將流失的顧客。我們將使用 `keras` 套件，分別在 Python 和 R 中建立神經網路模型，辨識那些極有可能流失的顧客。

## chapter 11

留住顧客

相似內容、產品或服務層出不窮，顧客手上握有更多選擇權，對於許多企業來說，如何留住顧客、如何不使顧客轉向其他競爭對手這件事變得更加困難。由於取得新客戶的成本通常高於留住現有顧客的成本，因此顧客流失問題變得越來越值得重視。為了留住現有客戶，不讓他們轉向其他競爭對手，各企業必須好好掌握顧客，瞭解他們的需求與偏好，除此之外還要有能力辨識哪些顧客極有可能流失，以及如何留住這些人。

本章內容將深入研究顧客流失這一主題，瞭解它將對企業造成何種負面影響，以及如何留住現有客戶。我們將探討顧客流失的常見原因，並瞭解資料科學如何降低客戶流失的風險。我們將學習什麼是人工神經網路，它如何預測顧客流失率，以及在不同領域的各種應用，同時，我們也會學習如何使用 Python 和 R 來打造模型。

本章將探討以下主題：

- 顧客流失與留存

- 人工神經網路

- 以 Python 預測顧客流失

- 以 R 預測顧客流失

顧客流失與留存

顧客流失（Customer churn）表示顧客決定停止使用某公司提供的服務、內容或產品。正如我們在第 7 章「消費者行為的探索式分析」中討論客戶分析時曾經簡單提到，留住現有客戶的成本比取得新客戶要低得多，而且回頭客所帶來的銷售收入通常更高。在競爭激烈的產業中，企業將要面對來自許多競爭對手的威脅，取得新客戶的成本甚至更高，因此，對於這一類企業來說，把握現有客戶的重要性不言而喻。

顧客不再光顧的原因有很多，常見原因可能是糟糕的客戶服務、產品或服務價值不足、缺乏溝通以及缺乏客戶忠誠度。留住這些客戶的第一步是監控客戶隨時間的流失率。如果客戶流失率很高或隨著時間而增加，那麼我們最好投入一些資源，提升顧客留存率。

為了提高顧客留存率，當務之急是更加透徹地瞭解客戶。你可以對已經流失的客戶進行調查，瞭解他們為何離開。你也可以調查現有客戶，更加瞭解他們的需求及痛點。此外，你還可以從資料科學和資料分析的角度，好好地研究手上資料。比如說，檢視客戶的 Web 活動資料，瞭解他們在哪一個環節花費最多時間、他們所查看的網頁中是否出現錯誤，或者搜尋結果是否無法回傳適當內容。你還可以查看客服通話記錄，瞭解顧客的等待時間、投訴內容以及問題的解決方案。對這些資料點進行深入分析，可以為我們揭示在留住現有客戶這件事情上，企業可能面臨的問題。

在分析顧客流失問題時，你還可以運用本書所探討的主題。你可以應用從第 5 章「產品分析」和第 6 章「推薦對的產品」中所習得的知識，瞭解哪些產品最能滿足顧客需求和興趣，並推薦正確的產品，提供更多顧客專屬的個人化內容。你還可以使用我們從第 7 章「消費者行為的探索式分析」和第 10 章「以資料驅動的顧客區隔」中學到的知識，更好地瞭解消費者行為和不同的顧客區隔。此外，還有一種方法是打造機器學習模型，預測哪些客戶可能會流失，針對這群有高流失風險的客戶進行行銷活動，爭取留存。在以下各節內容中，我們將討論如何打造神經網路模型，找出那些流失風險較高的顧客。

人工神經網路

人工神經網路（**ANN, artificial neural network**）是一種機器學習模型，構建靈感源於人類大腦的運作方式。近年來，ANN 模型在圖像識別、語音辨識和機器人等領域的成功應用，在在證明了強大的預測能力以及適用於各行各業的泛用性。你可能還聽說過「**深度學習**」（**deep learning**），這也是一種 ANN 模型，在輸入層和輸出層之間有眾多（隱藏）層數。直接觀看以下圖例更容易瞭解：

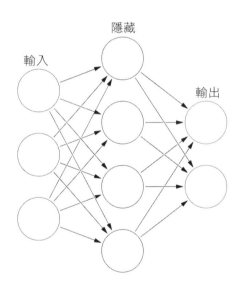

此圖是一個 ANN 模型，具有一個隱藏層。圖中的圓圈是人工神經元或節點，模擬人類大腦的神經元。箭頭符號表示訊號從一個神經元傳到另一個神經元的傳輸路徑。ANN 模型學習資料的方式是尋找從每一個輸入神經元到下一層神經元的訊號模式或權重，找出最能預測輸出結果的訊號。

在接下來的程式設計練習中，我們將試驗**多層感知器**（**MLP, Multilayer Perceptron**）模型。MLP 模型是具有至少一個或多個隱藏節點層的神經網路模型。MLP 模型由一個輸入層、一個輸出層，以及至少三個或以上的節點層組成。我們剛才所看到的圖例正是一個最簡單的 MLP 模型，只有一個隱藏層。

ANN 模型可以廣泛用於行銷領域。微軟公司使用 BrainMaker 的神經網路模型，將直接郵件回覆率從 4.9% 提升至 8.2%。這麼做幫助微軟公司降低了 35% 的成本，以更少的成本帶來相同收入。我們在第 8 章「預測行銷參與度的可能性」的行銷參與度預測問題使用了隨機森林模型，同樣地我們也可改為使用神經網路模型。此外，還可以使用神經網路模型來解決第 10 章「以資料驅動的顧客區隔」所探討的顧客區隔問題。在以下程式設計練習中，我們將討論如何使用 ANN 模型來預測哪些客戶可能流失。

以 Python 預測顧客流失

本節內容討論如何在 Python 中使用 ANN 模型，預測極有可能流失的顧客。我們將使用 ANN 模型建立一個顧客流失預測模型，主要使用 pandas、matplotlib 和 keras 套件來分析、視覺化資料，並打造機器學習模型。希望使用 R 的讀者，你可以跳至下一節。

在本次練習中，我們將會使用 IBM Watson Analytics 社群的公開資料集，你可以在此查看：https://www.ibm.com/communities/analytics/watson-analytics-blog/predictive-insights-in-the-telco-customer-churn-data-set/。請前往以上連結並下載名為 WA_Fn-UseC_-Telco-Customer-Churn.xlsx 的 XLSX 檔案。完成下載後，請輸入以下指令將資料載入至 Jupyter Notebook：

```
import pandas as pd

df = pd.read_excel('../data/WA_Fn-UseC_-Telco-Customer-Churn.xlsx')
```

此時，df 資料框應如下所示：

	customerID	gender	SeniorCitizen	Partner	Dependents	tenure	PhoneService	MultipleLines	InternetService	OnlineSecurity	...	DeviceProtection	TechSup
0	7590-VHVEG	Female	0	Yes	No	1	No	No phone service	DSL	No	...	No	
1	5575-GNVDE	Male	0	No	No	34	Yes	No	DSL	Yes	...	Yes	
2	3668-QPYBK	Male	0	No	No	2	Yes	No	DSL	Yes	...	No	
3	7795-CFOCW	Male	0	No	No	45	No	No phone service	DSL	Yes	...	Yes	
4	9237-HQITU	Female	0	No	No	2	Yes	No	Fiber optic	No	...	No	
5	9305-CDSKC	Female	0	No	No	8	Yes	Yes	Fiber optic	No	...	Yes	
6	1452-KIOVK	Male	0	No	Yes	22	Yes	Yes	Fiber optic	No	...	No	
7	6713-OKOMC	Female	0	No	No	10	No	No phone service	DSL	Yes	...	No	
8	7892-POOKP	Female	0	Yes	No	28	Yes	Yes	Fiber optic	No	...	Yes	
9	6388-TABGU	Male	0	No	Yes	62	Yes	No	DSL	Yes	...	No	

這份資料集共有 21 項變數，而我們想要預測 Churn 這個目標變數。

資料分析與準備

在建立機器學習模型之前，我們有幾件事須要先處理。在本節內容中，我們將對以貨幣值表示的連續變數進行轉換，並且對 Churn 目標變數與其他類別變數進行編碼。請參照以下步驟：

1. **對目標變數編碼**：Churn 這個目標變數有兩種值：Yes 和 No。我們要把 Yes 編碼為 1，將 No 編碼為 0，請看以下程式碼：

   ```
   df['Churn'] = df['Churn'].apply(lambda x: 1 if x == 'Yes' else 0)
   ```

   你可以運行以下程式碼，取得整體流失率：

   ```
   df['Churn'].mean()
   ```

輸出結果約為 0.27，表示約流失了 27% 的顧客。27% 不是一個小到不值得在意的數字，我們必須嚴重正視並研擬挽留顧客的對策。在接下來的模型構建中，我們將會討論如何預測可能流失的顧客，並使用同一份預測結果來挽留顧客。

2. **處理 TotalCharges 欄的闕漏值**：資料集的 TotalCharges 欄位中缺少了幾筆紀錄。因為只有 11 筆紀錄沒有 TotalCharges 值，我們可以直接忽略並篩除這幾筆紀錄。請看以下程式碼：

```
df['TotalCharges'] = df['TotalCharges'].replace(' ',
                          np.nan).astype(float)
df = df.dropna()
```

在程式碼中，我們將空白值取代為 nan，接著使用 dropna 函數篩除這些有 nan 值的所有紀錄。

3. **轉換連續變數**：下一步是調整連續變數的資料尺度。請先看看以下關於連續變數的摘要統計資訊：

	tenure	MonthlyCharges	TotalCharges
count	7032.000000	7032.000000	7032.000000
mean	32.421786	64.798208	2283.300441
std	24.545260	30.085974	2266.771362
min	1.000000	18.250000	18.800000
25%	9.000000	35.587500	401.450000
50%	29.000000	70.350000	1397.475000
75%	55.000000	89.862500	3794.737500
max	72.000000	118.750000	8684.800000

你可以輸入以下程式碼取得這些摘要統計資訊：

```
df[['tenure', 'MonthlyCharges', 'TotalCharges']].describe()
```

tenure、MonthlyCharges 和 TotalCharges 這三個連續變數的資料尺度都不一樣。tenure 變數的範圍介於 1 到 72 之間。TotalCharges 變數的範圍則介於 18.8 到 8684.8。一般而言，ANN 模型使用標準化的特徵時成效較好。請看看以下程式碼，將這三項特徵變數標準化：

```python
df['MonthlyCharges'] = np.log(df['MonthlyCharges'])
df['MonthlyCharges'] = (df['MonthlyCharges'] -
df['MonthlyCharges'].mean())/df['MonthlyCharges'].std()

df['TotalCharges'] = np.log(df['TotalCharges'])
df['TotalCharges'] = (df['TotalCharges'] -
df['TotalCharges'].mean())/df['TotalCharges'].std()

df['tenure'] = (df['tenure'] -
df['tenure'].mean())/df['tenure'].std()
```

從程式碼中可以看出，我們首先套用對數轉換，接著將值減去平均值再除以標準差，得到經過標準化的連續變數。運算結果如下所示：

```python
df[['tenure', 'MonthlyCharges', 'TotalCharges']].describe()
```

	tenure	MonthlyCharges	TotalCharges
count	7.032000e+03	7.032000e+03	7.032000e+03
mean	-1.028756e-16	4.688495e-14	7.150708e-15
std	1.000000e+00	1.000000e+00	1.000000e+00
min	-1.280157e+00	-1.882268e+00	-2.579056e+00
25%	-9.542285e-01	-7.583727e-01	-6.080585e-01
50%	-1.394072e-01	3.885103e-01	1.950521e-01
75%	9.198605e-01	8.004829e-01	8.382338e-01
max	1.612459e+00	1.269576e+00	1.371323e+00

現在，這三項變數的平均值都為 0，標準差都是 1。我們將使用這些經過標準化的變數建立模型。

4. **對類別變數 one-hot 編碼**：資料集中有許多類別變數，先來看看各欄位中有多少不重複的值。請參考以下程式碼：

```
for col in list(df.columns):
    print(col, df[col].nunique())
```

你可以使用 nunique 函數來計算各欄位中的不重複值，輸出結果如下所示：

```
customerID 7032
gender 2
SeniorCitizen 2
Partner 2
Dependents 2
tenure 72
PhoneService 2
MultipleLines 3
InternetService 3
OnlineSecurity 3
OnlineBackup 3
DeviceProtection 3
TechSupport 3
StreamingTV 3
StreamingMovies 3
Contract 3
PaperlessBilling 2
PaymentMethod 4
MonthlyCharges 1584
TotalCharges 6530
Churn 2
```

輸出結果顯示，共有 7032 個不重複的顧客 ID、2 種性別、3 個 MulipleLines 值，以及 6530 個 TotalCharges 值。在之前的步驟中，我們已經處理好 tenure、MonthlyCharges 和 TotalCharges 這三個連續變數了，現在我們將專注處理有著 2 到 4 個不重複值的變數。

我們來看看一些類別變數的資料分布情形。首先，你可以使用以下程式碼來視覺化呈現資料在男性與女性之間的分佈情形：

```
df.groupby('gender').count()['customerID'].plot(
    kind='bar', color='skyblue', grid=True, figsize=(8,6), title='Gender'
)
plt.show()
```

圖表如下所示：

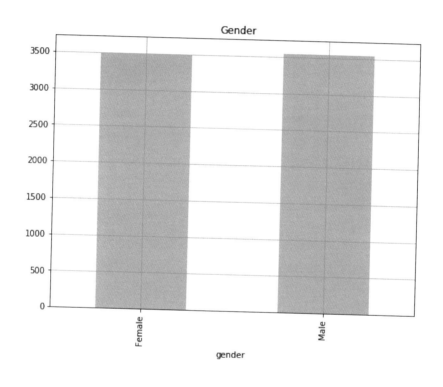

如圖所示，這份資料在兩種性別之間的分佈相當平均。你可以使用相同的程式碼來查看資料在 InternetService 和 PaymentMethod 的分佈情形，請閱讀以下圖表：

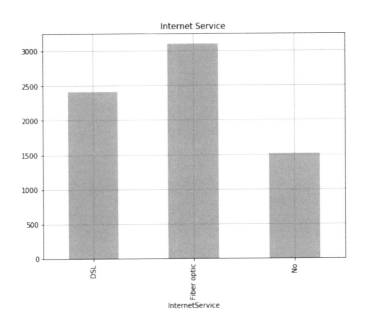

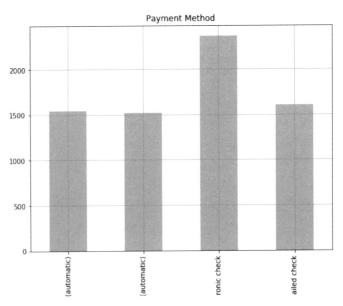

第一張圖表顯示了 InternetService 變數內三個類別的資料分佈情形。而第二張圖表則展示了 PaymentMethod 變數內四個類別的資料分布。如上所示，使用長條圖可以清楚展示類別變數的資料分布。我們建議你練習為其他類別變數建立長條圖，以便更加掌握資料分布情形。

現在，我們要對這些類別變數套用 **one-hot** 編碼。請先閱讀以下程式碼：

```
dummy_cols = []

sample_set = df[['tenure', 'MonthlyCharges', 'TotalCharges',
'Churn']].copy(deep=True)

for col in list(df.columns):
    if col not in ['tenure', 'MonthlyCharges', 'TotalCharges', 'Churn'] and
df[col].nunique() < 5:
        dummy_vars = pd.get_dummies(df[col])
        dummy_vars.columns = [col+str(x) for x in dummy_vars.columns]
        sample_set = pd.concat([sample_set, dummy_vars], axis=1)
```

我們使用了 pandas 套件的 get_dummies 函數，為每一個類別變數來建立虛擬變數。接著，我們將這些新建的虛擬變數與 sample_set 變數進行序連，sample_set 變數將作為訓練模型之用。運算結果如下所示：

```
sample_set.head(10)
```

	tenure	MonthlyCharges	TotalCharges	Churn	genderFemale	genderMale	SeniorCitizen0	SeniorCitizen1	PartnerNo	PartnerYes	...	StreamingMoviesYes
0	-1.280157	-1.054244	-2.281382	0	1	0	1	0	0	1	...	0
1	0.064298	0.032896	0.389269	0	0	1	1	0	1	0	...	0
2	-1.239416	-0.061298	-1.452520	1	0	1	1	0	1	0	...	0
3	0.512450	-0.467578	0.372439	0	0	1	1	0	1	0	...	0
4	-1.239416	0.396862	-1.234860	1	1	0	1	0	1	0	...	0
5	-0.994970	0.974468	-0.147808	1	1	0	1	0	1	0	...	1
6	-0.424595	0.786142	0.409363	0	0	1	1	0	1	0	...	0
7	-0.913487	-1.059891	-0.791550	0	1	0	1	0	1	0	...	0
8	-0.180148	1.059269	0.696733	1	1	0	1	0	0	1	...	1
9	1.205048	0.009088	0.783956	0	0	1	1	0	1	0	...	0

完成這四項資料準備步驟後，我們總算可開始建立 ANN 模型，預測顧客流失情形。開始吧！

以 keras 建立人工神經網路

如果想在 Python 中建立人工神經網路模型，我們將使用 keras 套件，這是一個高階神經網路程式庫。關於更多資訊，我們建議你到 https://keras.io/ 查看官方說明文件。在使用這個套件打造 ANN 模型之前，我們需要安裝 tensorflow 和 keras 這兩個套件。因為 keras 套件將 tensorflow 作為建立神經網路模型的後端，我們需要先安裝 tensorflow。你可以使用以下 pip 指令安裝這兩個套件：

```
pip install tensorflow
pip install keras
```

成功安裝之後，我們總算能開始打造第一個神經網路模型了。在本練習中，我們會建立有一個隱藏層的 ANN 模型，請先看看以下程式碼：

```
from keras.models import Sequential
from keras.layers import Dense

model = Sequential()
model.add(Dense(16, input_dim=len(features), activation='relu'))
model.add(Dense(8, activation='relu'))
model.add(Dense(1, activation='sigmoid'))
```

請仔細閱讀這段程式碼。首先，我們在此處使用 Sequential 模型，這是一種將圖層線性堆疊的模型，類似我們之前討論 MLP 模型的圖例。第一層為輸入層，input_dim 表示樣本集內特徵或欄位的數量，而此處的輸出單元為 16。我們對這個輸入層使用 relu 啟用函數。接著，在隱藏層中，輸出單元為 8，同樣使用 relu 作為啟用函數。最後，輸出層的輸出單元為 1，表示顧客流失的機率，我們在這一層使用了 sigmoid 函數。你可以在練習中使用不同的輸出單元量和啟用函數進行試驗。

使用 keras 套件建立神經網路模型的最後一項步驟是編譯模型。請先看看以下程式碼：

```
model.compile(loss='binary_crossentropy', optimizer='adam',
metrics=['accuracy'])
```

我們在此使用了 adam 最佳化器，這是用於演算法最佳化的常見工具。由於本練習的目標變數為二元值，我們使用 binary_crossentropy 作為損耗函數。最後，這個模型使用 accuracy 指標，在訓練中衡量模型效能。

在開始訓練這個神經網路模型之前，我們還需要分割樣本集，作為訓練用與測試用。請閱讀以下程式碼：

```
from sklearn.model_selection import train_test_split

target_var = 'Churn'
features = [x for x in list(sample_set.columns) if x != target_var]

X_train, X_test, y_train, y_test = train_test_split(
    sample_set[features],
    sample_set[target_var],
    test_size=0.3
)
```

我們使用了 scikit-learn 套件的 train_test_split 函數。針對本練習，我們將使用樣本集內 70% 資料作為訓練用，其餘 30% 作為測試組。現在，你可以使用這段程式碼訓練神經網路模型：

```
model.fit(X_train, y_train, epochs=50, batch_size=100)
```

我們在此處將 batch_size 設定為 100 個樣本，模型將對以 100 為單位的每一批資料中進行學習，做出預測。將 epochs 的數量設定為 50，表示將訓練集的所有資料完整地跑過 50 遍。運行程式碼後，你會見到類似以下的輸出結果：

```
Epoch 1/50
4922/4922 [==============================] - 0s 78us/step - loss: 0.7690 - acc: 0.3779
Epoch 2/50
4922/4922 [==============================] - 0s 14us/step - loss: 0.5783 - acc: 0.7324
Epoch 3/50
4922/4922 [==============================] - 0s 14us/step - loss: 0.4511 - acc: 0.7891
Epoch 4/50
4922/4922 [==============================] - 0s 15us/step - loss: 0.4181 - acc: 0.8046
Epoch 5/50
4922/4922 [==============================] - 0s 15us/step - loss: 0.4093 - acc: 0.8094
Epoch 6/50
4922/4922 [==============================] - 0s 18us/step - loss: 0.4058 - acc: 0.8137
Epoch 7/50
4922/4922 [==============================] - 0s 20us/step - loss: 0.4048 - acc: 0.8070
Epoch 8/50
4922/4922 [==============================] - 0s 16us/step - loss: 0.4027 - acc: 0.8106
Epoch 9/50
4922/4922 [==============================] - 0s 15us/step - loss: 0.4007 - acc: 0.8086
Epoch 10/50
4922/4922 [==============================] - 0s 13us/step - loss: 0.3994 - acc: 0.8094
Epoch 11/50
4922/4922 [==============================] - 0s 13us/step - loss: 0.3984 - acc: 0.8111
Epoch 12/50
4922/4922 [==============================] - 0s 17us/step - loss: 0.3983 - acc: 0.8098
Epoch 13/50
4922/4922 [==============================] - 0s 15us/step - loss: 0.3982 - acc: 0.8133
Epoch 14/50
4922/4922 [==============================] - 0s 13us/step - loss: 0.3972 - acc: 0.8123
Epoch 15/50
4922/4922 [==============================] - 0s 13us/step - loss: 0.3960 - acc: 0.8113
```

從輸出結果中可以發現，loss 通常會降低，而正確率（acc）會隨著每一次 epoch 逐漸改善。不過，模型效能改善程度會隨著時間而遞減。在前幾個 epoch 中，損耗和正確率的改善幅度較大，但效能增益會隨時間而降低。你可以監控這個過程，當效能增益最小時停止訓練。

模型評估

建立好神經網路模型後，我們來評估其效能。我們要看看整體正確率、精準率、召回率，以及**接收器操作特性（ROC）**曲線與曲線下面積（AUC）。首先，來看看計算正確率、精準率、召回率的程式碼：

```
from sklearn.metrics import accuracy_score, precision_score, recall_score

in_sample_preds = [round(x[0]) for x in model.predict(X_train)]
out_sample_preds = [round(x[0]) for x in model.predict(X_test)]

# Accuracy
print('In-Sample Accuracy: %0.4f' % accuracy_score(y_train,
in_sample_preds))
print('Out-of-Sample Accuracy: %0.4f' % accuracy_score(y_test,
out_sample_preds))

# Precision
print('In-Sample Precision: %0.4f' % precision_score(y_train,
in_sample_preds))
print('Out-of-Sample Precision: %0.4f' % precision_score(y_test,
out_sample_preds))

# Recall
print('In-Sample Recall: %0.4f' % recall_score(y_train, in_sample_preds))
print('Out-of-Sample Recall: %0.4f' % recall_score(y_test,
out_sample_preds))
```

你應該對這段程式碼並不陌生，因為我們曾在第 8 章「預測行銷參與度的可能性」中使用了相同的評估指標。在本練習中，程式碼的運算結果如下所示：

```
In-Sample Accuracy: 0.8151
Out-of-Sample Accuracy: 0.7910


In-Sample Precision: 0.6733
Out-of-Sample Precision: 0.6638


In-Sample Recall: 0.5583
Out-of-Sample Recall: 0.5169
```

基於模型的隨機性，你的運算結果可能和上述數值有些出入。在此輸出結果中，在測試集中預測某位顧客是否流失的正確率為 0.79，表示這個模型大致有 80% 的正確率。樣本外精準率表示此模型有 66% 機率準確判斷某顧客即將流失，而樣本外召回率則表示此模型捕捉到約 52% 的流失顧客。

接下來，我們可以使用以下程式碼，計算 AUC 的值：

```python
from sklearn.metrics import roc_curve, auc

in_sample_preds = [x[0] for x in model.predict(X_train)]
out_sample_preds = [x[0] for x in model.predict(X_test)]
in_sample_fpr, in_sample_tpr, in_sample_thresholds = roc_curve(y_train,
in_sample_preds)
out_sample_fpr, out_sample_tpr, out_sample_thresholds = roc_curve(y_test,
out_sample_preds)

in_sample_roc_auc = auc(in_sample_fpr, in_sample_tpr)
out_sample_roc_auc = auc(out_sample_fpr, out_sample_tpr)

print('In-Sample AUC: %0.4f' % in_sample_roc_auc)
print('Out-Sample AUC: %0.4f' % out_sample_roc_auc)
```

程式碼輸出結果如下：

```
In-Sample AUC: 0.8698
Out-Sample AUC: 0.8352
```

你可以使用這段程式碼，將資料以 ROC 曲線呈現：

```python
plt.figure(figsize=(10,7))

plt.plot(
    out_sample_fpr, out_sample_tpr, color='darkorange', label='Out-Sample
ROC curve (area = %0.4f)' % in_sample_roc_auc
)
plt.plot(
    in_sample_fpr, in_sample_tpr, color='navy', label='In-Sample ROC curve
(area = %0.4f)' % out_sample_roc_auc
)
plt.plot([0, 1], [0, 1], color='gray', lw=1, linestyle='--')
plt.grid()
plt.xlim([0.0, 1.0])
plt.ylim([0.0, 1.05])
plt.xlabel('False Positive Rate')
plt.ylabel('True Positive Rate')
plt.title('ROC Curve')
```

```
plt.legend(loc="lower right")

plt.show()
```

輸出結果如下所示：

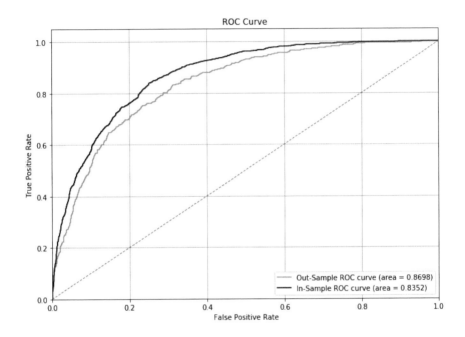

延續剛剛討論的正確率、精準率和召回率。從 AUC 和 ROC 曲線來看，
這個模型在捕捉和預測具有流失風險的顧客這件事上，也有相當不錯的成
效。這些評估結果告訴我們，與其猜測哪些顧客可能流失，不如使用模型
輸出結果來找出這些人。根據模型預測的高流失風險客戶，你可以開發適
當的行銷策略，以更符合成本效益的方式試著挽留這些可能流失的顧客。

你可以透過以下連結檢視並下載本節所使用的完整版 Python
程式碼：`https://github.com/yoonhwang/hands-on-data-
science-for-marketing/blob/master/ch.11/python/
CustomerRetention.ipynb`

以 R 預測顧客流失

本節內容討論如何在 Python 中使用 ANN 模型，預測極有可能流失的顧客。我們將使用 ANN 模型建立一個顧客流失預測模型，主要使用 dplyr、ggplot2 和 keras 套件來分析、視覺化資料，並打造機器學習模型。希望使用 Python 的讀者，你可以翻閱上一節。

在本次練習中，我們將會使用 IBM Watson Analytics 社群的公開資料集，你可以在此查看：https://www.ibm.com/communities/analytics/watson-analytics-blog/predictive-insights-in-the-telco-customer-churn-data-set/。請前往以上連結並下載名為 WA_Fn-UseC_-Telco-Customer-Churn.xlsx 的 XLSX 檔案。完成下載後，請輸入以下指令將資料載入至 Jupyter Notebook：

```
library(readxl)

#### 1. Load Data ####
df <- read_excel(
  path="~/Documents/data-science-for-marketing/ch.11/data/WA_Fn-UseC_-
  Telco-Customer-Churn.xlsx"
)
```

此時，df 資料框應如下所示：

	customerID	gender	SeniorCitizen	Partner	Dependents	tenure	PhoneService	MultipleLines	InternetService	OnlineSecurity
1	7590-VHVEG	Female	0	Yes	No	1	No	No phone service	DSL	No
2	5575-GNVDE	Male	0	No	No	34	Yes	No	DSL	Yes
3	3668-QPYBK	Male	0	No	No	2	Yes	No	DSL	Yes
4	7795-CFOCW	Male	0	No	No	45	No	No phone service	DSL	Yes
5	9237-HQITU	Female	0	No	No	2	Yes	No	Fiber optic	No
6	9305-CDSKC	Female	0	No	No	8	Yes	Yes	Fiber optic	No
7	1452-KIOVK	Male	0	No	Yes	22	Yes	Yes	Fiber optic	No
8	6713-OKOMC	Female	0	No	No	10	No	No phone service	DSL	Yes
9	7892-POOKP	Female	0	Yes	No	28	Yes	Yes	Fiber optic	No
10	6388-TABGU	Male	0	No	Yes	62	Yes	No	DSL	Yes
11	9763-GRSKD	Male	0	Yes	Yes	13	Yes	No	DSL	Yes
12	7469-LKBCI	Male	0	No	No	16	Yes	No	No	No internet service
13	8091-TTVAX	Male	0	Yes	No	58	Yes	Yes	Fiber optic	No
14	0280-XJGEX	Male	0	No	No	49	Yes	Yes	Fiber optic	No
15	5129-JLPIS	Male	0	No	No	25	Yes	No	Fiber optic	Yes

這份資料集共有 21 項變數，而我們想要預測 Churn 這個目標變數。

資料分析與準備

在建立機器學習模型之前，我們有幾件事須要先處理。在本節內容中，我們將對以貨幣值表示的連續變數進行轉換，並且對 Churn 目標變數與其他類別變數進行編碼。請參照以下步驟：

1. **處理資料中的闕漏值**：資料集的 TotalCharges 欄位中缺少了幾筆紀錄。因為只有 11 筆紀錄沒有 TotalCharges 值，我們可以直接忽略並篩選這幾筆紀錄。請看以下程式碼：

```
library(tidyr)
df <- df %>% drop_na()
```

在程式碼中，我們使用 tidyr 套件的 dropna 函數，篩選所有含 NA 值的紀錄。

2. **類別變數**：資料集中有許多類別變數，先來看看各欄位中有多少不重複的值。請參考以下程式碼：

```
apply(df, 2, function(x) length(unique(x)))
```

你可以使用 unique 函數來計算各欄位中的不重複值，對 df 的所有欄位套用此函數後，輸出結果如下所示：

```
> apply(df, 2, function(x) length(unique(x)))
      customerID           gender    SeniorCitizen         Partner       Dependents
            7032                2                2               2                2
          tenure      PhoneService    MultipleLines  InternetService   OnlineSecurity
              72                2                3               3                3
    OnlineBackup DeviceProtection      TechSupport      StreamingTV  StreamingMovies
               3                3                3               3                3
        Contract PaperlessBilling    PaymentMethod    MonthlyCharges     TotalCharges
               3                2                4            1584             6530
           Churn
               2
```

輸出結果顯示，共有 7032 個不重複的顧客 ID、2 種性別、3 個 MulipleLines 值，以及 6530 個 TotalCharges 值。至於 tenure、MonthlyCharges 和 TotalCharges 這三個連續變數可以是任意值。

我們來看看一些類別變數的資料分布情形。首先，你可以使用以下程式碼來視覺化呈現資料在男性與女性之間的分佈情形：

```
ggplot(df %>% group_by(gender) %>% summarise(Count=n()),
 aes(x=gender, y=Count)) +
  geom_bar(width=0.5, stat="identity") +
  ggtitle('') +
  xlab("Gender") +
  ylab("Count") +
  theme(plot.title = element_text(hjust = 0.5))
```

圖表如下所示：

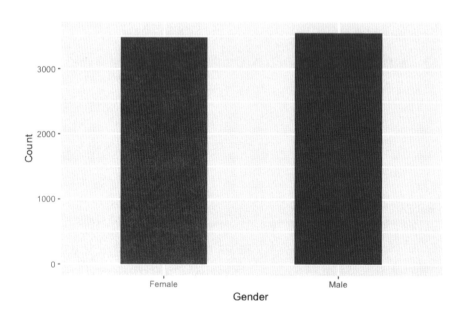

如圖所示，這份資料在兩種性別之間的分佈相當平均。你可以使用相同的
程式碼來查看資料在 InternetService 和 PaymentMethod 的分佈情形，
請看以下圖表：

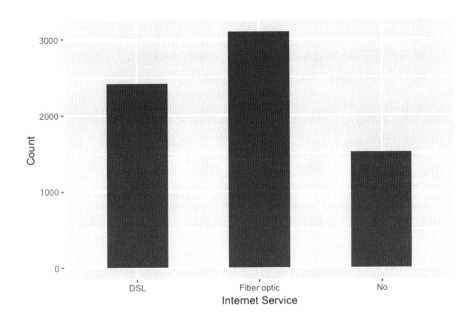

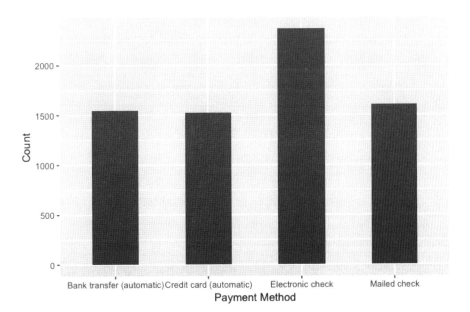

第一張圖表顯示了 InternetService 變數內三個類別的資料分佈情形。而第二張圖表則展示了 PaymentMethod 變數內四個類別的資料分布。如上所示，使用長條圖可以清楚展示類別變數的資料分布。我們建議你練習為其他類別變數建立長條圖，以便更加掌握資料分布情形。

3. **對變數進行轉換與編碼**：下一步是轉換連續變數，並對二元值的類別變數進行編碼。請閱讀以下程式碼：

```
# Binary & Continuous Vars
sampleDF <- df %>%
 select(tenure, MonthlyCharges, TotalCharges, gender, Partner,
Dependents, PhoneService, PaperlessBilling, Churn) %>%
 mutate(
  # transforming continuous vars
 tenure=(tenure - mean(tenure))/sd(tenure),
  MonthlyCharges=(log(MonthlyCharges) -
mean(log(MonthlyCharges)))/sd(log(MonthlyCharges)),
 TotalCharges=(log(TotalCharges) -
mean(log(TotalCharges)))/sd(log(TotalCharges)),

  # encoding binary categorical vars
 gender=gender %>% as.factor() %>% as.numeric() - 1,
 Partner=Partner %>% as.factor() %>% as.numeric() - 1,
Dependents=Dependents %>% as.factor() %>% as.numeric() - 1,
 PhoneService=PhoneService %>% as.factor() %>% as.numeric() - 1,
 PaperlessBilling=PaperlessBilling %>% as.factor() %>% as.numeric()
- 1,
  Churn=Churn %>% as.factor() %>% as.numeric() - 1
  )
```

在這段程式碼中，我們對 gender、Partner、Dependents、PhoneService、PaperlessBilling 和 Churn 等只有兩個類別的變數，將值編碼為 1 或 0。接著，對 MonthlyCharges 和 TotalCharges 這兩個具有貨幣值的連續變數進行對數轉換。同時，我們對 tenure、MOnthlyCharges 和 TotalCharges 這三個連續變數進行標準化，使資料向 0 集中，且標準差為 1。這麼做是因為在一般情況下，ANN 模型使用標準化的特徵時成效較好。經過轉換後，這三個連續變數的資料分布情形如下擷取畫面所示：

```
> summary(sampleDF[,c("tenure", "MonthlyCharges", "TotalCharges")])
     tenure           MonthlyCharges     TotalCharges
 Min.   :-1.2802   Min.   :-1.8823   Min.   :-2.5791
 1st Qu.:-0.9542   1st Qu.:-0.7584   1st Qu.:-0.6081
 Median :-0.1394   Median : 0.3885   Median : 0.1951
 Mean   : 0.0000   Mean   : 0.0000   Mean   : 0.0000
 3rd Qu.: 0.9199   3rd Qu.: 0.8005   3rd Qu.: 0.8382
 Max.   : 1.6125   Max.   : 1.2696   Max.   : 1.3713
> apply(sampleDF[,c("tenure", "MonthlyCharges", "TotalCharges")], 2, sd)
        tenure MonthlyCharges   TotalCharges
             1              1              1
```

現在，這三項變數的平均值都為 0，標準差都是 1。我們將使用這些經過標準化的變數建立模型。至於轉換之前的資料分布情形如下：

```
> summary(df[,c("tenure", "MonthlyCharges", "TotalCharges")])
     tenure          MonthlyCharges     TotalCharges
 Min.   : 1.00    Min.   : 18.25    Min.   :  18.8
 1st Qu.: 9.00    1st Qu.: 35.59    1st Qu.: 401.4
 Median :29.00    Median : 70.35    Median :1397.5
 Mean   :32.42    Mean   : 64.80    Mean   :2283.3
 3rd Qu.:55.00    3rd Qu.: 89.86    3rd Qu.:3794.7
 Max.   :72.00    Max.   :118.75    Max.   :8684.8
> apply(df[,c("tenure", "MonthlyCharges", "TotalCharges")], 2, sd)
        tenure MonthlyCharges   TotalCharges
      24.54526       30.08597     2266.77136
```

4. **對類別變數進行 one-hot 編碼**：最後還剩下一組需要轉換的變數：有三個或以上的多類別變數。我們將套用 one-hot 編碼，為這些變數建立虛擬變數。請閱讀以下程式碼：

```
# Dummy vars
 # install.packages('dummies')
  library(dummies)
sampleDF <- cbind(sampleDF, dummy(df$MultipleLines, sep="."))
 names(sampleDF) = gsub("sampleDF", "MultipleLines",
names(sampleDF))
```

我們使用了 dummines 程式庫來建立虛擬變數。利用此套件的 dummy 函數，我們對每一個有著多個類別的類別變數套用 one-hot 編碼，建立虛擬變數。因為 dummy 函數會將 sampleDF 添加到新建虛擬變數的名稱，我們可以使用 gsub 函數以相應的變數名稱進行替代。我們對剩下的類別變數採取相同處理步驟，如以下程式碼所示：

```
sampleDF <- cbind(sampleDF, dummy(df$InternetService, sep="."))
names(sampleDF) = gsub("sampleDF", "InternetService",
names(sampleDF))

sampleDF <- cbind(sampleDF, dummy(df$OnlineSecurity, sep="."))
names(sampleDF) = gsub("sampleDF", "OnlineSecurity",
names(sampleDF))

sampleDF <- cbind(sampleDF, dummy(df$OnlineBackup, sep="."))
 names(sampleDF) = gsub("sampleDF", "OnlineBackup",
names(sampleDF))

sampleDF <- cbind(sampleDF, dummy(df$DeviceProtection, sep="."))
names(sampleDF) = gsub("sampleDF", "DeviceProtection",
names(sampleDF))

 sampleDF <- cbind(sampleDF, dummy(df$TechSupport, sep="."))
 names(sampleDF) = gsub("sampleDF", "TechSupport", names(sampleDF))

 sampleDF <- cbind(sampleDF, dummy(df$StreamingTV, sep="."))
 names(sampleDF) = gsub("sampleDF", "StreamingTV", names(sampleDF))

 sampleDF <- cbind(sampleDF, dummy(df$StreamingMovies, sep="."))
  names(sampleDF) = gsub("sampleDF", "StreamingMovies",
names(sampleDF))

  sampleDF <- cbind(sampleDF, dummy(df$Contract, sep="."))
  names(sampleDF) = gsub("sampleDF", "Contract", names(sampleDF))

 sampleDF <- cbind(sampleDF, dummy(df$PaymentMethod, sep="."))
names(sampleDF) = gsub("sampleDF", "PaymentMethod",
names(sampleDF))
```

輸出結果如下所示：

	tenure	MonthlyCharges	TotalCharges	gender	Partner	Dependents	PhoneService	PaperlessBilling	Churn	MultipleLines.No	MultipleLines.No phone service	MultipleLines.Yes	InternetService.DSL
1	-1.28015700	-1.054243906	-2.281182138	0	1	0	0	1	1	0	1	0	1
2	0.06429811	0.032896403	0.389269024	1	0	0	1	0	0	1	0	0	1
3	-1.23941594	-0.061298166	-1.452520489	1	0	0	1	1	1	1	0	0	1
4	0.51244982	-0.467578124	0.372439102	0	0	0	0	0	0	0	1	0	1
5	-1.23941594	0.396862254	-1.234860074	0	0	0	1	1	1	1	0	0	0
6	-0.99496955	0.974467637	-0.147808199	0	0	0	1	1	1	1	0	1	0
7	-0.42459466	0.786142215	0.409363467	1	0	1	1	1	0	0	0	1	0
8	-0.91348743	-1.059891256	-0.791349959	0	0	0	0	0	0	0	1	0	1
9	-0.18014827	1.059268949	0.696733168	0	1	0	1	1	1	0	0	1	0
10	1.20504791	0.009088278	0.783955768	1	0	1	1	0	0	1	0	0	1
11	-0.79126423	-0.187819078	-0.362936119	1	1	1	1	1	0	1	0	0	0
12	-0.66904104	-1.818925526	-0.740522515	1	0	0	1	0	0	1	0	0	0
13	1.04208365	0.986248047	1.098049907	1	1	0	1	0	0	1	0	1	0
14	0.67541407	1.041511473	1.020482172	1	0	0	1	1	1	0	0	1	0
15	-0.30237146	1.070472377	0.615752488	1	0	0	1	1	0	1	0	0	0

完成這四項資料準備步驟後，我們總算可開始建立 ANN 模型，預測顧客流失情形。開始吧！

以 keras 建立人工神經網路

如果想在 R 中建立人工神經網路模型，我們將使用 keras 套件，這是一個高階神經網路程式庫。關於更多資訊，我們建議你到 https://keras.io/ 查看官方說明文件。在使用這個套件打造 ANN 模型之前，我們需要安裝 tensorflow 和 keras 這兩個套件。因為 keras 套件將 tensorflow 作為建立神經網路模型的後端，我們需要先安裝 tensorflow。你可以使用以下指令，將這兩個套件安裝到 RStudio：

```
install.packages("devtools")
devtools::install_github("rstudio/tensorflow")
library(tensorflow)
install_tensorflow()

devtools::install_github("rstudio/keras")
library(keras)
install_keras()
```

成功安裝之後，我們總算能開始打造第一個神經網路模型了。在本練習中，我們會建立有一個隱藏層的 ANN 模型，請先看看以下程式碼：

```
model <- keras_model_sequential()
model %>%
  layer_dense(units = 16, kernel_initializer = "uniform", activation =
'relu', input_shape=ncol(train)-1) %>%
  layer_dense(units = 8, kernel_initializer = "uniform", activation =
'relu') %>%
  layer_dense(units = 1, kernel_initializer = "uniform", activation =
'sigmoid') %>%
  compile(
    optimizer = 'adam',
    loss = 'binary_crossentropy',
    metrics = c('accuracy')
  )
```

請仔細閱讀這段程式碼。首先，我們在此處使用 Sequential 模型，這是一種將圖層線性堆疊的模型，類似我們之前討論 MLP 模型的圖例。第一層 layer_dense 為輸入層，input_shape 表示樣本集內特徵或欄位的數量，而此處的輸出單元為 16。我們對這個輸入層使用 relu 啟用函數。接著，在隱藏層中，輸出單元為 8，同樣使用 relu 作為啟用函數。最後，輸出層的輸出單元為 1，表示顧客流失的機率，我們在這一層使用了 sigmoid 函數。你可以在練習中使用不同的輸出單元量和啟用函數進行試驗。接著，我們要使用 compile 函數編譯這個模型。我們在此使用了 adam 最佳化器，這是用於演算法最佳化的常見工具。由於本練習的目標變數為二元值，我們使用 binary_crossentropy 作為 loss 函數。最後，這個模型使用 accuracy 指標，在訓練中衡量模型效能。

在開始訓練這個神經網路模型之前，我們還需要分割樣本集，作為訓練用與測試用。請閱讀以下程式碼：

```
library(caTools)

sample <- sample.split(sampleDF$Churn, SplitRatio = .7)

train <- as.data.frame(subset(sampleDF, sample == TRUE))
test <- as.data.frame(subset(sampleDF, sample == FALSE))

trainX <- as.matrix(train[,names(train) != "Churn"])
trainY <- train$Churn
testX <- as.matrix(test[,names(test) != "Churn"])
testY <- test$Churn
```

我們使用了 caTools 套件的 sample.split 函數。針對本練習，我們將使用樣本集內 70% 資料作為訓練用，其餘 30% 作為測試組。現在，你可以使用這段程式碼，訓練神經網路模型：

```
history <- model %>% fit(
  trainX,
  trainY,
  epochs = 50,
  batch_size = 100,
  validation_split = 0.2
)
```

我們在此處將 `batch_size` 設定為 100 個樣本，模型將對以 100 為單位的每一批資料中進行學習，做出預測。將 `epochs` 的數量設定為 50，表示將訓練集的所有資料完整地跑過 50 遍。運行程式碼後，你會見到類似以下的輸出結果：

```
Train on 3937 samples, validate on 985 samples
Epoch 1/50
3937/3937 [==============================] - 1s 202us/step - loss: 0.6851 - acc: 0.7290 - val_loss: 0.6650 - val_acc: 0.7391
Epoch 2/50
3937/3937 [==============================] - 0s 62us/step - loss: 0.6026 - acc: 0.7330 - val_loss: 0.5225 - val_acc: 0.7391
Epoch 3/50
3937/3937 [==============================] - 0s 55us/step - loss: 0.4869 - acc: 0.7330 - val_loss: 0.4533 - val_acc: 0.7391
Epoch 4/50
3937/3937 [==============================] - 0s 52us/step - loss: 0.4520 - acc: 0.7330 - val_loss: 0.4428 - val_acc: 0.7391
Epoch 5/50
3937/3937 [==============================] - 0s 48us/step - loss: 0.4436 - acc: 0.7711 - val_loss: 0.4384 - val_acc: 0.7980
Epoch 6/50
3937/3937 [==============================] - 0s 48us/step - loss: 0.4384 - acc: 0.7917 - val_loss: 0.4359 - val_acc: 0.7929
Epoch 7/50
3937/3937 [==============================] - 0s 49us/step - loss: 0.4350 - acc: 0.7932 - val_loss: 0.4318 - val_acc: 0.7949
Epoch 8/50
3937/3937 [==============================] - 0s 54us/step - loss: 0.4314 - acc: 0.7945 - val_loss: 0.4296 - val_acc: 0.7939
Epoch 9/50
3937/3937 [==============================] - 0s 50us/step - loss: 0.4298 - acc: 0.7971 - val_loss: 0.4272 - val_acc: 0.7919
Epoch 10/50
3937/3937 [==============================] - 0s 46us/step - loss: 0.4278 - acc: 0.7988 - val_loss: 0.4255 - val_acc: 0.7939
```

從輸出結果中可以發現，隨著每一次 epoch 推移，`loss` 通常會降低，而正確率（`acc`）逐漸改善。不過，模型效能改善程度會隨著時間而遞減。在前幾個 epoch 中，損耗和正確率的改善幅度較大，但效能增益會隨時間而降低。你可以監控這個過程，在效能增益最小時停止訓練。

模型評估

建立好神經網路模型後，我們來評估其效能。我們要看看整體正確率、精準率、召回率，以及 ROC 曲線與 AUC。首先，來看看計算正確率、精準率、召回率的程式碼：

```
# Evaluating ANN model
inSamplePreds <- as.double(model %>% predict_classes(trainX))
outSamplePreds <- as.double(model %>% predict_classes(testX))

# - Accuracy, Precision, and Recall
inSampleAccuracy <- mean(trainY == inSamplePreds)
outSampleAccuracy <- mean(testY == outSamplePreds)
print(sprintf('In-Sample Accuracy: %0.4f', inSampleAccuracy))
print(sprintf('Out-Sample Accuracy: %0.4f', outSampleAccuracy))

inSamplePrecision <- sum(inSamplePreds & trainY) / sum(inSamplePreds)
outSamplePrecision <- sum(outSamplePreds & testY) / sum(outSamplePreds)
print(sprintf('In-Sample Precision: %0.4f', inSamplePrecision))
print(sprintf('Out-Sample Precision: %0.4f', outSamplePrecision))

inSampleRecall <- sum(inSamplePreds & trainY) / sum(trainY)
outSampleRecall <- sum(outSamplePreds & testY) / sum(testY)
print(sprintf('In-Sample Recall: %0.4f', inSampleRecall))
print(sprintf('Out-Sample Recall: %0.4f', outSampleRecall))
```

你應該對這段程式碼並不陌生，因為我們曾在第 8 章「預測行銷參與度的可能性」中使用了相同的評估指標。在本練習中，程式碼的運算結果如下所示：

```
> print(sprintf('In-Sample Accuracy: %0.4f', inSampleAccuracy))
[1] "In-Sample Accuracy: 0.8035"
> print(sprintf('Out-Sample Accuracy: %0.4f', outSampleAccuracy))
[1] "Out-Sample Accuracy: 0.8275"
> print(sprintf('In-Sample Precision: %0.4f', inSamplePrecision))
[1] "In-Sample Precision: 0.6638"
> print(sprintf('Out-Sample Precision: %0.4f', outSamplePrecision))
[1] "Out-Sample Precision: 0.7165"
> print(sprintf('In-Sample Recall: %0.4f', inSampleRecall))
[1] "In-Sample Recall: 0.5283"
> print(sprintf('Out-Sample Recall: %0.4f', outSampleRecall))
[1] "Out-Sample Recall: 0.5811"
```

基於模型的隨機性，你的運算結果可能和上述數值有些出入。在此輸出結果中，在測試集中預測某位顧客是否流失的正確率為 0.83，表示這個模型大致有 83% 的正確率。樣本外精準率表示此模型有 72% 機率準確判斷某顧客即將流失，而樣本外召回率則表示此模型捕捉到約 58% 的流失顧客。

接著，我們可以使用以下程式碼，計算 AUC 值並繪製 ROC 曲線：

```
# - ROC & AUC
library(ROCR)

outSamplePredProbs <- as.double(predict(model, testX))

pred <- prediction(outSamplePredProbs, testY)
perf <- performance(pred, measure = "tpr", x.measure = "fpr")
auc <- performance(pred, measure='auc')@y.values[[1]]

plot(
  perf,
  main=sprintf('Model ROC Curve (AUC: %0.2f)', auc),
  col='darkorange',
  lwd=2
) + grid()
abline(a = 0, b = 1, col='darkgray', lty=3, lwd=2)
```

程式碼輸出結果如下：

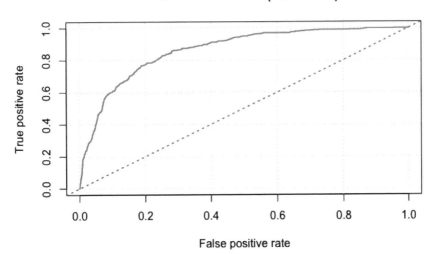

正如我們剛剛討論的正確率、精準率和召回率，AUC 和 ROC 曲線同樣顯示了此模型在捕捉和預測有流失風險的顧客這件事上表現得相當不錯。這些評估結果告訴我們，與其猜測哪些顧客可能流失，不如使用模型輸出結果來找出這些人。根據模型預測的高流失風險客戶，你可以開發適當的行銷策略，以更符合成本效益的方式試著挽留這些可能流失的顧客。

你可以透過以下連結檢視並下載本節所使用的完整版 Python 程式碼：`https://github.com/yoonhwang/hands-on-data-science-for-marketing/blob/master/ch.11/R/CustomerRetention.R`

本章小結

本章內容環繞在顧客流失與留存，我們討論了顧客流失如何對業務造成傷害，我們也知道了把握現有顧客所需成本比取得新顧客的成本還要低。糟糕的客戶服務、產品或服務不佳、缺乏溝通或客戶忠誠度，都是顧客流失的常見原因。為了瞭解顧客為何離開，我們可以進行問卷調查或分析顧客資料，更好地掌握顧客需求與痛點。我們也討論了如何訓練 ANN 模型，找出有流失風險的顧客。透過本章的程式練習，我們學習如何在 Python 和 R 中使用 keras 程式庫來建立並訓練人工神經網路模型。

下一章節將會介紹 A/B 測試，以及如何善用 A/B 測試在不同選項中評比出最佳行銷策略。我們將探討如何在 Python 和 R 中計算統計顯著性，幫助行銷人在不同的行銷點子中，探索最可行的行銷策略。

更好的決策

在 本節內容中，你將學習檢驗不同行銷策略的方法，並且從中
選擇最好的行銷策略。

本節包含以下章節：

- 第 *12* 章「運用 A/B 測試發展更佳行銷策略」

- 第 *13* 章「下一步？」

12

運用 A/B 測試發展更佳
行銷策略

在發展行銷策略時，你並不確定你的提案是否可行。在提出新的行銷點子時，通常會牽涉許多猜測，而且經常缺乏工具、資源，甚至是動機來驗證您的任何行銷靈感是否奏效。然而，這種不經驗證，直接將行銷策略的點子付諸實踐的行為充滿風險，而且很可能代價高昂。如果你在一項新的行銷活動上投注許多金錢，卻對達成行銷目標毫無幫助，你該怎麼辦？如果你花了數百小時來完善行銷語言，卻完全無法吸引潛在顧客進行參與，你該怎麼辦？

本章將討論一種在付諸實踐之前，先行測試行銷點子的方法。更具體地說，我們將瞭解什麼是 A/B 測試，為什麼執行 A/B 測試很重要，以及 A/B 測試如何幫助你以更高效、更經濟的方式達成行銷目標。

本章內容將涵蓋以下內容：

- 行銷中的 A/B 測試

- 統計假設測試

- 以 Python 評估 A/B 測試結果

- 以 R 評估 A/B 測試結果

行銷中的 A/B 測試

A/B 測試在眾多產業的決策過程中發揮至關重要的作用。A/B 測試是一種用來測試兩種不同商業策略的有效性與優劣之處的比較方法。我們可以將 A/B 測試視為一項實驗，其中兩個或數個變量在設定的時間段內進行測試，然後評估實驗結果以找到最有效的策略。在全力執行某一個特定選項之前，執行 A/B 測試可幫助企業從決策流程中排除胡亂猜測，節省時間與資本，因為假如所選策略無法見效，很可能白白浪費這些珍貴資源。

在典型的 A/B 測試設定中，你將建立和測試兩個或數個版本的行銷策略，證明這些行銷策略在達成行銷目標的效能表現。舉例來說，你想要提升行銷電子郵件開啟率。如果你假設郵件標題 B 的郵件開啟率會高於標題 A，你將使用這兩個標題進行 A/B 測試。首先，你將隨機選擇一半的使用者，對他們發送以標題 A 為開頭的行銷電子郵件。接著，另一半雖機使用者將會收到以標題 B 為開頭的郵件。你將在預定的時間段，好比一週、兩週或一個月內執行這項測試，或者直到這兩個版本的電子郵件發送數量達到預設值（至少各有一千位使用者收到以標題 A 或以標題 B 為開頭的電子郵件）。完成測試後，你必須分析和評估測試結果。在進行分析時，你需要檢查兩個版本之間的差異是否存在「統計上的顯著」差異。我們將在下一節內容介紹有關統計假設測試和統計顯著性。如果實驗結果顯示，在這兩個版本之中，特定標題的表現明顯勝出，那麼你可以在未來的行銷電子郵件中使用該標題。

除了電子郵件標題外，A/B 測試還可以應用於各式各樣的行銷領域。例如，你可以在社群媒體上對廣告執行 A/B 測試。你可以準備兩個版本的廣告文案，並執行 A/B 測試，找出哪一版本更能刺激點擊率或轉換率。再舉一個例子，你可以使用 A/B 測試來測試網頁上的產品推薦是否能刺激更高的購買率。如果你建立了不同版本的產品推薦演算法，則可以將這二個版本分別公開給隨機使用者，然後收集 A/B 測試的結果，評估哪一版本的產品推薦演算法可為你帶來更多銷售收入。

上述範例情境顯示了 A/B 測試在決策上扮演了無比重要的角色。在全力執行某個選項之前，測試不同的行銷情境可避免竹籃打水一場空，免於付出心力、時間與金錢後得不償失。A/B 測試還能幫助你在發展行銷策略時，排除一廂情願的胡猜亂想，確實量化行銷點子的成效（或損失）。當你終於想出一個新的行銷點子後，在付諸行動之前，誠摯建議你妥善執行 A/B 測試。

統計假設檢驗

在執行 A/B 測試時，測試假設並尋求測試組之間的統計顯著性差異非常重要。學生 t 檢驗（Student's t-test），或簡稱 t 檢驗（t-test），常用來檢驗兩個測試之間的差異是否具有統計顯著性。t 檢驗比較了兩個測試的平均值，並檢查它們是否彼此顯著不同。

t 檢驗中有兩個重要的統計資訊 —— **t 值**和 **p 值**。t 值測量相對於資料變化的差異程度。t 值越大，兩組之間的差異就越大。另一方面，p 值測量的是如果結果是偶然發生的概率。p 值越小，兩個組之間的統計顯著性差異就越大。計算 t 值的公式如下所示：

$$t = \frac{M_1 - M_2}{\sqrt{\frac{S_1^2}{N_1} + \frac{S_2^2}{N_2}}}$$

在這個等式中，M_1 與 M_2 分別是組 1 與組 2 的平均值。S_1 和 S_2 是組 1 與組 2 的標準差，而 N_1 和 N_2 分別代表組 1 與組 2 的樣本數。

你應該聽過虛無假設和對立假設的概念。一般來說,虛無假設是兩組資料間不存在統計顯著性差異。另一方面,對立假設表示兩組顯示了統計顯著性差異。當 t 值大於閾值且 p 值小於閾值時,我們可以拒絕虛無假設,兩個測試組存在統計顯著性差異。通常,p 值閾值會設定為 0.01 或 0.05,用來測試統計顯著性。如果 p 值小於 0.05,則表示兩個測試組之間的差異偶然發生的概率小於 5%。也就是說,這種差異不太可能是偶然的。

以 Python 評估 A/B 測試結果

在本節內容中,我們將探討如何評估 A/B 測試的結果,找出哪個行銷策略最具成效。我們將介紹如何執行統計假設檢驗並計算統計顯著性。我們主要會使用 pandas、matplotlib 和 spicy 套件來分析和視覺化資料,並評估 A/B 測試結果。

　　希望使用 R 進行練習的讀者,請跳至下一節。

在本次練習中,我們將使用 IBM Waston Analytics 社群的公開資料集,可於此處下載:https://www.ibm.com/communities/analytics/watson-analytics-blog/marketing-campaign-eff-usec_-fastf/。請前往此連結並下載名為 WA_Fn-UseC_-Marketing-Campaign-Eff-UseC_-FastF.xlsx 的資料。完成下載後,你可以使用以下指令將資料載入 Jupyter Notebook:

```
import pandas as pd

df = pd.read_excel('../data/WA_Fn-UseC_-Marketing-Campaign-Eff-UseC_-
FastF.xlsx')
```

df 資料框應如下圖所示：

	MarketID	MarketSize	LocationID	AgeOfStore	Promotion	Week	SalesInThousands
0	1	Medium	1	4	3	1	33.73
1	1	Medium	1	4	3	2	35.67
2	1	Medium	1	4	3	3	29.03
3	1	Medium	1	4	3	4	39.25
4	1	Medium	2	5	2	1	27.81
5	1	Medium	2	5	2	2	34.67
6	1	Medium	2	5	2	3	27.98
7	1	Medium	2	5	2	4	27.72
8	1	Medium	3	12	1	1	44.54
9	1	Medium	3	12	1	2	37.94
10	1	Medium	3	12	1	3	45.49
11	1	Medium	3	12	1	4	34.75
12	1	Medium	4	1	2	1	39.28
13	1	Medium	4	1	2	2	39.80
14	1	Medium	4	1	2	3	24.77

在這個資料集中共有七個變數。儘管你可以在 IBM Waston Analytics 社群中查看關於這些變數的描述，我們也在此處稍作說明：

- MarketID：各市場的唯一識別符
- MarketSize：按銷售量區分的市場規模
- LocationID：商店位置的唯一識別符
- AgeOfStore：以年份表示的商店年齡
- Promotion：三項促銷活動中進行測試的其中之一
- week：四週中進行促銷活動的週別
- SalesInThousands：針對特定 LocationID、Promotion 和 week 的銷售量

資料分析

我們來仔細檢視資料。在本節內容中，我們將聚焦在瞭解用來測試不同促銷活動的銷售量、市場規模、商店位置與商店年齡的分佈情形。本次分析的目標是確認每一種促銷活動群組的控制項與屬性呈現對稱分佈，以便比較不同群組中促銷活動的成效。

我們可以使用以下程式碼來視覺化呈現不同行銷活動的總銷售收入之分佈：

```
ax = df.groupby(
    'Promotion'
).sum()[
    'SalesInThousands'
].plot.pie(
    figsize=(7, 7),
    autopct='%1.0f%%'
)

ax.set_ylabel('')
ax.set_title('sales distribution across different promotions')

plt.show()
```

如上所示，我們按 Promotion 欄對資料進行分組，並按 SalesInThousands 欄進行加總，得出總銷售收入。利用圓形圖，可以輕鬆呈現每一組佔了多少比例。

經計算的「不同行銷活動的總銷售收入之分佈情形」圓形圖如下所示：

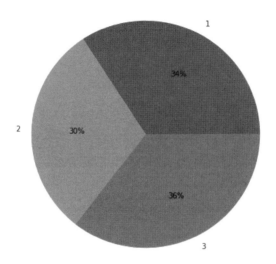

從圓形圖中可以看出第 3 組佔了最大比例，總銷售收入最高。不過，每一個促銷活動群組都平分秋色，在促銷週的總銷售大約都佔了的三分之一。同理，我們可以視覺化呈現每一個促銷活動群組中不同市場規模的組成情形。請閱讀以下程式碼：

```
ax = df.groupby([
    'Promotion', 'MarketSize'
]).count()[
    'MarketID'
].unstack(
    'MarketSize'
).plot(
    kind='bar',
    figsize=(12,10),
    grid=True,
)

ax.set_ylabel('count')
ax.set_title('breakdowns of market sizes across different promotions')

plt.show()
```

表示「各促銷活動中不同市場規模之組成情形」的長條圖如下所示：

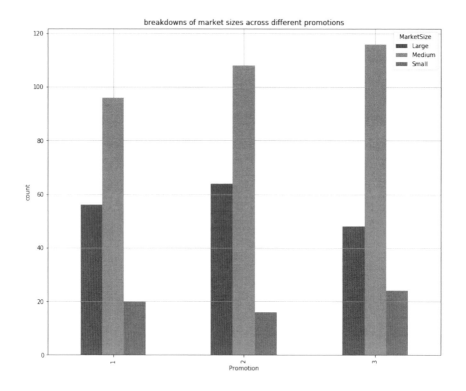

如果你覺得長條堆疊圖更方便檢視，則可以使用以下程式碼，將資料以長條堆疊圖呈現：

```
ax = df.groupby([
    'Promotion', 'MarketSize'
]).sum()[
    'SalesInThousands'
].unstack(
    'MarketSize'
).plot(
    kind='bar',
    figsize=(12,10),
```

```
        grid=True,
        stacked=True
)

ax.set_ylabel('Sales (in Thousands)')
ax.set_title('breakdowns of market sizes across different promotions')

plt.show()
```

你可能會發現與上一則程式碼的唯一差異在於 `stacked=True` 標記。運行結果應如下圖：

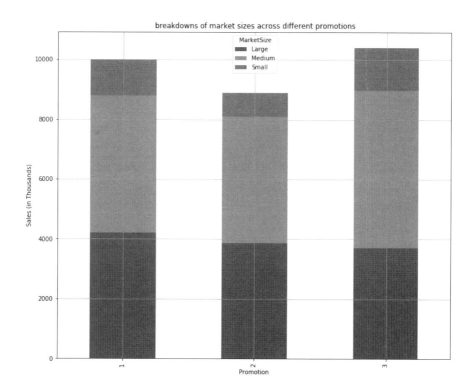

如這個長條圖所示,中型市場規模在三個促銷活動群組中佔了最多比例,而小型市場規模占比最少。從這張圖表中,我們可以確認在三個促銷活動中,具有相似的市場規模之組成情形。

另一項屬性 `AgeOfStore` 與其在不同促銷活動群組中的整體分佈情形,可以利用以下程式碼視覺化呈現:

```
ax = df.groupby(
    'AgeOfStore'
).count()[
    'MarketID'
].plot(
    kind='bar',
    color='skyblue',
    figsize=(10,7),
    grid=True
)

ax.set_xlabel('age')
ax.set_ylabel('count')
ax.set_title('overall distributions of age of store')

plt.show()
```

而結果如以下「商店年齡之整體分佈情形」長條圖所示:

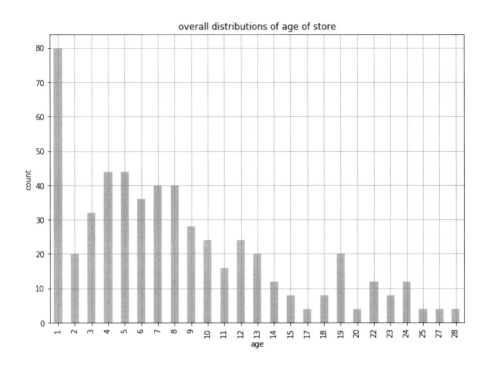

許多商店開業 **1** 年,而大多數商店年齡為 **10** 年上下。不過,我們更想知道在三個不同的促銷活動中,商店年齡的整體分佈是否相似。請閱讀以下程式碼:

```
ax = df.groupby(
    ['AgeOfStore', 'Promotion']
).count()[
    'MarketID'
].unstack(
    'Promotion'
).iloc[::-1].plot(
    kind='barh',
    figsize=(12,15),
    grid=True
)

ax.set_ylabel('age')
ax.set_xlabel('count')
ax.set_title('overall distributions of age of store')

plt.show()
```

運行這則程式碼，你將得到關於「商店年齡之整體分佈」的輸出結果：

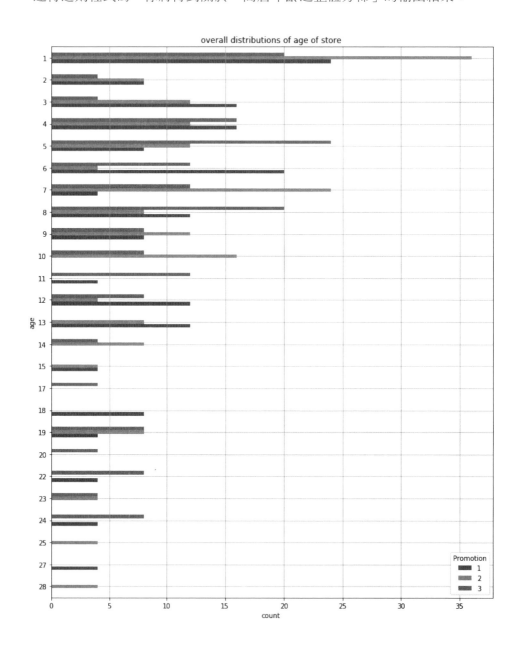

在三場促銷活動中，商店年齡的分佈似乎相當接近，不過從這張圖表很難判讀這項資訊。檢視關於商店年齡的摘要統計資訊更容易判讀。請閱讀以下程式碼：

```
df.groupby('Promotion').describe()['AgeOfStore']
```

運行程式碼後，會得到以下輸出結果：

Promotion	count	mean	std	min	25%	50%	75%	max
1	172.0	8.279070	6.636160	1.0	3.0	6.0	12.0	27.0
2	188.0	7.978723	6.597648	1.0	3.0	7.0	10.0	28.0
3	188.0	9.234043	6.651646	1.0	5.0	8.0	12.0	24.0

從這項輸出結果中可以發現，透過摘要統計資訊，可以更容易地判讀整體商店年齡的分佈情形。我們發現這三個測試組中，似乎擁有相似的商店年齡分佈。這三組的平均商店年齡為 8 至 9 年，而絕大多數的商店年齡在 10 到 12 年上下。

分析每一個促銷群組或測試組的組成情形，我們可以檢驗商店組成是否相似。這表示樣本群組受到良好控制，A/B 測試的結果可望具有意義且值得信賴。

統計假設檢驗

對不同的行銷策略進行 A/B 測試的最終目標是為了找出哪一項策略最有效率，表現更勝一籌。一個高回應率的行銷策略並不百分之百等同於它能優於其他策略。我們將探討如何使用 t 檢驗來評估不同行銷策略的相對成效，並檢視哪一項策略在顯著性上優於他者。

在 Python 中，有兩種方法可計算 t 測試的 t 值與 p 值。本節將會一一演示，並交由你決定哪一種方法最符合你的需求，這兩種計算方法如下：

■ **利用等式計算 t 值與 p 值**：第一種方法是使用上一節的等式手動計算 t 值。如果你還記得，我們需要找出等式中的三個值——平均值、標準差和樣本數，才能計算出 t 值。請閱讀以下程式碼：

```
means = df.groupby('Promotion').mean()['SalesInThousands']
stds = df.groupby('Promotion').std()['SalesInThousands']
ns = df.groupby('Promotion').count()['SalesInThousands']
```

你可以使用 mean、std 和 count 函數，分別計算出各測試組的平均值、標準差和樣本數。有了這些數值之後，我們就能套用至等式，算出 t 值。請閱讀以下程式碼：

```
import numpy as np

  t_1_vs_2 = (
      means.iloc[0] - means.iloc[1]
  )/ np.sqrt(
      (stds.iloc[0]**2/ns.iloc[0]) + (stds.iloc[1]**2/ns.iloc[1])
  )
```

利用這則程式碼，我們可以計算出比較促銷活動 1 和促銷活動 2 之成效的 t 值。我們得出的 t 值為 6.4275，接著可利用以下程式碼得出 p 值：

```
from scipy import stats

df_1_vs_1 = ns.iloc[0] + ns.iloc[1] - 2

p_1_vs_2 = (1 - stats.t.cdf(t_1_vs_2, df=df_1_vs_1))*2
```

我們首先計算自由度，也就是兩組的樣本數總和減去 2。我們可以使用 spicy 套件的 stats 模組的 t.cdf 函數，加上之前得出的 t 值，算出 p 值，而這個值為 4.143e-10。這是一個趨近於 0、非常非常小的數值。如前所述，當 p 值趨近於 0，意味著存在拒絕虛無假設的有力證據，而且兩個測試組之間的差異很大。

促銷組 1 的平均銷售量（單位為千）約為 58.1，促銷組 2 的平均銷售量則約為 47.33。在我們的 t 檢驗中，我們證明了兩組的行銷成效存在顯著差異，且促銷組 1 的成效優於促銷組 2。不過，如果我們對促銷組 1 與促銷組 3 進行 t 檢驗，將會得到不同的檢驗結果。

表面來看，促銷組 1 的平均銷售量（58.1）高於促銷組 3 的平均銷售量（55.36）。不過，當我們對這兩組執行 t 檢驗時，會得到 t 值為 1.556，p 值為 0.121。這個 p 值明顯高於閾值 0.05。這意味著促銷組 1 與促銷組 3 的行銷成效之差異並不存在統計上的顯著。因此，儘管在 A/B 測試中，促銷組 1 的平均銷售量高於促銷組 3，兩者之間的差異並不顯著，所以我們無法推論促銷組 1 的行銷成效優於促銷組 3。從上述評估結果來看，我們可以這麼說：促銷組 1 與促銷組 3 的行銷成效優於促銷組 2，但是促銷組 1 與促銷組 3 之間的差異並不存在統計顯著。

- **使用 spicy 計算 t 值與 p 值**：另一種計算方法是使用 spicy 套件中的 stats 模組。請檢視以下程式碼：

```
t, p = stats.ttest_ind(
    df.loc[df['Promotion'] == 1, 'SalesInThousands'].values,
    df.loc[df['Promotion'] == 2, 'SalesInThousands'].values,
    equal_var=False
)
```

spicy 套件中的 stats 模組有一個名為 ttest_ind 的函數，這個函數可用來計算資料的 t 值與 p 值。善用這項函數，我們可以輕鬆地計算出 t 值與 p 值，比較不同促銷組或測試組的行銷成效。兩種計算方法都會得出相同的計算結果。不管你利用等式手動計算或利用 ttest_ind 函數，用來比較促銷組 1 與促銷組 2 的 t 值為 6.4275，p 值為 4.294e-10；比較促銷組 1 與促銷組 3 的 t 值為 1.556，p 值為 0.121。當然，對於這些 t 檢驗結果的解讀與之前相同。

我們演示了兩種計算 t 值和 p 值的方法，雖然使用 spicy 套件進行計算相當方便簡單，不過將等式熟記於心也很有幫助。

你可以透過以下連結檢視並下載本節所使用的完整版 Python
程式碼：`https://github.com/yoonhwang/hands-on-data-science-for-marketing/blob/master/ch.12/python/ABTesting.ipynb`

以 R 評估 A/B 測試結果

在本節內容中，我們將探討如何評估 A/B 測試的結果，找出哪個行銷策略最具成效。我們將介紹如何執行統計假設檢驗，並計算統計顯著性。我們主要會使用 `dplyr` 和 `ggplot2` 來分析和視覺化資料，並評估 A/B 測試結果。

希望使用 Python 進行練習的讀者，請參閱上一節。

在本次練習中，我們將使用 IBM Waston Analytics 社群的公開資料集，可於此處下載：`https://www.ibm.com/communities/analytics/watson-analytics-blog/marketing-campaign-eff-usec_-fastf/`。請前往此連結並下載名為 `WA_Fn-UseC_-Marketing-Campaign-Eff-UseC_-FastF.xlsx` 的資料。完成下載後，你可以使用以下指令將資料載入 **RStudio**：

```
library(dplyr)
library(readxl)
library(ggplot2)

#### 1. Load Data ####
df <- read_excel(
  path="~/Documents/data-science-for-marketing/ch.12/data/WA_Fn-UseC_-
Marketing-Campaign-Eff-UseC_-FastF.xlsx"
)
```

df 資料框應如下圖所示：

	MarketID	MarketSize	LocationID	AgeOfStore	Promotion	Week	SalesInThousands
1	1	Medium	1	4	3	1	33.73
2	1	Medium	1	4	3	2	35.67
3	1	Medium	1	4	3	3	29.03
4	1	Medium	1	4	3	4	39.25
5	1	Medium	2	5	2	1	27.81
6	1	Medium	2	5	2	2	34.67
7	1	Medium	2	5	2	3	27.98
8	1	Medium	2	5	2	4	27.72
9	1	Medium	3	12	1	1	44.54
10	1	Medium	3	12	1	2	37.94
11	1	Medium	3	12	1	3	45.49
12	1	Medium	3	12	1	4	34.75
13	1	Medium	4	1	2	1	39.28
14	1	Medium	4	1	2	2	39.80
15	1	Medium	4	1	2	3	24.77

在這個資料集中共有七個變數。儘管你可以在 IBM Waston Analytics 社群中查看關於這些變數的描述，我們也在此處稍作說明：

- `MarketID`：各市場的唯一識別符

- `MarketSize`：按銷售量區分的市場規模

- `LocationID`：商店位置的唯一識別符

- `AgeOfStore`：以年份表示的商店年齡

- `Promotion`：三項促銷活動中進行測試的其中之一

- `week`：四週中進行促銷活動的週別

- `SalesInThousands`：針對特定 `LocationID`、`Promotion` 和 `week` 的銷售量

資料分析

我們來仔細檢視資料。在本節內容中,我們將著重瞭解用來測試不同促銷活動的銷售量、市場規模、商店位置與商店年齡的分佈情形。本次分析的目標是確認每一種促銷活動群組的控制項與屬性呈現對稱分佈,以便比較不同群組中促銷活動的成效。

我們可以使用以下程式碼來視覺化呈現不同行銷活動的總銷售收入之分佈:

```
salesPerPromo <- df %>%
  group_by(Promotion) %>%
  summarise(Sales=sum(SalesInThousands))

ggplot(salesPerPromo, aes(x="", y=Sales, fill=Promotion)) +
  geom_bar(width=1, stat = "identity", position=position_fill()) +
  geom_text(aes(x=1.25, label=Sales), position=position_fill(vjust = 0.5),
color='white') +
  coord_polar("y") +
  ggtitle('sales distribution across different promotions')
```

如上所示,我們按 `Promotion` 欄對資料進行分組,並按 `SalesInThousands` 欄進行加總,得出總銷售收入。利用圓形圖,可以輕鬆呈現每一組佔了多少比例。

經計算的「不同行銷活動的總銷售收入之分佈情形」圓形圖如下所示:

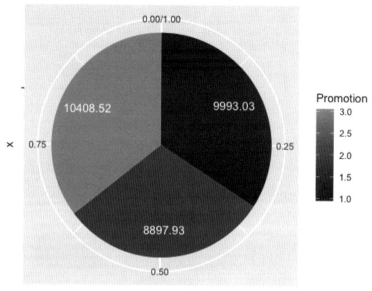

從圓形圖中可以看出第 3 組佔了最大比例，總銷售收入最高。不過，每一個促銷活動群組都平分秋色，在促銷週的總銷售大約都佔了三分之一。同理，我們可以視覺化呈現每一個促銷活動群組中不同市場規模的組成情形，程式碼如下：

```
marketSizePerPromo <- df %>%
  group_by(Promotion, MarketSize) %>%
  summarise(Count=n())

ggplot(marketSizePerPromo, aes(x=Promotion, y=Count, fill=MarketSize)) +
  geom_bar(width=0.5, stat="identity", position="dodge") +
  ylab("Count") +
  xlab("Promotion") +
  ggtitle("breakdowns of market sizes across different promotions") +
  theme(plot.title=element_text(hjust=0.5))
```

表示「各促銷活動中不同市場規模之組成情形」的長條圖如下所示:

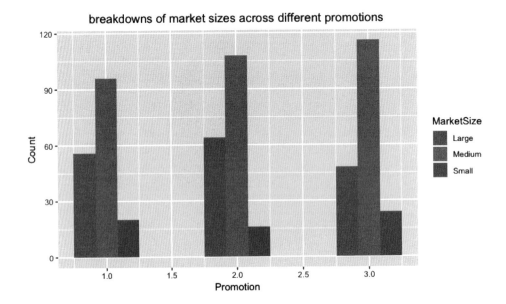

如果你覺得長條堆疊圖更方便檢視,則可以使用以下程式碼,將資料以長條堆疊圖呈現:

```
ggplot(marketSizePerPromo, aes(x=Promotion, y=Count, fill=MarketSize)) +
    geom_bar(width=0.5, stat="identity", position="stack") +
    ylab("Count") +
    xlab("Promotion") +
    ggtitle("breakdowns of market sizes across different promotions") +
    theme(plot.title=element_text(hjust=0.5))
```

你可能會發現與上一則程式碼的唯一差異在於 `geom_bar` 函數的 `position=` `"stack"` 標記。運行結果應如下圖：

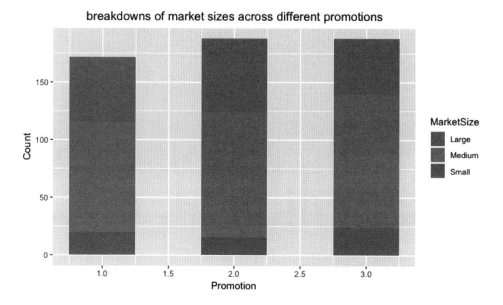

如這個長條圖所示，中型市場規模在三個促銷活動群組中佔了最多比例，而小型市場規模占比最少。從這張圖表中，我們可以確認在三個促銷活動中，具有相似的市場規模之組成情形。

另一項屬性 `AgeOfStore`，以及其在不同促銷活動群組中的整體分佈情形，可以利用以下程式碼視覺化呈現：

```
overallAge <- df %>%
  group_by(AgeOfStore) %>%
  summarise(Count=n())

ggplot(overallAge, aes(x=AgeOfStore, y=Count)) +
  geom_bar(width=0.5, stat="identity") +
  ylab("Count") +
  xlab("Store Age") +
  ggtitle("overall distributions of age of store") +
  theme(plot.title=element_text(hjust=0.5))
```

而結果如以下「商店年齡之整體分佈情形」長條圖所示：

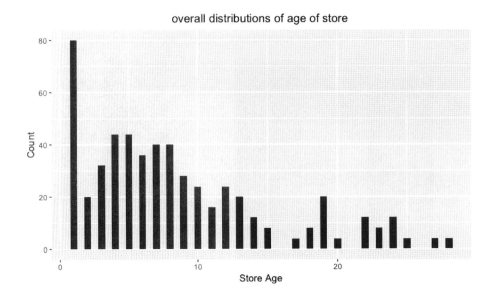

許多商店開業 **1** 年，而大多數商店年齡為 **10** 年上下。不過，我們更想知道在三個不同的促銷活動中，商店年齡的整體分佈是否相似。請閱讀以下程式碼：

```
AgePerPromo <- df %>%
  group_by(Promotion, AgeOfStore) %>%
  summarise(Count=n())

ggplot(AgePerPromo, aes(x=AgeOfStore, y=Count, fill=Promotion)) +
  geom_bar(width=0.5, stat="identity", position="dodge2") +
  ylab("Count") +
  xlab("Store Age") +
  ggtitle("distributions of age of store") +
  theme(plot.title=element_text(hjust=0.5))
```

運行這則程式碼，你將得到關於「商店年齡之整體分佈」的輸出結果：

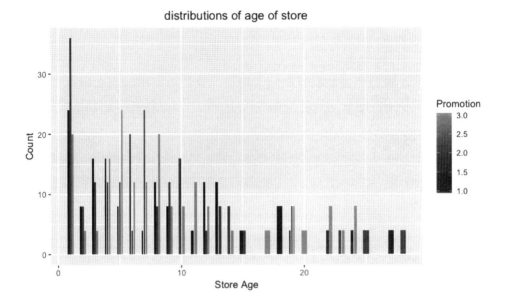

在三場促銷活動中，商店年齡的分佈似乎相當接近，不過從這張圖表很難
判讀這項資訊。檢視關於商店年齡的摘要統計資訊更容易判讀。請閱讀以
下程式碼：

```
tapply(df$AgeOfStore, df$Promotion, summary)
```

運行程式碼後，會得到以下輸出結果：

```
> tapply(df$AgeOfStore, df$Promotion, summary)
$`1`
  Min. 1st Qu.  Median    Mean 3rd Qu.    Max.
 1.000   3.000   6.000   8.279  12.000  27.000

$`2`
  Min. 1st Qu.  Median    Mean 3rd Qu.    Max.
 1.000   3.000   7.000   7.979  10.000  28.000

$`3`
  Min. 1st Qu.  Median    Mean 3rd Qu.    Max.
 1.000   5.000   8.000   9.234  12.000  24.000
```

從這項輸出結果中可以發現，透過摘要統計資訊，可以更容易地判讀整體商店年齡的分佈情形。我們發現這三個測試組中，似乎擁有相似的商店年齡分佈。這三組的平均商店年齡為 8 至 9 年，而大多數的商店年齡在 10 到 12 年上下。

分析每一個促銷群組或測試組的組成情形，我們可以檢驗商店組成是否相似。這表示樣本群組受到良好控制，A/B 測試的結果可望具有意義且值得信賴。

統計假設測試

對不同的行銷策略進行 A/B 測試的最終目標是為了找出哪一項策略最有效率，表現更勝一籌。一個高回應率的行銷策略並不百分之百等同於它能優於其他策略。我們將探討如何使用 t 檢驗來評估不同行銷策略的相對成效，並檢視哪一項策略在顯著性上優於他者。

在 R 中，有兩種方法可計算 t 測試的 t 值與 p 值。本節將會一一演示，並交由你決定哪一種方法最符合你的需求，這兩種計算方法如下：

- **利用等式計算 t 值與 p 值**：第一種方法是使用上一節的等式手動計算 t 值。如果你還記得，我們需要找出等式中的三個值——平均值、標準差和樣本數，才能計算出 t 值。請閱讀以下程式碼：

```
promo_1 <- df[which(df$Promotion == 1),]$SalesInThousands
promo_2 <- df[which(df$Promotion == 2),]$SalesInThousands

mean_1 <- mean(promo_1)
mean_2 <- mean(promo_2)
std_1 <- sd(promo_1)
std_2 <- sd(promo_2)
n_1 <- length(promo_1)
n_2 <- length(promo_2)
```

你可以使用 `mean`、`sd` 和 `length` 函數，分別計算出各測試組的平均值、標準差和樣本數。有了這些數值之後，我們就能套用至等式，算出 t 值。請閱讀以下程式碼：

```
t_val <- (
  mean_1 - mean_2
) / sqrt(
  (std_1**2/n_1 + std_2**2/n_2)
)
```

利用這則程式碼，我們可以計算出比較促銷活動 1 和促銷活動 2 之成效的 t 值。我們得出的 t 值為 `6.4275`，接著可利用以下程式碼得出 p 值：

```
df_1_2 <- n_1 + n_2 - 2

p_val <- 2 * pt(t_val, df_1_2, lower=FALSE)
```

我們首先計算自由度，也就是兩組的樣本數總和減去 2。我們可以使用 `pt` 函數，給定自由度和 t 值後，返回一個 t 分佈的機率值。我們計算出的 p 值為 `4.143e-10`。這是一個趨近於 0、非常非常小的數值。如前所述，當 p 值趨近於 0，意味著存在拒絕虛無假設的有力證據，而且兩個測試組之間的差異很大。

促銷組 1 的平均銷售量（單位為千）約為 `58.1`，促銷組 2 的平均銷售量則約為 `47.33`。在我們的 t 檢驗中，我們證明了兩組的行銷成效存在顯著差異，且促銷組 1 的成效優於促銷組 2。不過，如果我們對促銷組 1 與促銷組 3 進行 t 檢驗，將會得到不同的檢驗結果。

表面來看，促銷組 1 的平均銷售量（`58.1`）高於促銷組 3 的平均銷售量（`55.36`）。不過，當我們對這兩組執行 t 檢驗時，會得到 t 值為 `1.556`，p 值為 `0.121`。這個 p 值明顯高於閾值 `0.05`。這意味著促銷組 1 與促銷組 3 的行銷成效之差異並不存在統計上的顯著。因此，儘管在 A/B 測試中，促銷組 1 的平均銷售量高於促銷組 3，兩者之間的差異並不顯著，所以我們無法推論促銷組 1 的行銷成效優於促銷組

3。從上述評估結果來看，我們可以這麼說：促銷組 1 與促銷組 3 的行銷成效優於促銷組 2，但是促銷組 1 與促銷組 3 之間的差異並不存在統計顯著。

■ **使用 t.test 計算 t 值與 p 值**：另一種計算方法是使用 R 的 t.test 函數。請檢視以下程式碼：

```
# using t.test
t.test(
  promo_1,
  promo_2
)
```

R 的 t.test 函數可用來計算資料的 t 值與 p 值。善用這項函數，我們可以輕鬆地計算出 t 值與 p 值，比較不同促銷組或測試組的行銷成效。兩種計算方法都會得出相同的計算結果。不管你利用等式手動計算或利用 ttest_ind 函數，用來比較促銷組 1 與促銷組 2 的 t 值為 6.4275，p 值為 4.294e-10；比較促銷組 1 與促銷組 3 的 t 值為 1.556，p 值為 0.121。當然，對於這些 t 檢驗結果的解讀與之前相同。

我們演示了兩種計算 t 值和 p 值的方法，雖然使用 t.test 函數進行計算相當方便簡單，不過將等式熟記於心也很有幫助。

你可以透過以下連結檢視並下載本節所使用的完整版 R 程式碼：
https://github.com/yoonhwang/hands-on-data-science-for-marketing/blob/master/ch.12/R/ABTesting.R

本章小結

在本章內容中，我們學習了行銷領域中最常用來測試決策的檢驗方法，以便決定未來的行銷策略。我們探討了什麼是 A/B 測試，為什麼在全面實行某項行銷策略前進行 A/B 測試很重要，以及 A/B 測試如何幫助你更有效率且更經濟地達成行銷目標。在行銷電子郵件應該使用哪一標題的範例使用情境中，我們了解到執行 A/B 測試的典型流程。A/B 測試不應該只發生僅僅一次。當你持續以新的點子對現有策略或其他點子進行測試時，A/B 測試可以發揮最大效用。一言以蔽之，哪裡出現了新點子，哪裡就該進行 A/B 測試。使用本章所習得的 t 檢驗，以及 Python 與 R 工具，你可以輕鬆地檢驗 A/B 測試的結果，判斷哪一項策略更勝一籌。

本章節是最後一章包含案例研究與程式練習的技術性內容。下一章，我們將總結並回顧本書探討過的全部主題。然後，我們將討論一些常用的資料科學與機器學習於行銷領域的應用，以及其他尚未出現在本書內容、但能夠幫助你執行未來專案的 Python 和 R 的程式庫。

## chapter 13

下一步？

回顧全書，我們在這趟旅程中得到了許多收穫。從資料科學的基礎入門及行銷上的應用，並實作了無數個運用了資料科學的行銷案例。我們執行了描述性分析，使用資料分析技法來分析與視覺化呈現資料，辨識資料中的模式。我們也執行了探索式分析，使用機器學習演算法，從資料中取得洞察，例如尋找特定消費者行為背後的驅動因素，以及消費者屬性與其行為之間的關聯性。最後，我們也探討了預測性分析，訓練了多種機器學習演算法，對特定的消費者行為進行預測。

本書所涵蓋的主題絕不是無關緊要的瑣碎內容，相反地，這些內容是資料科學於行銷領域的實際應用。每一章節都精心設計，旨在展示如何在實際的行銷案例中使用資料科學與機器學習演算法，並且引導讀者按部就班地將這些概念應用到特定商業案例中。有鑑於行銷分析領域日益成長並擴大其應用版圖，我們希望本章節能幫助你瞭解可能面臨的潛在挑戰，並認識一些其他常用技術，同時回顧本書所探討過的主題。

本章將涵蓋以下主題：

- 回顧全書內容

- 資料科學於實際生活的挑戰

- 更多機器學習模型與套件

回顧全書內容

甫從本書伊始，我們所探討的內容與資訊量相當龐大，從行銷趨勢、資料科學如何成為打造行銷策略不可一缺的一環，到建立各式各樣的預測性機器學習模型以取得更佳的行銷成效。在闔上本書之前，一起再次喚醒我們的記憶，回顧那些曾經學習過的內容。

行銷趨勢

你可能還記得，在第 1 章「資料科學與行銷」中，我們討論的第一件事就是行銷領域的近期趨勢。在你所服務且專精的業界中，瞭解並跟上產業的最新趨勢很重要。特別是在行銷界，出現了越來越多以資料驅動、量化的行銷需求，並且要求使用最具時代智慧的新穎技術，發展最符合成本效益的行銷策略。

根據 2018 年 2 月的 CMO 調查報告〈值得關注的行銷分析與行銷技術〉（https://www.forbes.com/sites/christinemoorman/2018/02/27/marketing-analytics-and-marketing-technology-trends-to-watch/#4ec8a8431b8a）指出，對於行銷分析的依賴性在過去五年之間從 30% 成長到了 42%。我們可以清楚觀察到以下三個主流行銷趨勢：

- **數位行銷日益舉足輕重：** 許多的行銷廣告活動越來越多地出現在數位曝光渠道中，例如搜尋引擎、社群媒體、電子郵件、網站，而不是如電視、廣播電台、公車站牌廣告等傳統大眾媒體。正如數位行銷渠道廣受青睞，企業在行銷渠道上有了更多選擇，行銷人也應該清楚瞭解如何在 Facebook、Instagram 等社群媒體上對目標客群投放行銷廣告，或者如何在 Google 和 YouTube 等搜尋引擎和影片串流服務中投放廣告。

- **行銷分析**：行銷分析是一種監控與量化行銷工作成果與效能的方法。在第 2 章「關鍵績效指標與視覺化呈現」中，我們學習了多種**關鍵績效指標（KPI）**，可用來追蹤與量化各式行銷成果的效益。行銷分析可不只停留在分析 KPI，它還可以應用於產品與消費者分析，在第 5 章「產品分析」和第 7 章「消費者行為的探索式分析」中進行了相關討論。

- **個人化與精準行銷**：隨著資料科學與機器學習愈加普及，另一波行銷趨勢已然崛起：針對個別客戶的精準行銷。透過預測性分析，我們可以預測哪一類產品可能吸引某類消費者，相關內容可參考第 6 章「推薦對的產品」。在第 11 章「留住顧客」中，我們也學習了如何建立預測性機器學習模型，找出那些即將流失的顧客。精準行銷可帶來更高的投資報酬率，市面上存在許多**軟體即服務（software-as-a-Service, SaaS）**企業，例如 Sailthru 和 Oracle，提供發展個人化與精準行銷的平台。

正如新穎策略與技術不斷發展萌芽，趨勢定然發生改變。本書所提及的趨勢很可能不再適用於二、三十年後的產業狀況。身為專業行銷人，想要帶來更高的投資報酬率，勢必要密切關注並理解相同產業內其他人所採用的作法，跟上最新的行銷手法與技術。

資料科學的工作流

不管你是一位專業行銷人，或是立足行銷界的資料科學家，執行資料科學專案的第一項挑戰很可能是不知道從何處著手。在第 1 章「資料科學與行銷」中，我們探討了資料科學專案的典型工作流。在開展未來的行銷資料科學專案之前，可以好好回顧這些步驟，現在的你應該很熟悉下列工作流程圖：

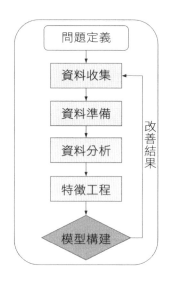

我們來瞭解更多關於這六個步驟的詳細內容：

1. **問題定義**：任何的資料科學與機器學習專案都應該有清楚的問題定義。你必須對問題本身、專案範圍、解決方案等瞭若指掌。在這一步驟，你必須集思廣益，找出適合的分析類型與資料科學技法。

2. **資料搜集**：在所有的資料科學專案中，擁有資料才是成功的關鍵。在這一步驟中，你需要為專案收集所有必備資料。通常，你需要應用資料搜集程序以取得內部資料、向第三方購買資料，或者從不同網站中爬取資料。根據專案性質，資料收集步驟有可能既繁雜又瑣碎。

3. **資料準備**：在資料蒐集步驟中所取得的資料，還需要經過清理與準備。在全書的程式設計練習中，我們總是從資料清理與準備這一步開始。在資料準備的步驟中，我們會處理遺失值、對類別變數進行編碼，或是對其他變數進行轉換，以便機器學習演算法能夠讀懂這些資料。

4. **資料分析**：在全書的程式設計練習中，我們在資料分析步驟中進行探索，找出可用洞察。透過分析資料，我們對不同變數的整體分佈情形有了更好的掌握，而且以不同的圖表視覺化呈現資料，不失為在資料中辨識可觀察模型的好方法。

5. **特徵工程**：有許多不同的方法可讓我們針對機器學習模型進行特徵工程。以貨幣值來說，我們可以套用對數轉換。在某些案例中，我們將資料標準化，讓變數具有相同尺度。我們使用 one-hot 編碼，對類別變數進行編碼。特徵工程是打造機器學習模型時數一數二的關鍵步驟，因為演算法將會從這些特徵學習，以便準確預測目標。

6. **模型構建**：在典型的資料科學工作流程中最後一道步驟，當然就是模型構建。有了在前幾個步驟中準備好的乾淨資料和特徵後，你將在此步驟中訓練機器學習模型。縱貫全書，我們探討了模型的評估標準，以分類模型而言，我們通常使用正確率、精準率、召回率、ROC 曲線及 AUC。以迴歸模型而言，我們使用 MSE、R^2，或是繪有預測值和實際值的分散圖來評估模型。

書中程式練習所採用的工作流程，與我們上述討論的版本幾乎一致。在進行資料科學工作時，如果不清楚下一步，希望這張工作流程圖能對你有所提示。

機器學習演算法

如果你還記憶猶新，我們在書中建立了許多的機器學習模型。舉例來說，在第 8 章「預測行銷參與度的可能性」中，我們訓練了一個隨機森林模型來預測每一位顧客與行銷電話進行互動的可能性。在第 11 章「留住顧客」中，我們使用了**人工神經網路**（artificial neural network, ANN）模型來辨識哪些顧客即將流失。在本節內容中，我們將回顧本書曾經出現過的機器學習模型：

■ **邏輯迴歸**：在第 3 章「行銷參與度背後的驅動因素」中，我們使用邏輯迴歸模型得出洞察，找出哪些因素使得消費者更願意參與行銷活動。在 Python 中，我們使用 statsmodel 套件來建立邏輯迴歸模型，用來訓練邏輯迴歸模型的程式碼如下所示：

```
import statsmodels.formula.api as sm

logit = sm.Logit(
    target_variable,
    features
)

logit = logit.fit()
```

在這個經過訓練的模型中，我們可以檢視特徵與目標變數之間的詳細資訊與關聯性，只要運行 `logit_fit.summary()`。另一方面，在 R 中我們可以使用以下指令來訓練邏輯迴歸模型：

```
logit.fit <- glm(Target ~ ., data = DF, family = binomial)
```

如 Python 的 summary 函數，我們可以運行 `summary(logic.fit)` 指令來取得邏輯迴歸擬合度的詳細資訊，並瞭解特徵與目標變數之間的關聯性。

■ **隨機森林**：如果你還記得，我們在第 8 章「預測行銷參與度的可能性」中使用了隨機森林演算法，預測哪些顧客可能回應行銷電話。在 Python 中，我們使用 `scilit-learn` 套件來建立隨機森林模型，用來訓練隨機森林模型的程式碼如下所示：

```
from sklearn.ensemble import RandomForestClassifier

rf_model = RandomForestClassifier()

rf_model.fit(X=x_train, y=y_train)
```

你可以利用眾多的超參數來調整隨機森林模型，用 `n_estimators` 微調森林中預測因子的數量，用 `max_depth` 調整樹的最大深度，用 `min_sample_split` 調整分枝所需的樣本最小值。另一方面，在 R 中我們使用 `randomForest` 程式庫來建立隨機森林模型。用來訓練隨機森林模型的程式碼如下所示：

```
library(randomForest)

rfModel <- randomForest(x=trainX, y=factor(trainY))
```

你可以利用 randomForest 套件對超參數進行微調。你可以使用 ntree 調整森林中樹木的數量，以 sampsize 調整訓練每一棵樹時所需的樣本大小，以及使用 maxnodes 定義樹中終端節點的最大值。

■ **ANN**：我們在第 11 章「留住顧客」中使用了 ANN 模型來預測可能流失的顧客。我們在 Python 和 R 中都使用了 keras 套件來建立 ANN 模型。在 Python 中，你可能會使用這樣的程式碼訓練 ANN 模型：

```python
from keras.models import Sequential
from keras.layers import Dense

model = Sequential()
model.add(Dense(16, input_dim=
                len(features), activation='relu'))
model.add(Dense(8, activation='relu'))
model.add(Dense(1, activation='sigmoid'))
model.compile(loss='binary_crossentropy',
              optimizer='adam', metrics=['accuracy'])

model.fit(X_train, y_train, epochs=50, batch_size=100)
```

你可能早已熟悉，我們必須先新增輸入層、隱藏層與輸出層到模型中。接著，我們才能編寫並訓練 ANN 模型。在 R 中，我們使用了相同概念，但語法略有不同。使用 keras 套件訓練 ANN 模型的 R 語言程式碼如下所示：

```r
library(keras)

model <- keras_model_sequential()
model %>%
  layer_dense(units = 16, kernel_initializer =
  "uniform", activation = 'relu', input_shape=ncol(train)-1) %>%
  layer_dense(units = 8, kernel_initializer =
  "uniform", activation = 'relu') %>%
  layer_dense(units = 1, kernel_initializer =
              "uniform", activation = 'sigmoid') %>%
  compile(optimizer = 'adam',
    loss = 'binary_crossentropy',
    metrics = c('accuracy')
```

```
  )

history <- model %>% fit(
  trainX,
  trainY,
  epochs = 50,
  batch_size = 100,
  validation_split = 0.2
)
```

■ **K-means 叢集**：我們在第 10 章「以資料驅動的顧客區隔」中使用了 K-means 叢集演算法，以程式建立不同的顧客區隔。我們瞭解到分析這些不同顧客區隔的屬性，有助於理解消費者之間的不同行為，並且找出對不同消費者群體進行精準行銷的更好方法。在 Python 中，可以使用 scikit-learn 套件來建立 K-means 叢集演算法，程式碼如下所示：

```
from sklearn.cluster import KMeans

kmeans = KMeans(n_clusters=4)
kmeans = kmeans.fit(data)
```

你必須使用 n_clusters 參數，定義想在資料中建立的叢集數量。如果想取得每一筆紀錄與叢集群心的叢集標籤，我們可以使用 kmeans. labels_ 和 kmeans.cluster_centers_。同樣地，我們可以在 R 語言中使用 kmeans 函數建立一個叢集模型，如下列程式碼所示：

```
cluster <- kmeans(data, 4)
```

如果想取得每一筆紀錄與叢集群心的叢集標籤，我們可以使用 cluster$cluster 和 cluster$centers。

上述這些演算法可幫助我們輕鬆地建立各式各樣的機器學習模型，以供不同的行銷案例使用。希望這段快速的內容回顧，能喚起你對各機器學習演算法模型所需語法的記憶。

資料科學於實際生活的挑戰

如果我們能夠確實為不同的行銷案例打造和使用各種機器學習模型，那麼在行銷領域中應用資料科學和機器學習將是一樁無與倫比且無可挑剔的美事。然而，情況通常並不如我們預期。大多數時候，端到端機器學習模型的構建過程可能非常繁瑣，存在許多障礙和瓶頸。我們將討論現實生活中最常出現的一些資料科學挑戰，其中包括：

- 資料的挑戰

- 基礎架構的挑戰

- 選擇正確模型的挑戰

資料的挑戰

資料科學與機器學習在行銷領域上最常遇到的挑戰之一，就是如何取得對的資料。這聽起來非常理所當然，沒有資料，資料科學或機器學習無須多言。甚至，資料品質若差強人意，那麼你所訓練的機器學習的品質當然也會令人失望。

本節內容將探討在試圖取得對的資料時，資料科學家經常遇到的挑戰：

- **資料是否存在？**有時，你受到一個絕佳點子啟發，想應用資料科學技術來解決在行銷中遇到的問題。但是，你需要的資料可能根本不存在。舉例來說，假如你想要辨識熱門的網頁內容，好比哪些網頁的瀏覽次數最多、最受使用者喜歡。但是，如果網站上不曾啟用追蹤功能，你很可能無法取得網頁瀏覽資料。在這種情況下，你必須在網站中啟用追蹤功能，才能追蹤使用者瀏覽與喜好哪些網頁內容。然後，只有在收集了足夠可供分析的資料之後，才有可能在一段時間後活用你先前想出的點子。這類情況屢見不鮮，因此必須充分瞭解在追蹤使用者活動上的進展，以及哪些東西尚未到位。當內部資料並不存在時，如有可能，透過第三方取得資料不失為一個選項。市面上有許多資料供應商會販售你可能需要的資料。如果你的專案可以使用第三方資料，那麼這將是不錯的解決方案。此外，網路上也有許多公開可用的資料可供自由運用。查查看你所需要的資料是否公開可用是相當值得花點時間研究的事。

■ **資料是否容易取得？** 對於一個資料科學專案來說，資料的可存取性是瓶頸之一。尤其是在大型企業中，特定資料集可能僅限團隊中少部分人可以取得。在這種情況下，就算所需資料確實存在，對行銷人士或資料科學家來說可能也很難存取及使用資料。「資料從何處產生？」可能也會產生資料存取性的問題。舉例來說，如果資料是在未儲存或未歸檔的情況下串流到其他應用程式中，那麼這些資料可能在串流之後遺失。資料檔案的存放位置可能也是存取所需資料的障礙之一。如果資料無法透過網路共享，或者你無法觸及資料所存放的位置，那麼你將無法使用資料。這正是資料工程與資料工程師的責任與重要性日益增加的原因。資料工程師與其他資料科學家或軟體工程師攜手工作，建立資料管線，讓存在可存取性隱憂的資料能夠移動至業務的其他環節中。如果你面臨資料存取性的問題，第一件事是找出瓶頸所在，並考慮與資料工程師合作打造資料管線，以便未來的專案存取資料。

■ **資料是否很混雜？** 可以想見，在實際生活中的資料科學專案中，你將面對的大部分資料都是很混雜的。資料格式可能是你難以輕鬆閱讀的格式。資料可能被區分為更小的部分，無法輕易地進行合併。或者，資料中可能存在太多缺漏，或者太多重複的紀錄。資料集的混雜程度可能會大幅增加清理原始資料的時間，你可能需要很多時間清理資料，使其變得可用。對混雜的資料執行深度分析，才能讓資料在後續步驟中發揮效益。有些時候，可以和資料工程師合作，一同解決導致資料混雜的問題癥結，讓未來的資料更加乾淨。

基礎架構的挑戰

當你對不同的資料集應用資料科學技術，並在行銷領域中對不同專案使用機器學習模型時，進行開發的系統基礎架構中可能會面臨一些挑戰。很多時候，資料集的大小可能太大，以至於無法於筆電或 PC 上進行運算。即使您目前不曾遭遇這項挑戰，隨著資料的大小都日益膨大，在未來某個時刻，你在筆電上開發資料科學模型時很可能會遇到問題。

在執行資料科學專案時，推遲執行效率的主要因素有二：CPU 的運算處理能力不足或者是記憶體不足。如果沒有足夠的運算處理能力，分析可能曠日費時。尤其是在訓練機器學習模型時，分析時間長達數天、數週甚至數月並不稀奇。另一方面，如果記憶體不足，在運行分析時可能會出現 Out of Memory 錯誤。例如，基於樹的模型（如決策樹或隨機森林）可能會佔用大量記憶體，此類模型訓練可能因記憶體不足而在長達數小時的訓練後遭遇失敗。

隨著雲端運算技術的普及和發展，上述這些問題都有了解決方案。使用雲端運算服務供應商（如 AWS、Google 或 Microsoft Azure）的服務，理論上你可以獲得無限的運算處理能力和記憶體。當然，這一切都是有代價的。如果沒有妥善規劃，在這些雲端平台上運行大型資料科學項目很可能所費不貲。在處理大型資料集時，最好仔細考慮為了讓任務成功運行所需要的處理能力和記憶體數量。

選擇正確模型的挑戰

實際上，為資料科學專案選擇機器學習演算法這件事比聽起來要困難得多。某些演算法的運作方式彷彿黑箱作業，你不知道演算法如何做出預測或決策。例如，人們很難理解一個已經過訓練的隨機森林模型如何從輸入值中，對輸出值做出預測。一項決策的產生，來自數百個不同的決策樹，而每棵樹使用了不同的決策標準，使得資料科學家很難完全理解在輸入值和輸出值之間究竟發生了什麼。

另一方面，線性模型，比如邏輯迴歸模型，我們可以準確掌握它們如何做出決策。當邏輯迴歸模型經過訓練之後，我們能知道每個特徵被給予了多少係數，並且從這些係數中，可以推斷出預測輸出結果將是什麼。根據使用案例的差異，你需要具備解釋能力，向業務上的合作夥伴解釋每個特徵的運作方式，以及如何影響預測輸出結果。通常，更加進階的模型更像一個黑箱作業，你必須在預測準確性和可解釋性之間進行取捨。

更多機器學習模型與套件

在本書中，我們主要使用以下五種機器學習演算法：邏輯迴歸、隨機森林、ANN、k-means 叢集和協同過濾，這些演算法最符合本書行銷案例的運算需求。不過，還有許多機器學習演算法可供使用，這些演算法也可能在你未來的資料科學和機器學習專案派上用場。我們將介紹其他一些常用的機器學習演算法、在 Python 和 R 中應該使用哪些套件，以及在何處可以找到關於這些演算法的詳細資訊。

在未來的專案中，你可以考慮使用這些其他的機器學習演算法：

- **最近鄰**：這是一種機器學習演算法，用來尋找最接近某個新資料點的樣本數。儘管概念聽來簡單，但最近鄰演算法已經成功地應用於包括圖像識別在內的各個領域之中。在 Python 的 scikit-learn 套件中，你可以使用 neighbors 模組中的 KNeighborsClassifier 來建立分類模型，或者使用 KNeighborsRegressor 來建立迴歸模型。關於更多應用資訊，建議你閱讀這份說明文件：https://scikit-learn.org/stable/modules/neighbors.html。另一方面，在 R 中，你可以使用 class 程式庫中的 knn 函數。關於此函數的詳細資訊，建議你閱讀這份說明文件：https://www.rdocumentation.org/packages/class/versions/7.3-15/topics/knn。

- **支持向量機（SVM）**：支持向量機是另一個相當實用的機器學習演算法。SVM 演算法試著找出最能將資料分割為群組或不同類別的一個超平面（hyperplane），在高維度空間中最能發揮效用。Python 的 `scikit-learn` 套件中有 `SVC` 和 `SVR`，可用來打造分類和迴歸模型。詳細說明文件可以參考此連結：`https://scikit-learn.org/stable/modules/svm.html`。在 R 中，e1071 程式庫具有 `svm` 函數，可用來訓練 SVM 模型。關於更多應用資訊，你可以閱讀此說明文件：`https://www.rdocumentation.org/packages/e1071/versions/1.7-0.1/topics/svm`。

- **梯度提升樹（GBT）**：GBT 是一種基於樹的機器學習演算法。和隨機森林演算法不同的是，GBT 演算法以分階段的方式進行學習，訓練每一棵樹。每一個樹會它之前的樹所犯的錯誤中學習。GBT 演算法以其預測準確性和穩健性而聞名且被廣泛使用。在 Python 中，你可以使用 `scikit-learn` 套件的 `ensemble` 模組建立分類模型，使用 `GradientBoostingRegressor` 打造迴歸模型。更多關於 `scikit-learn` 中的梯度提升樹，你可以參考以下說明：`https://scikit-learn.org/stable/modules/ensemble.html#gradient-tree-boosting`。同樣地，在 R 的 gbm 套件也有針對分類問題與迴歸問題而開發的 GBT 演算法。你可以使用 gbm 套件中的 `gbm` 函數來訓練 GBT 模型。更多詳細內容，請參考以下連結：`https://www.rdocumentation.org/packages/gbm/versions/2.1.5/topics/gbm`。

本章小結

本章回顧了全書所探討過的主題。我們快速地瞭解了行銷產業中的可見趨勢，以及資料科學和機器學習在行銷領域中與日俱增的重要地位。隨後，我們回顧了典型的資料科學工作流程，從一開始的問題定義，接著是資料收集、準備和分析，最後是特徵工程和模型構建。在研究未來資料科學專案時，將這張工作流程圖記在腦海中，萬一不知道下一步該做什麼時，可以參考這張流程圖，釐清思路並發想點子。

我們還分享了在真實生活中，使用資料集可能會面臨哪些挑戰。此處介紹的三個主要挑戰是資料、基礎架構和選擇正確的模型等問題。再具體一點，我們還討論了可解釋性和模型準確性之間如何取捨。我們給出了一些應對挑戰的變通方法和解決方案，當你面臨相關挑戰時，希望有所助益。最後，我們討論了一些其他常用的機器學習模型，在未來專案中能這些模型可能會派上用場。我們簡要地展示每種模型可用的 Python 和 R 套件，以及關於如何使用這些模型的詳細資訊。

全書十三個章節，以實用性為出發點，介紹了可應用於市場行銷的各種資料科學和機器學習技術。在本書中，在不同的行銷案例中進行了無數範例演練，我們希望能幫助你對應用資料科學技術和構建機器學習模型累積了足夠的自信，能夠開發更加智慧、更高效的行銷策略。希望本書對你有所助益，可以幫助你學到實用的新技能。

行銷資料科學實務｜使用 Python 與 R

作　　　者：Yoon Hyup Hwang
譯　　　者：沈佩誼
企劃編輯：莊吳行世
文字編輯：王雅雯
設計裝幀：張寶莉
發　行　人：廖文良

發　行　所：碁峰資訊股份有限公司
地　　　址：台北市南港區三重路 66 號 7 樓之 6
電　　　話：(02)2788-2408
傳　　　真：(02)8192-4433
網　　　站：www.gotop.com.tw
書　　　號：ACD019500
版　　　次：2020 年 06 月初版
建議售價：NT$580

國家圖書館出版品預行編目資料

行銷資料科學實務：使用 Python 與 R / Yoon Hyup Hwang 原
　著；沈佩誼譯. -- 初版. -- 臺北市：碁峰資訊, 2020.06
　　面；　　公分
　譯自：Hands-On data science for marketing: improve your
marketing strategies with machine learning using Python and R
　ISBN 978-986-502-525-0(平裝)
　1.行銷學　2.資料探勘　3.機器學習　4.Python(電腦程式語言)
496　　　　　　　　　　　　　　　　　　109007685

讀者服務

● 感謝您購買碁峰圖書，如果您對本書的內容或表達上有不清楚的地方或其他建議，請至碁峰網站：「聯絡我們」\「圖書問題」留下您所購買之書籍及問題。(請註明購買書籍之書號及書名，以及問題頁數，以便能儘快為您處理)

http://www.gotop.com.tw

● 售後服務僅限書籍本身內容，若是軟、硬體問題，請您直接與軟體廠商聯絡。

● 若於購買書籍後發現有破損、缺頁、裝訂錯誤之問題，請直接將書寄回更換，並註明您的姓名、連絡電話及地址，將有專人與您連絡補寄商品。